河南省水文地质与环境地质问题研究

——2007 年河南省水文地质环境地质地质灾害论文集

河南省地质学会水文地质与环境地质专业委员会
河南省地质学会地质灾害专业委员会 编

U0343815

黄河水利出版社

内 容 提 要

本书是河南地质工作者近年来对全省水工环地质调查研究工作部分成果的总结,内容涵盖水文地质、环境地质、地质灾害防治等方面,具有较强的实践性和指导性。

本书可供相关技术人员借鉴参考使用。

图书在版编目(CIP)数据

河南省水文地质与环境地质问题研究:2007 年河南省水文地质环境地质地质灾害论文集/河南省地质学会水文地质与环境地质专业委员会,河南省地质学会地质灾害专业委员会编. —郑州:黄河水利出版社,2008.4
ISBN 978 - 7 - 80734 - 409 - 4

Ⅰ. 河⋯ Ⅱ. ①河⋯②河⋯ Ⅲ. ①水文地质 - 河南省 - 文集②环境地质学 - 河南省 - 文集③地质灾害 - 河南省 - 文集 Ⅳ. P641 - 53 X141 - 53 P51 - 53

中国版本图书馆 CIP 数据核字(2008)第 042166 号

出 版 社:黄河水利出版社
地址:河南省郑州市金水路 11 号 邮政编码:450003
发行单位:黄河水利出版社
发行部电话:0371 - 66026940、66020550、66028024、66022620(传真)
E-mail:hhslcbs@ 126. com
承印单位:黄河水利委员会印刷厂
开本:787 mm × 1 092 mm 1/16
印张:13
字数:300 千字 印数:1—1 000
版次:2008 年 4 月第 1 版 印次:2008 年 4 月第 1 次印刷

定价:30.00 元

编辑委员会

前　言

河南省人口众多，地质条件复杂，自然资源相对不足。对地质环境和自然资源的过度开发和不合理利用，造成了自然生态的失衡和破坏，各类环境地质问题凸现，不少地方呈现出资源、环境双向恶化的趋势。随着经济的高速发展，面临的人口、资源、环境问题还会发展，并成为经济发展、社会进步的制约因素。

为系统总结河南省近年来水文地质、环境地质和地质灾害方面的研究成果，2007年9月，由河南省地质学会水文地质与环境地质专业委员会、河南省地质学会地质灾害专业委员会共同主办，河南省地质环境监测院协办、河南省地矿局第一地质工程院承办的"2007年河南省水文、环境、灾害地质学术交流会"在驻马店铜山湖召开。会议收到论文40余篇，内容涵盖水文地质、环境地质、地质灾害等方面，涉及面广，针对性强。这些论文既是宝贵的经验总结，又是初步的理论概括，将为今后的进一步研究打下基础。会后结集出版了《河南省水文地质与环境地质问题研究》。

本书的出版，河南省地质学会、河南省地质环境监测院给予了大力支持，河南省地矿局第一地质工程院给予了经费资助，也凝聚着专业委员会各委员单位领导、地质工作者的劳动和心血，在此一并致谢。

编　者

2007 年 11 月

目　录

单孔多层地下水监测井设计与建设

甄习春[1]　朱中道[1]　卢豫北[2]

(1. 河南省地质环境监测院　郑州　450016
2. 河南省郑州地质工程勘察院　郑州　450003)

摘　要:在调研欧洲发达国家地下水多层监测技术的基础上,立足国内现有条件,经过充分论证,提出了松散岩类孔隙水地区单孔多层(4 层)地下水监测井设计方案,在监测井的井孔设计、施工工艺、管材等实现了重大突破。成功完成了井深 350 m 的单孔多层地下水监测井建设,为类似地区单孔多层地下水监测井建设提供了技术示范,为国家地下水监测工程的实施提供了参考依据。

关键词:单孔多层　地下水　监测井　设计　建设

1　引言

我国监测井多以单井或一组不同深度的群井组成,存在的主要问题是投资大、施工周期长、占地多、不便于管理。监测井的管材多采用钢管或铸铁管,这种材料易腐蚀、维护难度大、使用寿命较短。为了解决上述问题,在黄淮海平原地区开展了单孔多层地下水示范监测井建设,力求在监测井的成井工艺和管材使用上有所创新,为国家地下水监测工程的实施提供参考依据。

2　区域环境条件

单孔多层地下水示范监测井位于郑州市区西南部。郑州北临黄河,是河南省省会,陇海—兰新经济带重要的中心城市,全国重要的交通枢纽,著名商埠,河南省政治、经济、文化中心,中原城市群的中心城市。

郑州是一个水资源严重缺乏的城市,人均水资源占有量为 198 m³,尚不足全省人均值的 1/2、全国人均值的 1/10,水资源短缺已成为郑州市经济社会可持续发展的主要制约因素。地下水类型以松散岩类孔隙水为主,依含水层的埋藏深度和开采条件分为浅层、中深层、深层和超深层地下水。浅层地下水以 HCO₃—Ca·Mg 型为主;中深层地下水以 HCO₃—Ca、HCO₃—Ca·Na 型为主,达矿泉水标准;深层地下水水温一般为 25 ~ 40 ℃,属低温矿泉地热水资源;超深层地下水水温为 40 ~ 48 ℃,属温热矿泉地热水资源。市区浅层地下水资源补给量为 18 747.5 万 m³/a,中深层地下水为 11 174.77 万 m³/a;浅层地下水可采资源量为 8 332.557 2 万 m³/a,中深层地下水可采资源量为 11 174.714 万 m³/a,深层矿泉水的可采资源量为 4 135.8 万 m³/a,超深层矿泉水可采资源量为 130.75 万 m³/a。近年来,由于郑州市区违规凿井现象严重,造成地下水过量开采,地下水年开采量约 8 500万 m³,地下水水位平均以 2.0 m/a 的速度在下降,中深层地下水降落漏斗面积近 400 km²。

监测井位置的选择主要考虑了以下几个方面:一是具有区域水文地质单元代表性,郑州市位于黄淮海冲积平原冲积扇顶部,松散层厚度超过 600 m,在含水层垂向上表现为下粗上细多个沉积韵律,可以作为黄淮海平原地下水系统的代表性控制点;二是监测资料具有实用性,监测井位于郑州市区浅层地下水和中深层地下水降落漏斗的边缘,示范监测井的布设符合《地下水动态监测规程(征求意见稿)》,可以有效监测郑州城市不同地下水开采层的动态变化,为地下水资源的合理利用、监督管理与保护提供可靠依据;三是有利于开展地下水开发利用和保护的科学研究,监测井所在的郑州地下水均衡试验场在我国"六五"、"七五"期间进行了大量基础性的水文地质研究工作,积累了长系列的研究资料,并已列入国家地下水监测工程重点建设的地下水均衡试验基地,一孔多层地下水示范监测井建设可以与试验设施相结合,在地下水资源的合理利用和保护研究方面实现突破;四是施工条件便利,不需征地,水电路施工条件好,维护方便。

3 监测井的设计

3.1 技术路线

我国单孔多层地下水监测井建设目前处于起步阶段,监测井的设计是以实现单孔多层地下水监测为目标,重点突破单孔多层监测井的设计、施工、成井、材料等成套技术,主要遵循成本低、耐腐蚀、使用寿命长、维护保养方便"等原则,进行了前期研究和论证工作。

(1)研究不同水文地质条件下单孔多层地下水监测井建设的可行性。我国是水文地质条件复杂的国家,特别是北方缺水地区,地下水开发利用程度较高,地下水开发深度可达千米,地层复杂,含水层位多,成井技术难度大。建立单孔多层地下水监测井是否可行,在郑州地区监测深度控制在哪些范围、控制几层监测等都需要研究和论证。

(2)在单孔多层地下水监测井建设过程中的钻探、扩孔、变径、下管、止水、洗井、无套管成井技术等方面进行试验研究,力求在施工和成井工艺上有所创新。

(3)研究论证无套管一次成井技术和新材料应用,如采用 PVC–U 等新材料作为井管等,从成本、工期等方面论证其经济性。

为全面监控郑州市浅层、中深层和深层地下水的动态特征并便于对比,单孔多层地下水示范监测井设计井深为 350 m,全孔取心并录井。其中,0 ~ 180 m 钻井口径为 600 mm,180 ~ 350 m 为 450 mm。采用裸孔下入 4 根监测管分层成井方案,设计初期考虑观测管材料为球墨铸铁(规格 DN100,外径 118 mm)或 PVC–U 管,暂定小于 150 m 的观测管采用 PVC–U 管,大于 150 m 的观测管采用球墨铸铁管;设计审查时根据专家意见,将监测管材料定为 PVC–U 管,滤水管为 PVC–U 铣缝式。

3.2 风险分析

该监测井首次在国内组织实施,尽管钻井深度只有 350 m,但是采用 PVC–U 管材在无井壁保护管的情况下,分别在同一眼井内成井 4 次尚属首次。所以,该项目存在的主要风险有以下几方面:

(1)由于 PVC–U 管材密度仅 1.45 kg/m^3,与泥浆密度差较小。所以,监测管在井内不容易下到位,并且目前采用该管材成井没有成功经验可借鉴。

(2)成井过程中若泥浆参数不合理或其他措施不力时,很可能出现井管挤毁事故,特别是 PVC – U 管材铣缝后强度降低。

（3）钻井口径大，地层松散，分 4 次成井，在成井过程中有井壁坍塌的风险。

（4）单孔多层成井若止水工序出现问题，将会导致 4 段含水层水位连通，工程报废。

针对上述存在的风险问题，在成井过程中必须严格从设备、钻探施工和事故处置、抗风险预案做到缜密考虑和部署，确保工程万无一失。

4 施工技术与成井工艺

4.1 钻探设备

目前，国内外还没有施工单孔多层地下水监测井的专门设备，本次选择红星 – 400 型钻机和 TBW – 850/50 泥浆泵作为监测井的主要钻探设备，钻具和钻探辅助设备选择与常规水文水井一样。

4.2 钻探工艺

为保证岩心采取率，选择 ϕ127 mm 单管合金取心钻头，采用正循环泥浆钻井工艺，本次黏土层岩心采取率达 95%，砂层岩心采取率为 65.8%，平均岩心采取率为 80.4%。

扩孔采用正循环泥浆钻进工艺，由于该井上下口径不同，先用 ϕ450 mm 三牙轮钻头和钻具组合钻进至设计井深后，再用 ϕ600 mm 合金钻头和钻具组合钻进至 200 m，最后用 ϕ450 mm 三牙轮钻头划眼并下入井底进行彻底冲孔换浆。

4.3 管材

通过调研，选用江阴市星宇塑胶有限公司生产的 ϕ110 mm PVC – U 给水用硬聚氯乙烯管作为监测井管材。

国产 PVC – U 管材在深度超过 150 m 的井中应用几乎是空白，为此进行了管材和连接扣拉力试验、液压试验、落锤冲击试验和抗弯曲变形试验等专门试验（见表 1）。要求 PVC – U 给水用硬聚氯乙烯管规格为外径 110 mm、单根管长 6 m，井管材料技术参数应达到以下要求：

（1）监测井管采用丝扣连接方式，其拉力破坏极限不小于 18 000 N。

（2）滤水管采用 PVC – U 铣缝式，其缝宽为 1 mm，孔隙率在 10% 以上。

表 1　单孔多层地下水监测井 PVC – U 管材技术指标

规格	外径 （mm）	壁厚 （mm）	密度 （kg/m³）	冲击试验 TIR（%）	液压试验 （MPa）	密封试验 （MPa）
参数	110	7.2	1.45	≤5	42	3.36

4.4 成井工艺

滤料选择河南嵩山产天然石英滤料，规格为 ϕ2 ~ 5 mm。

止水材料选择机制黏土球，规格为 ϕ20 mm。

钻井液类型为低固相钠土泥浆，其主要性能指标：相对密度为 1.0 ~ 1.2，黏度为 25 ~ 35，失水小于 30，切力为 5 ~ 10，pH 为 8 ~ 10。

下管分 4 次采用钻机提吊法由深到浅依次下入，管材连接通过管箍丝扣连接，管箍外

径为 φ140 mm。

止水根据孔内空间的大小,选择合适的滤料和黏土球直径,投滤料和黏土球的体积要计算精确,工序不能出错。

当4套井管全部下完和成井后,选择空压机分4次分别洗井至水清沙净,然后取4组水样进行水质测试。单孔多层地下水监测井成井结果见表2。

表2　单孔多层地下水示范监测井成井结果

监测井序号	成井深度 (m)	含水层位置 (m)	滤水管长度 (m)	水位埋深 (m)	水温 (℃)
1	90.0	72.0 ~ 78.0	6.0	40.00	18.0
2	198.0	175.5 ~ 196.5	18.0	75.10	19.5
3	270.0	256.0 ~ 263.0	12.0	94.78	20.5
4	348.0	319.0 ~ 332.5	12.0	93.24	21.0

5　监测方案

单孔多层地下水监测井施工完成后,对采取的岩心进行登记和压缩存放保存,进行自动化监测试运行。地下水自动化监测主要是依靠科技进步,更新与改进传统的地下水动态监测手段、方法与设备,逐步实现监测资料的处理、整理、分析、传输和监测成果发布的及时性、自动化、信息化和智能化。

在单孔多层地下水监测井中安装4套水位水温遥测、自动记录混合系统(XY-Ⅱ型)分站仪器,仪器探头位置分别在井口下76.0 m、179.0 m、255.0 m、320.0 m处,监测传输频率设置为2次/d。通过一个多月的调试运行,水位、水温动态基本稳定,分站、主站运行良好。

根据单孔4层地下水监测井的水位、水温动态变化曲线,分别与郑州市区就近的浅层、中深层、深层地下水动态比较,与该监测井附近各层位监测井水位与水温监测数值基本一致,变化幅度较小,充分说明单孔4层地下水示范监测井的分层止水效果显著。

6　结语

6.1　主要技术创新

该示范监测井项目的实施,使我国在单孔多层地下水监测技术方面取得了突破。

(1)填补了国内单孔多层地下水监测井的一项空白。成功地完成最大井深350 m单孔多层地下水监测井建设,成为目前我国监测井深度最大、观测含水层段最多的单孔多层地下水监测井。

（2）首次采用无套管成井工艺，解决了 PVC－U 管材下井困难和容易挤毁的问题，实现了单孔多层监测井施工中分层下管、分层止水和分别成井的技术创新。

（3）在井管材料应用上实现突破。本次选用的 PVC－U 管材具有重量轻、成本低、不腐蚀、不结垢等特点。通过该项目的实施，说明在 400 m 以内的多层监测井中采用 PVC－U 管材作为监测井管是可行的。PVC－U 管材在连接技术和 PVC－U 滤水管的加工等方面具有创新。

6.2　推广应用前景

监测井建设采用无套管成井工艺，平均每米监测井可节约成本 943 元。管材方面，采用 PVC－U 管材每米可节约成本近 100 元。单孔多层地下水监测井体现了节约用地、节省资金、缩短施工周期和便于管理等众多优点，还解决了井管腐蚀问题，不仅具有显著的经济效益，而且具有广阔的推广应用前景。

本文得到了河南省地矿局赵云章教授级高级工程师的悉心指导，在此一并致谢！

降水入渗过程中优先流量的计算

齐登红　赵承勇　常　珂

（河南省地质环境监测院　郑州　450016）

摘　要：针对优先流难以定量描述的问题，以郑州地中渗透仪观测资料为基础，探讨了新乡亚砂土等试筒降水入渗过程及其优先流补给问题。通过土壤水分运移模拟模型刻画降水入渗过程中的活塞流，计算活塞流入渗量，再与实测降水入渗补给总量对比，确定优先流的量及其在总补给量中所占的比例。结果表明，随着土壤黏粒含量的增加，优先流所占比例呈增加趋势；随地下水位埋深的增大，优先流所占比例呈逐渐下降趋势。

关键词：地中渗透仪　优先流　降水入渗补给　模拟模型

1　序言

土壤中的优先流是指土壤在整个入流边界上接受补给，但水分和溶质绕过土壤基质，只通过少部分土壤体的快速运移。优先流的产生是由于土壤中往往存在大量的根孔、虫孔等大孔隙以及裂隙等，根据其形成原因，又被称为大孔隙流、绕流、漏斗流、指状流、沟槽流、捷径流、部分驱替流和地下风暴流等。优先流的运移速度快，对地下水补给起重要作用。准确确定优先流的量，对于深入认识入渗补给过程、准确评价地下水补给资源以及地下水污染分析具有重要意义，但土壤中分布着复杂的大孔隙和裂隙，导致优先流的量难以确定。目前，用于描述土壤中优先流的模型有基于可动 – 不可动概念的二流域模型、双重空隙模型、双重渗透性模型、运动波模型、两阶段模型等。这些模型大都需要了解土体的结构、渗透性等信息，而土壤大孔隙和裂隙的分布不规则性使这些模型的使用存在局限性。本文通过分析郑州地中渗透仪监测资料，研究了降水入渗补给过程，利用数值模拟技术，计算假定均质各向同性情况下地中渗透仪中的活塞式入渗补给过程，通过对比降水入渗实际观测资料和土壤水分运移模拟结果，来分离降水入渗过程中的活塞流量和优先流量，并计算出优先流量及所占比例。

2　降水入渗补给模式

降水入渗方式有两种，活塞式和捷径式（优先流）。活塞式入渗是鲍得曼（Bodman）等人于 1943 年在对均质砂进行室内入渗模拟试验的基础上提出的。这种入渗方式是入渗水的湿锋面整体向下推进，犹如活塞的推移，故称为活塞式入渗。活塞式入渗过程中的水分整体运移过程可直接用基于连续理论的理查德（Richards）方程刻画。

土壤中除了粒间孔隙、颗粒集合体内和颗粒集合体间的孔隙外，还存在根孔、虫孔和裂缝等大的孔隙通道。当降水强度较大，细小孔隙来不及吸收全部水量时，一部分降水将沿着渗透性良好的大孔隙通道优先快速下渗，并沿下渗通道水分向细小孔隙扩散，下渗水通过大孔隙通道的捷径流优先到达地下水。

3 优先流的确定方法

3.1 确定机理

降水入渗过程中往往同时存在两种补给模式。由于降水入渗补给过程中包气带中的水分除存在垂向运移外,还存在水平运移,而且大孔隙、裂隙的分布规律很难刻画,因此优先流的量及其在总入渗补给中所占的比例很难确定。地中渗透仪可以直接测量降水入渗补给量,而且其四周封闭,土体内水分以垂向一维运移为主。测量值包括了优先流及活塞流,假定活塞流可用 Richards 方程刻画,比活塞式先补给地下水的那部分实测补给量即为优先流的量(见图1)。

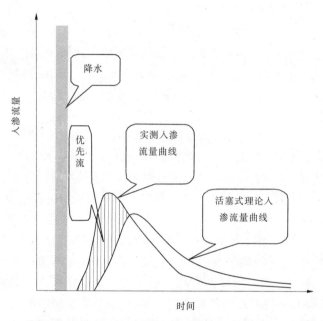

图1　优先流补给模式与活塞式补给模式入渗曲线对比示意图

3.2 活塞流描述

地中渗透仪中活塞流可用一维非饱和土壤水分运移方程(即 Richards 方程)描述,即

$$
\begin{cases}
\dfrac{\partial \theta}{\partial t} = \dfrac{\partial}{\partial z}\left[k(\theta)\,\dfrac{\partial h}{\partial z}\right] + \dfrac{\partial K(\theta)}{\partial z} \\[2mm]
\theta(z,t) = \theta_0(z) \\[2mm]
h(z,t)\,\Big|_{z=B} = h(B,t) \\[2mm]
-K(\theta)\left(\dfrac{\partial h}{\partial z} + 1\right)\Big|_{z=0} = q_0(t)
\end{cases}
\tag{1}
$$

式中　θ——土壤体积含水量;

　　　h——负压水头,[L];

　　　z——垂向坐标,零点取在地面,向上为正,[L];

　　　t——时间,[T];

$K(\theta)$——对应含水量 θ 时的土壤渗透系数, $[L/T]$;

$q_0(t)$——上边界处的水分通量, $[L/T]$;

$h(B,t)$——下边界处负压值, $[L]$,地中渗透仪的底边界取为定水头边界,其压力水头为0;

B——深度, $[L]$。

模型中不考虑土壤吸、脱水之间的滞后作用。

方程(1)为一非线性偏微分方程,而且上边界条件复杂多变,难以用解析法求解,一般用数值方法求解,本文采用迦辽金有限单元进行求解。将实测补给流量与模拟结果进行比较,确定优先流的量。

4 降水入渗补给过程中优先流量的确定

根据上述方法,以郑州地下水均衡试验场新乡亚砂土为例,确定其降水入渗过程中优先流的量。选择地下水位埋深为 2 m、3 m、5 m 和 7 m 的 4 个试筒(内设有中子仪观测土壤含水量资料),对其中的降水入渗过程中的活塞流部分进行模拟。

4.1 活塞流模拟

2 m 试筒中地下水位埋深较小,入渗补给过程短,而且补给的速度快,补给量大,土壤含水量变化较大,与地下水位埋深较大的试筒相比,更能反映土壤岩性水力性质对降水入渗过程的影响。因此,选用 2 m 试筒对该岩性的水力参数进行识别,并分析其中水分运移规律,然后用识别后的参数分别对 3 m、5 m 和 7 m 埋深的试筒进行模拟,计算降水入渗过程中优先流的量。

土壤水分运移模拟一般按如下过程进行:首先进行离散化。模型深度取至地下水面(即整个试筒),按照 2 cm 间隔进行剖分。模拟时段从 2000 年 5 月 1 日 ~ 2001 年 12 月31 日,共 609 天。第二步确定边界条件和初始条件。试筒顶部土体裸露于空气中,直接接受降水入渗补给和蒸发,处理为已知流量边界,直接在模型顶部单元上赋实测降水量和潜在蒸发量。各试筒均采用马里奥特瓶来观测降水入渗补给量和地下水蒸发量,地下水位保持恒定,下界面处理为定水头边界。从 2000 年 4 月 1 日开始监测土壤含水量,为尽量避免由于中子仪安装等可能造成的误差,且整个 4 月份几乎没有降水,因此可取 2000年 5 月 1 日作为初始时刻。将 2000 年 5 月 1 日的实测不同深度土壤含水量,按线性插值的方式为各节点赋初始含水量。第三步选取水力参数。土壤水分特征参数采用常用的vanGenuchten 模型。由于缺少土壤水分特征曲线试验资料,利用土壤颗粒分析资料和经验模型初选相关参数。USSL(United States Salinity Laboratory,美国国家盐改中心)根据1 913 个不同岩性的颗粒组成、干密度、土壤水分特征曲线参数、饱和渗透系数等实测数据,利用人工神经网络技术建立了土壤水分特征曲线参数和饱和渗透系数与土壤颗粒组成、干密度之间的函数关系(Rosetta 软件)。根据该试筒实测土壤颗粒组成(见表1),利用 Rosetta 软件提供的神经网络模型来初步计算该岩性的土壤水分特征曲线参数。

根据建立的土壤水分运移模型,用计算的土壤含水量和实测的土壤含水量进行拟合和对比分析,反复修改参数,当两者之间误差达到标准后,即认为此时的参数值代表该土壤的入渗参数。计算土壤含水量和实测含水量之间的误差的目标函数如下:

表 1　新乡亚砂土岩性颗粒分析资料

项目	颗粒组成			UNSODA 定名
	砂粒	粉粒	黏粒	
粒径(mm)	2 ~ 0.05	0.05 ~ 0.005	< 0.005	Loam
所占比例(%)	45.0	40.5	13.5	

$$E = \sum_{i=1}^{m} \sum_{j=1}^{n} W_j (\theta_{ij}^e - \theta_{ij}^0)^2 \tag{2}$$

式中　m——时段总数;

　　　n——观测点总数;

　　　W_j——权系数;

　　　θ_{ij}^e——i 时刻第 j 个观测点的计算土壤含水量;

　　　θ_{ij}^0——i 时刻第 j 个观测点的实测土壤含水量。

当目标函数 E"最小"时的参数值即为待求的参数,实测浅层土壤含水量与拟合土壤含水量对比曲线见图 2,同时结合 Rosetta 初选的经验参数对参数进行识别,识别后的参数见表 2。

4.2　优先流部分的确定

利用表 2 中的参数分别对地下水位埋深为 2 m、3 m、5 m 和 7 m 的新乡亚砂土中降水入渗补给过程进行模拟。图 3 为不同水位埋深新乡亚砂土试筒的模拟入渗补给量与实测入渗补给量历时对比曲线,可以看出,亚砂土中普遍存在优先流。按照前述分离优先流量的方法计算各试筒中的优先流入渗量,并分时段统计如表 3 所示。

由表 3 可以看出,2 m 埋深试筒中,优先流的量较大,约占总补给量的 46.19%,随着地下水位埋深的增加,优先流所占比例逐渐减小,3 m、5 m、7 m 试筒中优先流所占比例分别为 40.91%、34.13% 和 11.72%,见表 4。

5　结论

利用 Richards 方程计算活塞式入渗补给流量,再用实测入渗补给流量减去活塞式补给流量,即为优先流补给量。计算结果表明,土壤黏粒含量越高,越容易产生裂隙和虫孔等大孔隙,优先流明显,所占比例越高;在埋深较浅(2 ~ 3 m)的黏性土试筒中,优先流补给形式占主导地位(41% ~ 80%);随着地下水位埋深增大,优先流所占比例呈递减趋势,说明导致优先流的大孔隙和裂隙等主要发育于浅部。

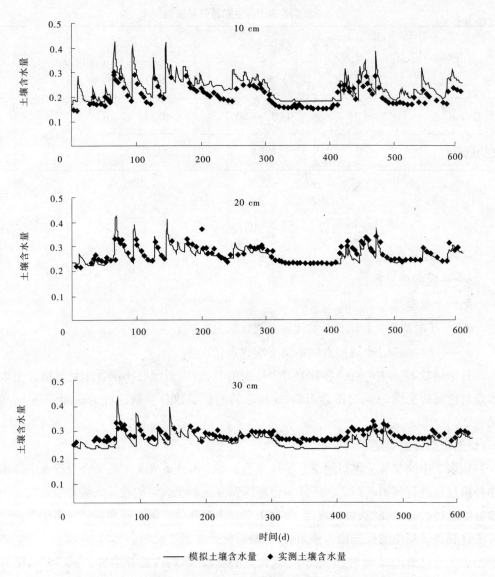

图 2　亚砂土中模拟土壤含水量与实测土壤含水量对比曲线

表 2　识别后的新乡亚砂土水力参数

岩性	水力参数					
	θ_r	θ_s	α	N	m	$K_s(\text{cm/d})$
新乡亚砂土	0.049 6	0.455 0	0.012 4	1.635 8	0.388 7	28.15

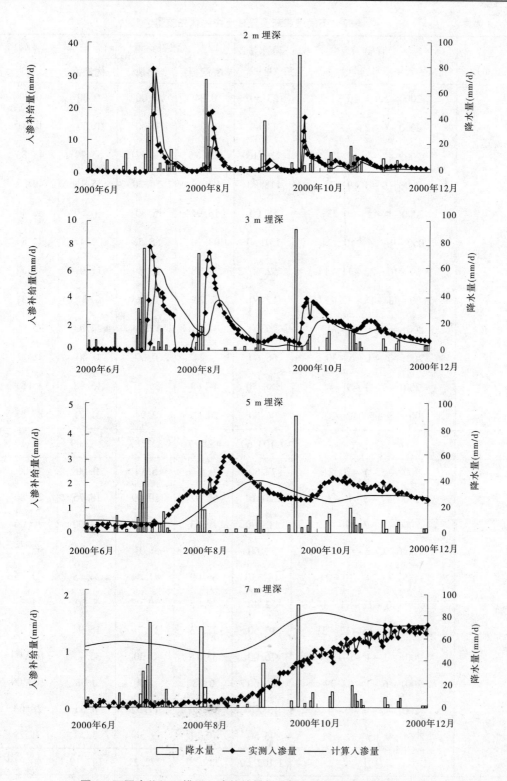

图3 不同水位埋深模拟入渗补给量与实测入渗补给量历时对比曲线

表3　不同埋深新乡亚砂土中的优先流量

埋深 （m）	时段 （年-月-日）	降水量 （mm）	入渗补给量（mm）			比例 （%）
			实测值	模拟	优先流	
2	2000-5-1~6-1	33.50	0.24	0.00	0.00	0.00
	2000-6-2~7-2	43.80	0.29	0.00	0.00	0.00
	2000-7-3~8-2	220.10	121.35	134.71	53.19	43.83
	2000-8-3~9-2	118.90	87.14	56.20	35.18	40.37
	2000-9-3~9-23	58.00	15.94	5.30	10.59	66.44
	2000-9-24~10-21	131.50	93.20	65.56	32.47	34.84
	2000-10-22~11-14	52.40	32.78	20.89	11.97	36.52
	2000-11-15~12-31	17.60	7.70	0.06	7.57	98.31
	2001-1-1~5-31	76.00	31.51	12.94	23.93	75.94
	2001-6-1~6-30	66.60	0.24	0.00	0.00	0.00
	2001-7-1~9-4	188.70	44.63	35.27	15.98	35.81
	2001-9-5~12-31	96.50	24.15	2.94	21.21	87.83
	总计	1 103.60	459.17	333.87	212.09	46.19
3	2000-5-1~7-2	77.30	0.27	5.14	0.00	0.00
	2000-7-3~8-2	220.10	62.92	89.09	18.75	29.80
	2000-8-3~9-2	118.90	79.83	65.14	24.00	30.06
	2000-9-3~9-23	58.00	15.90	9.07	7.19	45.22
	2000-9-24~10-21	131.50	66.09	41.44	24.75	37.45
	2000-10-22~11-14	52.40	38.95	30.98	8.30	21.31
	2000-11-15~12-31	17.60	27.73	11.79	15.94	57.48
	2001-1-1~5-31	76.00	33.75	0.00	33.75	100.00
	2001-6-1~6-30	66.60	0.08	0.00	0.08	100.00
	2001-7-1~9-4	188.70	23.26	17.02	6.66	28.63
	2001-9-5~12-31	96.50	10.81	2.54	7.70	71.23
	总计	1 103.60	359.59	272.21	147.12	40.91

续表3

埋深 (m)	时段 (年-月-日)	降水量 (mm)	入渗补给量(mm)			比例 (%)
			实测值	模拟	优先流	
5	2000-5-1～7-2	77.30	15.88	23.83	0.00	0.00
	2000-7-3～8-2	220.10	25.39	13.28	13.04	51.36
	2000-8-3～9-2	118.90	69.90	46.54	23.48	33.59
	2000-9-3～9-23	58.00	32.00	38.82	0.00	0.00
	2000-9-24～10-21	131.50	47.30	36.37	12.40	26.21
	2000-10-22～11-14	52.40	42.58	33.35	9.22	21.66
	2000-11-15～12-31	17.60	52.80	56.09	0.83	1.57
	2001-1-1～5-31	76.00	75.38	55.81	20.14	26.72
	2001-6-1～6-30	66.60	11.57	3.13	8.44	72.95
	2001-7-1～9-4	188.70	35.74	2.48	33.26	93.06
	2001-9-5～12-31	96.50	48.55	13.36	35.19	72.48
	总计	1 103.60	457.09	323.06	156.00	34.13
7	2000-5-1～7-24	297.40	5.19	80.98	0.00	0.00
	2000-7-25～9-2	118.90	5.24	39.64	0.00	0.00
	2000-9-3～10-17	189.50	32.72	67.38	0.00	0.00
	2000-10-18～11-5	41.30	22.03	28.56	0.00	0.00
	2000-11-6～12-31	28.70	69.78	78.08	0.00	0.00
	2001-1-4～12-31	427.80	199.32	185.87	39.17	19.65
	总计	1 103.60	334.28	480.51	39.17	11.72

表4　不同岩性试筒中优先流量所占比例

岩性	不同埋深优先流量所占比例(%)			
	2 m 埋深	3 m 埋深	5 m 埋深	7 m 埋深
开封粉细砂	32.93	35.75		19.71
新乡亚砂土	46.19	40.91	34.13	11.72
驻马店亚黏土	66.03	79.83	77.97	46.17

地质灾害前兆监测与临灾过程的模拟和控制

李满洲

（河南省地质环境监测院　郑州　450016）

摘　要：地质灾害的发生有其特定的地质、工程地质条件和特定的控制与影响因素，其形成和发生有一个从孕育、发展到发生的变化过程。在这一变化过程的不同阶段都有其对应的各种临灾前兆，倘若能够瞄准、抓住这些关键的前兆因素进行实时的监测，并在正确构建地质灾害概念模型和数学模型的基础上，通过数值模拟与分析研究，一则可以对灾害发生与否进行超前的预测和预警，以便及时组织抢险和避让；二则可以指导成灾过程的控制工作，正确开展和实时调整防治工程的部署，从而避免或减轻地质灾害造成的人员伤亡和财产的损失。

关键词：地质灾害　致灾因素　前兆监测　临灾过程模拟和控制　应急抢险和避让

随着河南省首例巩义铁生沟滑坡专业监测工作的初步实施，如何科学地开展地质灾害监测，尤其是临灾前兆因素监测与临灾过程的模拟和控制问题也随即摆在了我们面前。

1　临灾前兆因素与实时监测的原理

各类地质灾害的发生有其特定的地质、工程地质条件和特定的控制与影响因素，其形成有一个从孕育、发展到发生的变化过程。在这一变化过程的不同阶段都有其对应的各种临灾的前兆。纵观地质灾害发生的过程，其主要的临灾前兆伴随因素可有地质灾害体应力场变化、应变场变化的特征以及温度场变化和孔隙水压力场变化的特征等。

1.1　应力场的变化特征和监测

应力特征是反映地质灾害体是否发生破坏的重要指标。地质灾害体任意一点的应力状态和大小会随着致灾作用的推进不断地发生着变化，而应力的变化规律和变化幅度又决定着地质灾害体是否会发生变形和破裂。当灾害体岩土中的应力条件发生较大变化时，往往预示着岩土体可能要发生位移和破坏，构成地质灾害是否发生的前兆因素。因此，通过对地质灾害体不同深度岩土体中应力状态的实时监测，可以反映出地质灾害体发生破坏、进而致灾的前兆信息，具备良好的预警功效。

1.2　应变场的变化特征和监测

应变特征是用来度量岩土体变形程度的量，其值的大小反映了岩体破坏的可能性、程度和变形的强弱。通常在人工破坏作用、卸荷作用、水力作用及其构造应力等作用下，各类原、次生裂隙将沿着岩土体中结构面产生位移和变形，因此这就可以通过埋设在岩土体中不同深度的应变传感器对其变化进行实时的监测。当发现岩土体中的应变状况发生较大改变时，往往昭示着岩土体可能要发生位移和破坏，从而达到前兆实时监测和分析预测致灾发生状况的目的。

1.3　孔隙水压力场的变化特征和监测

许多地质灾害的发生都与水的参与和强烈作用密不可分。孔隙中水压力的增加，通常使得岩土体中颗粒之间、裂隙之间有效应力发生降低、非有效应力得以增加,从而造成岩土体中各种结构面进一步开裂、扩张和相互的沟通与摩阻力的减弱,进而导致滑移和破坏。这种孔隙水压力的变化特征是帮助判断致灾状况的前兆信息。因此,通过在岩土体不同深度预埋专门的水压监测器件,就可以实时地跟踪监测和掌握地质灾害体发生与否的可能性的大小,据此进行临灾超前的预测预警和控制。

1.4　温度场的变化特征和监测

水的突然参与作用常常是诱发地质灾害的一种重要因素。由于不同季节地表水、大气降水和埋藏于地表下不同深度的岩土体往往具有不同的温度,它们随着季节和埋深的改变分别呈有规律的变化。当地表水或大气降水(主要指强降雨)通过不同途径进入灾害体时,其岩土体的温度将会呈现某种规律的异常。因此,可以通过对岩土体温度变化规律的实时监测,及时了解和掌握致灾前期演变的状况,进而实现前兆监测及预测预警的目的。

此外,尚可以通过对岩土体饱和度或湿容重的实时监测进行临灾预测预警和控制。

上述临灾前兆因素中,最直接的、最敏感的和最有效的当属应力场变化与应变场变化二因素。而孔隙水压力场变化、温度场变化及其岩土体饱和度或湿容重变化等因素对于配合该二因素进行临灾分析和预测常常具有十分重要的作用。

2　前兆监测预警系统布设的原则及组成

由于地质灾害临灾前兆过程往往很短,这就给临灾预测预警及其避灾工作带来很大的困难。因此,也就要求监测系统必须具备很强的实时性、动态性监测的功能。同时,还要求所布设的监测设备及其监测系统应具有足够的灵敏性和精确度。

2.1　前兆监测预警系统的布设原则

2.1.1　监测部位的确定原则

监测部位的确定应遵循以下的原则:

(1)监测部位与地质灾害之间必须具有内在联系,该部位的某种因素变化必须能够反映地质灾害前兆变化的状况。

(2)监测部位的某种临灾前兆因素变化对地质灾害的响应须具有足够的敏感性和速度。

(3)监测部位的选择应结合可能的致灾类型和条件等因素,尽量靠近灾害体和变形破坏边界地带进行布设。

(4)监测部位的布设应尽量利用已有的现场条件进行,以减少钻凿施工等费用。

(5)监测部位在整个监测过程中,应能够保存完好,避免因人类活动而损坏。

(6)条件允许时,监测器具的布设应考虑避开化学腐蚀的环境,以避免对监测仪器设备的腐蚀和毁坏。

2.1.2　监测网络的设计原则

监测部位确定之后,重点就是监测系统(网络)的设计和布置了。监测系统的设计和布置一般应考虑以下两个原则:

(1)以最少的监测布设量,达到最大限度准确、快速反映临灾前兆监测的目的。

（2）监测部位的布设，应考虑到上下、内外系列的结合，以抢抓时间提高超前的可预报性。

2.2　前兆监测预警系统的组成

地质灾害前兆实时监测预警系统一般应由（地面）中心站、原位致灾前兆信息采集与传输子系统、信息分析与处理子系统以及致灾危险性预报预警子系统等组成。条件允许时，该系统最好具有远程可视化监测与监控的功能。上述系统中，致灾因素和致灾信息原位监测与采集技术是其关键性的技术。要从具体的前兆因素类型出发，有针对性地选择监测采集设备，有关应力、应变、水压、温度等信息采集传感器配置应适当，确保敏感地、精确地和实时地采集捕捉到前兆微细致灾的信息。同时，还应具备较强的防震、抗干扰特性和能力。

3　数学模型的建立与临灾过程的模拟

地质灾害前兆实时监测的目的主要是为临灾过程模拟预报和防灾过程控制服务的。而这些又有赖于正确的地质灾害概念模型及其建立在此基础上的数学模型的构建工作。

3.1　临灾地质概念模型的建立

该模型是建立在现场调查、勘察、监测以及对地质灾害致灾机理研究基础上的概念模型，它是通过对致灾现象综合分析研究后，获得的对地质灾害成因机制认识的表述。致灾概念模型必须具有坚实的现场观察研究基础和一定的试验测试依据，在一定的阶段里，它代表了人们对灾害发生规律的理解水平。其基本的分析研究方法主要为"地质理论分析"的方法。运用该方法分析研究地质灾害地质、工程地质条件、地质灾害类型与空间分布状况等，对地质灾害的成因机理、主要致灾作用因素以及发展演化趋势做出客观地分析与评价。地质理论分析的方法由理论地质学，如地层学、构造地质学、岩石学、矿物学及其地貌第四纪地质学等；应用地质学，如土体力学、岩体力学、工程地质学和水文地质学等；以及生态环境科学三大方面组成。地质理论分析的核心内容是地质灾害的成因机理与变形破坏机制的分析，主要包括以下两方面的内容：

（1）区域地质环境演化过程的分析。区域地质环境演化背景，特别是区域地壳构造活动乃至岩溶发育演化特征等，对地质灾害的成因机理分析和变形破坏机制研究具有重要的作用。如果地质灾害所处的地区大背景不清楚，就灾害体论灾害体，往往会导致考虑问题的局限性，不能从整体上、区域上把握地质灾害发生的本质，甚至产生"瞎子摸象"错误认识的后果。

（2）地质、工程地质综合的分析。在区域地质环境演化分析研究的基础上，逐渐缩小靶区，针对具体潜在的地质灾害，运用地质、工程地质综合分析的方法，对地质灾害形成机理与变形破坏机制开展综合分析研究。具体有：①分析地质灾害的类型及致灾作用的强度；②描述地质灾害的发育特征及其空间分布的状况；③提取地质灾害形成与演化的主要致灾因素，对其致灾机理与变形破坏机制进行研究；④预测地质灾害发展演变的趋势；⑤构造合乎实际的地质灾害概念模型，分析其运动学与动力学特征，为地质灾害预警预报和过程控制及其防治工程的部署奠定基础。

3.2 数学模型的建立及临灾过程的模拟

3.2.1 数学模型的建立与临灾过程的模拟

通过地质灾害机理分析和地质灾害概念模型的建立,结合地质灾害形成的运动学与动力学特征,采用一定的数学理论和方法对其概念模型进行数学的描述,从而构建致灾数学模拟的模型,从而把地质理论定性分析结果具体化、定量化,为临灾过程控制及其相似地质灾害预警预报提供定量计算的基础。利用该模型,一方面可以模拟地质灾害内部结构和不同边界条件下致灾的全过程,进一步验证地质灾害概念模型的正确性和合理性,从理论上、整体上和内部作用过程上获得对地质灾害演化机理更加深入的认识;另一方面可以使临灾预报工作实现定量的计算与评价,通过对数学模型时间上的拓展,获得对地质灾害演化趋势的认识,从而达到临灾预报预警的目的。以上的过程统称为"临灾过程的模拟"。

目前,国际上常用的临灾过程模拟的手段有相似材料物理力学模拟和数值模拟两种。前者是采用与地质灾害原型介质符合一定相似比例的材料——相似材料,塑造出与地质灾害原型相似、满足相似理论的模型,然后模拟地质灾害原型的实际致灾边界条件,再现灾害地质体的临灾演化过程,进而指导开展临灾预报预警工作;后者是指通过建立的致灾数学模型,采用数值分析的方法,求解灾害地质体如应力、应变(位移)及其破裂致灾随时间的变化过程,从而实现对灾害体变形破坏乃至全过程变化状态的描述,达到临灾预报预警及其临灾过程控制的目的。相对而言,数值模拟具有使用方便、模型相似性高、动态实时操作性强、费用低廉等特点而备受青睐。

需要说明的是,建立在地质灾害前兆实时监测基础上的灾害变形破坏及致灾过程的模拟,事实上是一个全过程动态数值模拟的问题。而地质灾害从变形演化发展到破坏和致灾是一个复杂的动态力学过程,是一个从量变的积累到质变的过程。量变的积累是一种小变形的过程,而质变发生后的破坏和致灾则是一种大变形的过程,这两个过程目前还不能用统一的数学模型来表达。通常,对于小变形的描述一般可采用基于弹塑性和黏弹塑性的理论,使用有限元等数值分析的方法来求解。对于大变形的描述目前尚无妥善的方法,20 世纪 80 年代国际上发展起来的不连续变形模型的离散元法(DEM,DDA)初步被证明是解决这类问题较为有效的方法。而把这两种方法结合起来运用,将是当前实现地质灾害全过程模拟的基本途径和方向。

3.2.2 数学模型建立应注意的问题

上述数值模拟不是单纯的数值计算问题,它是以原型灾害地质、工程地质条件及概念模型研究等工作为基础,通过这些工作抽象出合理的数学模型(计算模型)才能用于具体的分析与计算。因此,正确理解原型研究的结果,从而抽象出合理、正确的数学模型是数值模拟环节的关键工作。

其一般原则是以概念模型所确定的主导因素为指导,通过原型调研,对其模型进行合理的抽象、简化和高度的概括,突出与概念模型相关的控制性致灾因素,使之既能够代表灾害地质、工程地质体的客观实际,同时又具有数学分析的可能性以及计算机硬件设备保障的可能性。只有这样,所建立的数学模型,其计算预测结果才能符合或接近客观实际,才能收到较好的临灾预报预警的效果。建模和模拟分析时,应遵循以下原则:

(1)明确反映地质灾害形成的机理与变形破坏的机制。

(2)计算方法、计算步骤应尽可能简化,抓住主要致灾因素,提高其适用性。

(3)灵敏度高、动态实时性强、易于校验。

(4)讲求实效,不刻意追求新颖和复杂化。

4　临灾过程控制与应急抢险预案

4.1　前兆因素监测与过程控制

"控制"一词源自维纳的控制论,是指在获取、加工和使用信息的基础上,控制主体使被控客体进行合乎目的的行为。这里,行为、目的和信息是控制论中三个重要的概念。对于地质灾害而言,如果我们把可能发生地质灾害的地质体及其外在作用作为被控系统,则控制的目的主要表现在两个方面:一方面,当被控系统已处于所期望的(安全)状态时,就力图使该系统保持这种稳定状态运行下去;另一方面,当被控系统处于非期望(不安全)状态,即有招致失稳致灾时,则实时引导该系统从现有状态向稳定的期望状态发展。换言之,过程控制的目的,就是使被监测的地质灾害体及其外在作用的演化行为时刻朝着有利于地质灾害体的稳定方向发展。

信息在过程控制中的作用十分重要,是控制行为达到期望目的的重要依据。它包括两方面的内容:一方面是过程控制所必需的致灾前兆实时监测信息,如应力状态信息、应变变形信息、水压变化信息、温度变化信息等;另一方面是过程控制的调控信息,亦即系统偏离目标的信息。上述两类信息以原位地质灾害前兆实时监测信息最为重要,它是系统调控的第一手基础性信息。

4.2　临灾过程模拟和控制与实时调整防灾策略

当临灾过程模拟和控制结果发现被控系统已经偏离了目标(期望)状态,有可能导致灾害时,就必须根据预测(调控)信息,实时地开展或调整相应的应急防治策略和措施,调整应急防治工作的布局,以便使得被控系统及时转向期望的状态,达到防患于未然的目的,这是地质灾害前兆实时监测及其过程控制工作的一项极其重要的任务。

4.3　临灾过程模拟和控制与应急预案

地质灾害前兆实时监测与预警,其性质属临灾,即短时预报和预警工作,其目的除为上述临灾过程防灾控制服务外,再就是为临灾现场紧急避让、应急抢险提供决策依据。

当临灾过程模拟即预测预报结果发现过程控制出现严重偏差或失控,地质灾害不可避免时,就必须要采取紧急的避让、抢险措施,以期把灾害损失降至最低的程度。因此,根据临灾过程模拟和控制结果,及时启动地质灾害应急抢险预案,做到未雨绸缪、有备无患是十分必要的。特别是针对河南省为数不少的、严重危险的地质灾害,在目前财力不足的情况下,大力推行临灾实时监测、预报预警和紧急避让抢险工作极其重要,这是今后相当长时期内必须扎实开展的一项有效的、基础性的防灾工作。

从国内外地质灾害防治实践来看,应急抢险预案应紧密结合以往地区地质灾害防治经验及其临灾前兆实时监测与模拟预测控制的可能结果,本着实时性、针对性、有效性的原则进行编制。同时,应急抢险预案还要不断地根据临灾过程模拟与控制的实际结果及其已有抢险工作的经验教训,及时地修正和完善原拟预案的不足,不断增强其可操作性和预见性,避免盲目行动,使得抢险工作反应更加迅速和真正富有救灾的实效。

5 结论与建议

　　地质灾害的发生有其特定的地质、工程地质条件和特定的控制与影响因素,其形成有一个从孕育、发展到发生的变化过程。在这一变化过程的不同阶段都有其对应的各种临灾前兆,倘若能够瞄准、抓住这些关键的前兆因素进行实时地监测,并在正确构建地质灾害概念模型和数学模型的基础上,通过数值模拟与分析研究,可以实现对灾害发生与否的超前预测和预警,帮助人们及时组织抢险和避让;同时能够科学指导成灾过程的控制,正确开展或调整防治工程的部署。因此,建议在总结吸取巩义铁生沟滑坡监测经验的基础上,对全省地质灾害防治规划确立的重大的、极其危险的潜灾体,尽快启动实时监测,特别是前兆监测及其临灾过程模拟预测研究的工作,从而防患于未然,有效避免或减轻地质灾害造成的人员伤亡和财产的损失。

河南省平原区浅层地下水动态演变特征

王继华[1]　王新让[2]

(1. 河南省地质环境监测院　郑州　450016
2. 巩义市水利局　巩义　451200)

摘　要：通过对全省近 1 000 个长系列动态监测点资料的分析，选择 100 个监测资料较连续、完整的代表点，据其 1972～2001 年长时间系列及 1997～1998 年短时间系列地下水动态变化，将全省平原区浅层地下水水位动态演变刻画为水位持续下降型、阶段性下降型、相对稳定型三种基本类型，并对地下水水位变化幅度、地下水水位埋深及降落漏斗演变进行了分析，以期为地下水资源合理开发利用提供依据。

关键词：平原　浅层地下水　水位　动态演变

河南平原位于河南省的中、东部，面积近 8 万 km^2，是河南省粮棉产区和重要工业城市所在地，区内供水以开采浅层地下水为主。为制定地下水合理开发利用方案，保障社会经济的可持续发展，地矿部门自 20 世纪 60 年代中期，开展了地下水动态监测工作，但初期监测点少，1972 年开展了全省区域性监测工作，截至 2003 年底，国土及水利部门在全省共设有 1 300 余个监测点，监测面积 10.86 万 km^2，主要控制平原、岗区，且以浅层地下水为主。平原区监测面积达 7.9 万 km^2，占区域监测总面积的 74%。

地下水动态监测工作，在地下水资源评价、保护生态环境、促进社会经济发展等方面发挥了显著的作用，为地下水资源合理开发利用提供了科学依据。40 年来由于受气象及开采等因素的影响，河南省地下水动态发生了很大的变化，本文根据全省长系列动态监测资料，分析了平原区浅层地下水水位、埋深、降落漏斗等动态的演变特征。

1　地下水水位年际动态演变特征

根据 1972 年以来区域浅层地下水动态监测资料，依地下水水位变化过程及发展趋势，浅层地下水水位长期动态演变可分为持续下降型、阶段性下降型、相对稳定型三种类型。

1.1　超量开采，水位持续下降型

此类型主要分布在豫北的南乐、清丰、内黄、滑县及温县、孟州和郑州等地，动态类型主要为开采型。浅层地下水水位演变特征为：1972～2001 年，水位高程逐年下降，地下水埋深逐年增加，地下水位总体呈逐年下降趋势，下降速率平均为 0.3～0.8 m/a，其中 1972～1976 年平均为 0.3 m/a、1976～1985 年平均为 0.4～0.6 m/a、1985～2001 年平均为 0.6～0.8 m/a。年内水位变化受开采和气象双重因素影响，年际水位变化主要受开采因素影响，每年有丰、枯水期的高低水位，但后一个丰水期的水位高点一般都低于前次的水位高点。1985 年后，随着水位埋深的增大，降水补给影响日渐减弱。

该地区 1972 年水位埋深一般为 4～6 m，近 30 年时间水位下降了 15～20 m，目前已形成区域性水位降落漏斗，漏斗中心水位埋深达 20～26 m。其形成原因是由于地下水农

业性长期过量开采、开采量大于补给量,致使水位年复一年的下降,有时特丰年份汛期地下水水位恢复高于前期水位高点,但因地下水多年平均开采量大于补给量,而总趋势仍呈持续下降的特征。

1.2 气象、开采双重影响,水位阶段性下降型

此类型主要分布在黄淮海平原的东部和中部。地下水动态受气象、开采双重因素影响,呈阶段性下降状态:20世纪80年代中期以前地下水位主要受气象影响,水位埋深在2~5 m左右有规律的波动变化,无明显上升或下降趋势;中期以后由于受开采量增加的影响,地下水位呈逐年下降状态,其中1986~1988年下降速度较快,速率达0.5~0.7 m/a,而后下降速度减缓为0.3 m/a,呈平稳下降。目前,大部分地区地下水位埋深在7~10 m之间变化。

1.3 气象因素制约,地下水位动态稳定型

此类型主要分布在驻马店东部及沿黄地带,其次为周口南部及鄢陵、西华等地。其地下水位埋藏浅,水位变化幅度小,受气象因素影响明显,开采因素影响较小,为相对稳定型状态。1972年以来的大部分时段,地下水位埋深在1~4 m之间,汛期降水入渗水位回升,而后因蒸发水位回落,水位曲线与降水曲线规律一致,水位变幅年内1~2 m,年际3~4 m,水位变化短周期为半年,长周期受气候影响长短不一。近30年来,水位除有小幅度的上下波动,无明显的上升或下降趋势。

2 地下水水位变化幅度

地下水水位变化幅度,是分析地下水开采潜力、制定开发利用规划的重要因素之一。

根据1991~2001年区域地下水动态监测资料,全省平原区浅层地下水水位分为上升和下降两种类型(见表1)。地下水水位下降区面积为61 640 km²,占平原区面积的77%,大部分地区平均下降速率为0~0.4 m/a,在豫北的西部地区下降幅度大,最大幅度达1.23 m/a;水位上升区主要分布在中部、南部及豫北的新乡、济源等地,面积为17 527 km²,水位上升幅度为0~0.4 m,局部地段上升幅度达0.4~0.8 m/a。

表1　1991~2001年河南省平原区浅层地下水水位变幅统计

变化类型	年均变幅(m/a)	分布面积(km²)	分布区
下降区	>1.2	138	安阳北部
	0.8~1.2	474	淇县、孟州
	0.4~0.8	7 360	豫北中部及温县、许昌
	0~0.4	53 669	沿黄地带及黄河以南大部
上升区	0~0.4	17 409	新乡、开封东部、扶沟、柘城、平舆等
	0.4~0.8	118	辉县

3 地下水水位埋深及降落漏斗

3.1 地下水水位埋深

平原区浅层地下水水位埋深总体变化规律为:自 1964 年以来,水位埋藏逐渐增加,埋深小于 4 m 的面积逐渐减少。

20 世纪 60 年代中期之前,水位埋深普遍很小,85% 以上的区域地下水位埋深小于 4 m,最大埋深不足 8 m;70 年代起由于受开采量增加的影响,地下水水位逐年下降,1972 年埋深达 4~8 m 的区域仅局限于豫北的南乐、清丰、滑县及温县、孟州等局部地段,至 70 年代中期,地下水位埋深大部分区域仍以小于 4 m 为主,最大埋深不超过 16 m;80 年代埋深小于 4 m 的区域逐渐缩小,大于 4 m 的区域进一步扩大,80 年代后期,豫北大部分地区水位埋深大于 6 m;90 年代初期,水位埋深小于 4 m 的区域面积缩小近半,最大水位埋深已大于 16 m,90 年代末水位埋深小于 4 m 的区域已较小,埋深在 4~8 m 间的区域面积最大,豫北局部地区地下水水位埋深达到 20~22 m。

根据监测资料,2001 年地下水水位埋深小于 4 m 的区域主要分布在豫南、豫东南的驻马店、信阳、周口及沿黄地带,面积为 16 400 km²,占平原区总面积的 20.72%;埋深在 4~8 m 的区域主要分布在商丘、开封、许昌、漯河及南阳盆地和新乡的部分地区,面积为 44 300 km²,占平原区总面积的 55.96%;埋深在 8~12 m 的区域主要分布在豫北及南阳盆地周边地带,面积为 9 454 km²,占平原区总面积的 11.94%;埋深在 12~16 m 的区域主要分布在豫北的北部、西部及许昌西部,面积为 5 646 km²,占平原区总面积的 7.13%;埋深大于 16 m 的区域主要分布在豫北的南乐、内黄、清丰及温县、孟州等地,面积为 3 368 km²,占平原区总面积的 4.25%,最大水位埋深达 22~26 m。河南省平原区浅层地下水水位埋深面积演变情况见表 2。

表 2　河南省平原区浅层地下水水位埋深面积演变对比　　　　(单位:km²)

埋深(m)	1964 年	1976 年	1991 年	1995 年	1998 年	2001 年
<4	71 367.4	61 762.9	38 192.0	28 999	26 276	16 400
4~8	8 214.9	17 819.4	35 980.7	48 018	39 355	44 300
8~16		17 819.4	10 529.3	10 501.7	10 504	15 100
>16			10 529.3	10 501.7	3 033	3 368

3.2 区域地下水降落漏斗演变

河南平原区域浅层地下水降落漏斗目前有两个:安阳—濮阳漏斗和温县—孟州漏斗,主要为农业过量开采所致。

安阳—濮阳漏斗形成于 20 世纪 70 年代初期,1972 年仅限于南乐、清丰等地,水位埋深 4~6 m,面积约 500 km²,呈西南—东北向展布,漏斗中心水位埋深在 6 m 左右。后来随农业开采量的不断增加,4~6 m 埋深线沿南乐—清丰—濮阳—滑县—汲县一线推进,4~6 m 埋深区面积增加,6~8 m 埋深区范围由东北向西南方向扩展,以南乐—清丰为中心的降落漏斗面积逐渐扩大。1976 年该区 8 m 埋深线圈定的漏斗面积为 600 km^2, 1980 年达 1 800 km^2,1986 年达 5 298 km^2,1990 年已达 5 547 km^2。现在已发展为跨越省界的复合型漏斗,东北部进入山东、河北两省境内,为华北平原大漏斗的一部分。省内漏斗范围包含安阳市辖区平原地区的全部及濮阳、鹤壁两市的大部分地区,1998 年面积达 8 236 km^2。漏斗中心有两个,位于南乐、清丰、内黄一带及滑县东部,水位埋深分别为 24～26 m、20～22 m。1972 年以来,漏斗中心水位下降 15～20 m。

温县—孟州漏斗形成时间较早,1972 年开始监测时已存在,范围较小,面积约为 150 km^2,1976 年漏斗面积扩大至 300 km^2,漏斗明显向北部和东北部扩张。20 世纪 80 年代后期,漏斗扩展范围达 400 km^2,漏斗中心水位埋深 16～18 m;1998 年漏斗面积达 562 km^2,漏斗中心水位埋深 22～24 m。

4 结语

40 年来,河南省平原区浅层地下水动态的演变主要受气象、开采等因素制约,地下水动态类型由监测初期的以气象型为主,演变为现在的以气象—开采型为主。今后一定时期内,受开采量增加的影响,平原区浅层地下水水位动态总体趋势为下降,水位埋深大于 4 m 的区域将逐渐增大,豫北已形成的区域性地下水降落漏斗范围将进一步扩大。随地下水水位动态下降趋势的演变,会产生诸如地下水资源匮乏、地面沉降、地裂缝、河道断流及湿地缩小、消失等环境地质问题,造成对生态系统的破坏,应引起有关部门的高度重视。

建议水资源管理部门根据地下水动态监测数据,及时优化、调整其开采方案,合理利用,保障社会经济的可持续发展,更好地造福于人类。

郑州市地下水水质现状分析

王新让[1]　董　伟[2]　朱中道[2]

(1. 巩义市水利局　巩义　451200
2. 河南省地质环境监测院　郑州　450016)

摘　要:为了贯彻落实党的十六大提出的全面建设小康社会、统筹城乡发展,加快农村基础设施建设的精神,水利部要求各地在编制《农村饮水安全工程总体规划及"十一五"规划工作大纲》的基础上,逐步解决我国农村饮水安全问题。通过现状调查,郑州市集中供水工程共 2 695 处,受益人口 2 125 758 人,占农村总人口的 50.91%;全市分散式供水受益人口为 2 049 108 人,占农村总人口的 49.09%。全市农村饮水不安全人数为 1 404 467 人,其中饮用高氟水的有 230 589 人,饮用高砷水的有 4 350 人,饮用苦咸水的有350 013 人,饮用污染水的有 618 708 人。全市饮水不安全人口分布呈现以下特点:一是平原地区高于西部山区,二是城市周边高于农村地区,三是浅层地下水水源区高于中深层地下水水源区,四是河道两侧为饮水不安全的"重灾区"。

关键词:郑州　地下水　水质

1　概况

郑州市地处河南省中部,是全省政治、经济、文化中心,北临黄河,西依嵩山,东南为广阔的黄淮平原。地理坐标为东经 112°40′~114°12′、北纬 34°16′~34°58′,包括巩义、荥阳、登封、新密、新郑、中牟六县(市)和中原、二七、管城、金水、惠济、上街六区,共辖 121个乡(镇)、56 个街道办事处、2 329 个行政村、17 560 个村民小组,总人口 702 万,其中农业人口 418 万。全市总面积 7 446.2 km²,其中耕地面积 29.2 万 hm²。

郑州市交通、通讯发达,处于我国交通大十字架的中心位置。陇海、京广铁路在这里交会,107、310 国道,京珠、连霍高速公路穿境而过,拥有亚洲最大的列车编组站和全国最大的零担货物转运站,邮政电信业务量位居全国前列。郑州商贸发达,是国务院确定的 3个商贸中心试点城市之一。

郑州地区属暖温带大陆性气候,四季分明,年平均气温为 14.4 ℃,7 月最热,平均气温为 27.3 ℃,1 月最冷,平均气温为 0.2 ℃。无霜期 220 天,全年日照时间约 2 400 h。

境内大小河流 35 条,分属于黄河和淮河两大水系。淮河水系支流主要有颍河、双洎河、贾鲁河等,黄河水系支流有伊洛河,其中流经郑州境段的黄河长 150.4 km。

郑州市是一个严重缺水的地区,十年九旱,西部山区人畜饮水十分困难。为解决西部山区人畜饮水困难,探索出了屋顶接水和建地窖集水适宜人畜饮水工作的新路子。新密市袁庄乡吴家庄村位于北部山区,生活用水都是到几公里外拉水,吨水费用高达 10 元以上。2000 年全村每户都建起了屋顶接水工程,解决了群众吃水困难,2003 年年底又进行了屋顶接水自来水化建设。

2　水资源开发利用

郑州市多年平均降水量为 633.3 mm,最大 1 041.3 mm(1964 年),最小 384.9 mm

(1986 年)。每年降水多集中在 6～9 月,约占全年降水量的 60%。全市多年平均降水量自北向南、自东向西逐渐递增,山区多,平原少。

郑州市多年平均(1956～1979 年)地表水资源量为 8.669 亿 m^3,地下水资源量为 8.651 亿 m^3,重复计算量为 3.926 亿 m^3,全市水资源总量为 13.393 亿 m^3。全市 20 世纪 90 年代(1990～2000 年)平均水资源量为 11.237 亿 m^3,其中地表水资源量平均为 4.939 亿 m^3,地下水资源量平均为 9.533 亿 m^3。总的看来,90 年代平均地下水资源可开采量增加,地表水资源可利用量减少,境内水资源总可利用量减少。

由于城市雨污水、工矿企业及化工企业排放的工业废水没有处理就直接排入河道,河流受到极大污染,污染河段主要有伊洛河、双泊河、贾鲁河、贾鲁支河、东风渠、熊儿河、七里河、索须河、汜水河等。郑州市所监测的 5 条河流,7 个断面的综合评价水质均低于其水质功能要求。失去供水功能大于Ⅴ类(含Ⅴ类)的河段占总监测河段的 86%,污染现象较为严重。

3 地下水水质状况

地下水化学性质受气候、地貌、水文地质条件控制。郑州市西部山区、岗地和山前倾斜平原为补给区,一般为重碳酸型的低矿化度淡水,矿化度大部分小于 0.5 g/L,水质适用于饮用和农田灌溉;山前倾斜平原,属径流排泄区,矿化度小于 0.3 g/L,为重碳酸钙型水,向下矿化度渐增为 0.5 g/L,水质类型多为重碳酸钙镁型水,其中局部低洼地带垂直积聚作用明显,矿化度可达 1～2 g/L,水化学类型为重碳酸钙镁型或碳酸钙镁型。

随着人口增加、经济发展,污水排放量逐年增加,河道、水库、浅层地下水已受到不同程度的污染。受开采条件、施工因素等影响,因开采地下水造成的污染较为严重。在东部平原区,因地下水水位埋深小于 10 m,部分农村没有实行集中供水,农户以压井取水饮用,受生活方式限制,井旁即为渗水坑,生活污水等随即排入地下,污染浅层地下水,三氮普遍超标均与此有关,郑州市各区县细菌、大肠菌群超标也均与此有关。城市中,目前以中深层地下水为主要开采层。受开采强度和水文地质条件影响,浅层地下水对深层地下水越流补给,如郑州市区中深层地下水亚硝酸盐超标现象严重,与浅层地下水污染密切相关。另外,由于农业生产大量地使用化肥农药,也造成对浅层地下水的污染。

3.1 饮用水水质问题

结合郑州市水系、水文地质条件、水源、饮水型疾病分布等情况,将贾鲁河、双泊河、伊洛河等污染河段区、煤矿开采区、城镇开发区等作为调查取样重点区,同时兼顾一般地区布设取样,共布设 255 个水质取样点。主要对色、浑浊度、臭和味、肉眼可见物、pH 值、总硬度、铁、锰、氯化物、硫酸盐、溶解性总固体、氟化物、砷、汞、镉、铬、铅、NO_3—N、耗氧量 COD_{Mn}、细菌总数、总大肠杆菌群等共计 21 项指标进行了水质评价,评价方法采用《中华人民共和国生活饮用水卫生标准》(GB 5749—85)。

单项指标中,汞、镉、铅没有出现超标,其他超标率较小的单项指标有肉眼可见物、pH 值、砷、铬等,超标率较高的单项指标有:总硬度超标率为 43.92%,溶解性总固体超标率为 23.81%,硝酸盐(以氮计)超标率为 21.68%,硫酸盐超标率为 14.12%,氟化物超标率是 10.20%,氯化物超标率为 10.20%。

3.1.1　高氟水

长期饮用高氟水,易诱发地方性氟中毒疾病,危害人民群众身心健康。地方性氟中毒主要侵犯骨骼系统,以氟斑牙和氟骨症为主要病症。

郑州市高氟水中氟的来源主要有以下三个方面:一是水对含氟矿物的淋溶;二是山前断陷带聚集了大量的氟;三是工业污染。郑州市高氟水主要分布在荥阳北部、登封西南、新郑东南、中牟南部,全市饮用高氟水总人口为 230 589 人。

3.1.2　苦咸水

苦咸地下水的形成通常是古地理环境、地貌、气候条件、地质构造和积盐作用共同导致的结果。苦咸水口感苦涩,长期饮用影响人体微循环,导致老年血压、心血管等方面的疾病,使人体免疫力低下。用苦咸水灌溉可导致土壤次生盐碱化。

全市受苦咸水影响的人口为 350 013 人,其中中牟、巩义、新郑和新密的苦咸水问题较为严重。

3.1.3　污染水

郑州市的污染水主要由于城市雨污水、工矿企业及化工企业排放的工业废水没有处理就直接排入河道,河流受到极大污染,使河流周围的浅层地下水遭到了严重污染。污染水主要分布在伊洛河、双泊河、颍河、氾水河、贾鲁河、贾鲁支河、东风渠、熊儿河、七里河、索须河等河流沿岸 500 ~ 2 000 m 范围内。

生活在污染严重区域的群众,长期饮用污染水,极易诱发多种疾病,尤以各种癌症及并发症见多,青壮年身体状况达不到国家要求。全市饮用污染水人口为 618 708 人。

3.1.4　高砷水

长期饮用高砷水会引起头晕、头痛、疲乏、失眠等非特异性中枢神经系统中毒症状,易诱发癌症等恶性疾病。郑州市存在高砷水的地区较少,仅在管城区和中牟县有分布,受影响人口为 4 350 人。

3.2　其他问题

3.2.1　工程技术问题

工程技术问题主要有以下两点:

(1)农村饮水工程规划不科学,布局不合理,造成工程实际解决的人口数与规划解决的人口数差距较大,实际效益达不到,工程范围内的人口不能全部吃上水。

(2)技术手段低,缺乏对深层地下水资源进行系统分析和论证,使受污染的浅层地下水通过越流造成对深层地下水的再次污染。

3.2.2　建设管理问题

建设管理问题主要有以下两点:

(1)资金管理。匹配资金不落实不配套,工程不能按规划设计实施,容易造成半拉子工程,有些是井打成了不配套,有些是无供水管网,工程只能看不能用。

(2)施工管理。工程材料质量不合格,施工安装技术差,监管不力,质量无保证,导致工程完工后,使用不长时间就报废,群众用水问题依然得不到解决。

3.2.3　运行管理问题

个别工程由于建设期间的质量问题,造成了运行中存在着工程隐患,达不到设计供水效益等;部分工程由于运行管理上不按照供水技术要求操作,管理混乱,该修的不及时修,该换的不按时换,造成了部分工程年久失修,无力再运行等;重建轻管,由于主观或客观因素的影响,对部分工程只重建设,不重视管理和运行等。

3.2.4　行业管理问题

农村饮水工程缺乏行业管理,全市没有成立供水协会或供水管理委员会,不能对供水工程进行指导和交流,也没有制定水质定期检验和供水准入制度,以及管理人员培训、持证上岗等。饮水工程行业管理的薄弱造成技术、资源不能共享,不利于农村饮水工程的长期运行和管理,不利于提高供水水质,不利于改善人民群众的生活质量。

4　解决安全饮水问题的思路和建议

4.1　提高认识,加强领导,充分认识解决安全饮水工作的重要性

我们常说"民以食为天",实际上人可以三日无粮,不能一日无水,水对人的生命和健康是至关重要的,从某种意义上讲,可以说"民以水为天"。在我国,目前有3亿以上的农民饮水不安全。此次调查表明,郑州市尚有140万农村人口存在饮水不安全问题,它不仅直接影响着广大农民群众的生命和健康,也制约着农村经济的发展和全面建设小康社会的进程。各级党委和政府一定要把解决农村安全饮水问题作为落实"三个代表"重要思想、构建社会主义和谐社会的一项重要工作来抓。各级政府都要成立农村安全饮水工作领导小组,组建专门的办事机构;水利部门要把此项工作作为近期工作的第一要务,抽调强有力的技术力量,搞好农村饮水安全规划和施工技术指导;财政、计划部门要把农村饮水安全建设列入地方经济社会发展总体规划和地方财政支持"三农"投资计划,加大对农村饮水安全工程建设的投入力度。

4.2　科学决策,精心组织工程设计与施工,确保工程质量

质量是工程的生命,只有科学决策,精心组织设计与施工,才能确保工程质量。为此,必须把好五关,即科学决策关、前期工作关、规划设计关、施工监理关、检查验收关。

饮水安全工程一定要因地制宜,科学决策,不能搞拍脑袋工程,不能搞一刀切。要根据水源条件决定工程形式,宜引则引,宜提则提,宜蓄则蓄。水源缺乏的地区可以修建塘、坝、水池、水窖拦蓄雨水,建屋顶接水工程;距城区自来水厂较近的村庄,可以通过延伸管网解决饮水问题。

搞好水源调查、水质化验、地质勘探等前期工作,是饮水工程建设的基础,也是工程成败的关键。尤其对水源和水质的调查、论证和化验,一定要做到慎之又慎,准确无误,避免因水源不足或水质不合格造成浪费。

4.3　转变观念,适应市场经济要求,管好用好饮水工程

水利工程是三分建、七分管,搞好饮水工程的管理是工程长期发挥效益的根本保证。

随着社会主义市场经济的发展和水利改制工作的深化,要长期稳定地解决农村群众饮水问题,就必须打破"大锅水"和"福利水"的观念,走与市场经济接轨的供水新机制。对小型集中供水工程进行拍卖、承包,以及实行股份制、股份合作制的经营管理;大型供水工程,要积极引进现代化企业管理制度,逐步实现科学化、规范化、现代化的管理模式。

要坚持大中小型工程相结合的方针,实行规模化、网络化管理,提高供水保证率。要

结合农村城镇化步伐加快和非农产业迅速兴起的实际,围绕城镇人口集聚地和乡镇企业发达地区兴建大型供水工程,通过网络与农村的小型工程相连接,以期达到水源互补,提高供水保证率。

要注意科技投入,大力推行自动化控制和自来水入户。要把机电设备自动化控制、供水计量设施的自动化监测和全系统电子监控等先进技术运用到供水工程管理上。要提高农村自来水普及率,通过发展自来水入户和自动监测到户,以期减少水资源和能源的浪费,提高农村饮水工程的管理水平和效益。

4.4　更新观念,改革创新,多渠道筹集建设资金

首先,郑州市和各县(市、区)政府要把饮水安全工作列入地方财政投资计划,加大地方财政对饮水安全的投资,确保配套资金足额落实到位。

二是抓住国家加大解决农村饮水安全的有利时机,认真搞好饮水安全工程的规划设计,积极向上申报项目,争取国家和省里的资金。

三是政府给政策,用政策调动群众投资的积极性。巩义市人民政府1995年发布了"关于发展农村水利股份合作的意见",规定"农民可以自己投资兴建小型水利工程","谁投资,谁所有,谁管理,谁受益",出现了企业家、农民联户投资兴建供水工程的高潮。

四是大力推行股份制、股份合作制等多种经济形式,鼓励有经济实力的企业和单位投资修建供水工程。

4.5　坚持依法治水、管水,加强水利行业管理

农村饮水安全工作是一项关系到农民群众生命和健康的重要工作,是一项深得民心的"德政工程",它直接影响到广大农村的经济发展和社会的稳定,各级水行政主管部门一定要高度重视,坚持依法治水、依法管水,加强水利行业管理,确保农村饮水安全工程的顺利实施。

河南省三门峡市地热资源开发前景预测评价

黄光寿 李国敬 张 炜 王春晖 郭山峰

（河南省地矿局第一地质工程院 驻马店 463000）

摘 要：根据对三门峡市区地质构造特征、地层结构特征、地热异常显示和新构造运动情况等综合分析，确定了三个地热资源开发利用前景区，为三门峡市区地热资源开发指明了方向。

关键词：地热资源 开发前景区 预测评价 三门峡市

1 市区地热地质条件

三门峡市地处豫、陕、晋三省交界处，陇海铁路、310国道、连霍高速公路横贯东西，209国道纵穿南北，交通便利。三门峡市区地处山西裂谷带南端的三门峡盆地，三门峡盆地新生界最大沉积厚度大于2 000 m。在市区西南的隆起构造部位——陕县大营镇温塘有温泉出露，水温61 ℃，并在温泉附近打出多口地热井，水温29～61 ℃，水质较好。

1.1 地热地质特征

1.1.1 地热场概况

根据地热资源形成和分布的地质条件，市区存在断裂深循环（或隆起断裂型）和沉积盆地型地热系统。据有关资料，我国东部、中部及西部地区沉积盆地属地热正常区域，三门峡盆地亦属于地热正常区域，新生界覆盖厚度内，不具有高温地热资源的形成条件，属低温（<90 ℃）地热资源。三门峡盆地是规模较小的山间盆地，新生界沉积厚度较小，厚度大于1 500 m的范围很小，不利于聚热保温，因此盆地内地下水温不会很高。

1.1.2 构造特征

1.1.2.1 基底构造格局

据超长波解译成果，三门峡盆地内北东向、北西向断裂发育，这些断裂严格控制了新生界沉积厚度。新生界厚度在下陈庄—贾王庄一带达1 650～2 100 m，在富村—野鹿一带达1 380～1 800 m，温塘因出露有寒武系和中元古界，新生界沉积厚度较小，为0～850 m。

1.1.2.2 断裂构造展布

三门峡盆地断裂构造比较发育，据超长波探测成果，市区共有断裂16条，均为正断层，产状较陡，倾角为75°～88°，规模大小不一。其中，北北东向、北东向、北东东向断裂11条，占区内断裂总条数的68.8%；北西西向、北西向、北北西向断裂4条，占25%；近南北向断裂1条，占6.2%。因此，区内北北东向、北东向、北东东向断裂较为发育，占据主导地位。在16条断裂中，垂直断距大于1 000 m的有5条，在区内沿走向延伸超过5 000 m的有11条，说明区内断裂沿走向和倾向均具有一定规模。

超长波探测确定的近南北向断裂和北东向温塘—高庙断裂，与1996年省物探队所作三门峡—灵宝地区区域重力调查结果相吻合，这两条断裂在区域上均具有一定规模，同时也是市区内两条重要的导热断裂。

1.1.3 地层结构特征

三门峡盆地地层结构主要依据前人成果及超长电磁波探测结果确定。

超长电磁波地质解释主要是依据标志性超长电磁波曲线进行的。同一时代的地层在不同地区或在同一地区而埋藏深度不同,标志性曲线变化幅度、曲线疏密和均匀性可能不同,但在同一地区且埋藏深度差异较小的情况下,上述特征差异较小,而在不同时代的地层中差异反映比较明显。

根据超长波地质解释,三门峡盆地在3 000 m深度内第四系—下第三系、白垩系、寒武系、元古界等不同时代地层的埋藏深度和厚度,对热储层的研究具有重要意义。

三门峡市区从区域构造和地貌形态上属山间断陷盆地,形成于燕山运动晚期,接受了白垩系、下第三系、上第三系及第四系巨厚湖相陆相碎屑岩沉积。根据区域地层推断,三门峡盆地中白垩系主要由灰绿、黄绿、灰黑色黏土岩、粉砂质黏土岩、泥灰岩、棕红色含砾砂岩、棕红色—褐红色砾岩组成;下第三系以黏土岩为主,夹砾岩、砂岩和泥灰岩;上第三系为棕红、棕黄色泥岩夹砂砾岩透镜体,底部为厚层泥质胶结砾岩;第四系以黄土为主,下部为砂及砂砾石层。

本次调查,除在三门峡大坝北部见下第三系底部巨厚层底砾岩外,大部地段只观察到下第三系上部部分地层。下第三系上部地层以紫红灰绿色中薄层泥岩为主,具有明显的变形特征,与上第三系呈角度不整合或侵蚀突变接触。上第三系以棕红、棕黄夹少量灰绿色斑条的泥岩为主,底部为厚度不等的钙泥质胶结砾岩。第四系以黄土和黄土状土沉积为主,大致以席村寨—焦园—小安头一线以北,底部有一至数层河湖相砂及砂砾石层。

本次实测,东凡塬中、下更新统黄土沉积厚度为160 m左右,加上底部砾石层及顶部上更新统黄土,第四系总厚度约为200 m。

据调查,三门峡市区上第三系和第四系沉积厚度一般不会超过400 m。因此,上第三系和第四系不可能形成有开发意义的热储层。

超长电磁波探测表明,在温塘热异常区,热储异常显示于900~2 440 m深度内,在张家湾热异常区和开发区热异常区,热储异常显示于900~2 300 m深度内,在剖面上显示多层性。

根据超长电磁波地质解释,所测热储异常地层时代分别为第三系、白垩系、寒武系、元古界、太古界。

在华北盆地中,热储层为上第三系明化镇组、馆陶组,下第三系沙河街组和寒武系,其中寒武系为真正的热储层。三门峡市区上第三系相当于明化镇组和馆陶组,一是埋藏较浅,二是无好的含水层,不能形成有开发意义的热储层,而下第三系砂砾岩和泥灰岩以及寒武系灰岩很可能成为三门峡市区有开发意义的热储层。温塘温泉出露于寒武系中统厚—巨厚层灰岩中,可成为该区地热热储层的旁证。

下第三系砂砾岩具有孔隙、裂隙热储层特征,呈层状分布,但由于沉积时局部环境的差异会引起粒级及级配的差异,其导水性能可能不同。同时,由于地下水活动、挽近时期的构造活动及其他因素的影响,胶结程度也可能有所不同,它们必将引起热储中地热流体的赋存和运移的变化。下第三系泥灰岩及寒武系灰岩多呈致密块状结构,具有岩溶裂隙热储层特征,地热流体主要赋存于构造裂隙和溶洞之中,而构造裂隙及岩溶发育程度严格受断裂构造控制。因此,下第三系及寒武系热储层虽呈层状分布,但地热流体在热储层中的赋存和运移是极不均一的,由此也可能引起地热流体温度的不均一性。

本次调查,在三门峡盆地进行了234个点的超长电磁波探测,热储异常点35个,占探测点总数的15%,其中下第三系热储异常点14个,占探测总数的6%,寒武系热储异常点15个,占探测总数的6%。下第三系、白垩系和寒武系热储层在三门峡盆地虽呈层状分布,但具有开发利用的热流体分布空间具有极大的局限性,这种局限性的控制因素主要是挽近时期的断裂构造活动和地震活动。前已述及,三门峡盆地新构造活动比较频繁而明显。据野外调查测量,盆地新生界中发育 NE45°~50°、NE85°、NW285°、NW305°~320°、NW350°几组构造节理,这些构造节理对地热流体在热储层中的赋存和运移必将起到积极的作用。

1.2 地热异常

1.2.1 地热异常标志

1.2.1.1 水温异常标志

在一般情况下,某一地区的地下水温度接近当地多年平均气温。据统计,三门峡地区多年平均气温为13.8℃,本次地热调查,实测机民井水温88眼,收集机民井水温2眼,合计90眼,实测最低水温14℃,最高61℃(温塘温泉开采井)。本报告将水温高于当地多年平均气温3℃(即17℃)作为水温异常点,本次共调查大于等于17℃的异常井38眼,占调查井数的42%。这些异常井点除个别分布分散外,多数分布比较集中。

1.2.1.2 超长电磁波热储异常标志

超长电磁波解释热储异常的主要标志,一是依据曲线幅值的大小,二是曲线形态变化特征。在一般情况下,曲线幅值大于200μV,且曲线幅值一般较大而幅值变化的幅度也较大,曲线上下起伏变化均匀,整体形态平稳,与正常曲线相交处常有突然大幅升起的特点。根据这一标志,调查区共有35个测点属于热储异常点。这些异常点虽然形成于不同时代地层中,但在平面分布上相对集中,与地下水温异常点分布具有一致性或近似性。

1.2.2 地热异常分布

三门峡市区虽属于山间沉积盆地地热系统,但据超长电磁波探测表明,热储层的时代为下第三系、白垩系和寒武系,在平面上虽呈片状分布,而在剖面上具有多层性。由此说明,沉积盆地型地热系统在三门峡盆地中占据主导地位。

根据灵宝—三门峡地区重力调查报告,朱阳镇—大营断裂、文底—武家山断裂和下庄—宫前断裂切割深度达8 000 m,为区域性壳断裂。这些壳断裂应该是三门峡市区主要控热和导热断裂,对三门峡市区地热田的形成具有不可忽视的作用。

根据井水水温测量和超长电磁波探测,市区水温异常及超长电磁波热储异常主要集中分布在温塘、张家湾以及开发区一带。

2 地热资源开发前景区预测

根据对三门峡市区地质构造特征、地层结构特征、地热异常显示和新构造运动情况等综合分析,确定区内地热资源开发利用前景区。前景区确定的主要依据是:在断块隆起部位,如温塘一带有活动断裂分布,有温泉及地热显示;在市区三门峡盆地,基底有活动断层展布,在3 000 m深度内上部有第四系、上第三系盖层,下部有下第三系、白垩系及寒武系热储层,超长波探测有热储异常,调查发现机民井水温异常,近期有地震活动等。根据以上条件和依据,在市区内筛选出三个地热资源开发前景区。按地热地质条件、研究程度及社会经济状况等方面的远景优劣分类排序:第一是开发区地热资源开发前景区;第二是温塘地热资源开发前景区;第三是张家湾地热资源开发前景区。

2.1　开发区地热资源开发前景区

该前景区位于三门峡市区西部,面积为9.0 km²,为三门峡市开发区,市场前景广阔。本次普查先后投入地面地质调查、机民井水温调查、超长电磁波探测等工作,其地层结构、地质构造、地热异常边界等已基本清楚。

2.1.1　地质构造特征

该前景区内断裂构造发育主要有北东向、北北西向断裂。

2.1.2　地层结构特征

基底构造控制着新生界结构,前景区内向阳村南一带第三系顶界埋深为240 m左右,底界埋深为1 750 m,厚度为1 500 m;白垩系顶界埋深为1 750 m,底界埋深为2 280～2 400 m,厚度为550～650 m;下伏寒武系。陕县老城和后川一带第三系顶界埋深为120 m左右,底界埋深为1 170～1 500 m,厚度为1 000～1 350 m;白垩系顶界埋深为1 170～1 500 m;寒武系顶界埋深为1 700～1 770 m,底界埋深为2 200～2 300 m,厚500 m左右。热储层为下第三系、白垩系砂岩、砾岩、砂砾岩和寒武系灰岩。

2.1.3　地热异常显示

2.1.3.1　机民井水温异常

该前景区共调查机民井水温20眼,有13眼水温异常,占65%,异常水温为17～19 ℃,高出一般水温1～3 ℃,比当地年平均气温高3～5 ℃。水温异常井主要沿断裂分布,异常区边界比较清楚。

2.1.3.2　超长波探测热储显示

该前景区超长波探测C测线、E测线和D测线均有热储层显示,其中C测线c12～c15测点、E测线e23、e24测点见第三系、白垩系、寒武系热储层,D测线d3、d5测点见白垩系、寒武系热储层。

2.1.3.3　水化学异常

在会兴棉纺厂1号井(S222点)取全分析水样分析表明,矿化度、Na^+、可溶性SiO_2均高于常温水。采用无蒸汽损失的石英温标计算其热储温度为57.2 ℃。

2.1.4　地震活动

1982年6月10日22时29分,在陕县老城一带发生2.1级地震,该地震与F21断裂活动有关。水热活动往往与地震活动存在着伴生关系,地震活动可导致岩石破碎,对热储的形成,增强热储层的储水、透水能力起到一定的作用。

2.1.5　开发建议

据超长电磁波探测,陕县老城一带,在1 140～1 170 m见下第三系热储层显示,在1 270～1 350 m、1 360～1 670 m见白垩系热储层显示,在1 870～1 950 m、2 040～2 080 m

见寒武系热储层显示;南关一带,在1 195~1 240 m、1 260~1 290 m、1 330~1 360 m见下第三系热储层显示,在2 070~2 170 m、2 140~2 230 m见白垩系热储层显示;后川一带,在900~940 m、1 230~1 260 m见下第三系热储层显示,在1 870~2 150 m、2 230~2 290 m见寒武系热储层显示。

从超长波探测资料分析,在该前景区陕县老城—后川一带,尤其在湖滨果汁厂附近,若施工2 300 m深井,可揭露下第三系、白垩系及寒武系热储层,水温可达50~60 ℃,水量可达20~30 m³/h;在温塘—会兴断裂与青龙涧河断裂交会部位,具备形成地热资源的条件,在两断裂的交会部位,若施工1 400 m深井,水温可达50~55 ℃,水量可达20 m³/h左右。

2.2 温塘地热资源开发前景区

该前景区位于陕县大营镇温塘一带,距三门峡西站3 km,距三门峡市中心18 km,面积4.1 km²,为陕县新县城规划区,市场前景广阔,陕县疗养院、水利部疗养院、温塘村等单位在该前景区已施工8眼地热井。河南省地矿局水文地质二队于1986年、1999年分别提交了《温塘地热矿泉水资源评价报告》和《温塘地热矿泉水动态监测报告》,对该前景区地热地质条件有较系统地研究。河南省地质矿产勘查开发局第一地质工程院在此基础上,补充了地面地质调查、机民井水温调查、超长电磁波探测等工作,对该区的地层结构、地质构造、地热异常等有了进一步了解。该前景区属带状热储。

2.2.1 地质构造特征

该前景区内断裂构造比较发育,主要有北东向和近东西向两组。

2.2.1.1 北东向温塘—高庙断裂

该断裂是区内主要导热断裂,走向北东42°~45°,倾向北西35°,倾角为55°~65°,断裂迹象和破碎带明显,有些地段可见角砾岩,在断壁上可见大量方解石充填,并有炭质微细层理,断裂影响带宽50~70 m。此断裂为正断裂,北西盘下降,南东盘上升,断距在3 000 m以上。

2.2.1.2 近东西向李家凹断裂

该断裂走向北东70°~85°,在温塘采石场显示倾向南南东,倾角为55°~70°,挤压破碎带宽40~60 m,其间夹有断层泥和破碎岩块,岩块长轴方向与断裂面平行,为一南盘向北逆冲的逆断裂,配套的次一级断裂还有北西向、近南北向和北东向断裂,其中北东向断裂还将此断裂错开60多 m。据超长波探测,该断裂深部倾向北北东,倾角为87°~87.5°。

2.2.2 地层结构特征

该前景区与热储结构有关的地层有寒武系及新生界,寒武系为单斜岩层,走向北东—南西向,倾向145°,倾角为22°~56°。下第三系也倾向南东,倾角为8°~15°。

2.2.2.1 寒武系

中统分布于温水沟北部,地表被黄土覆盖。温水沟地热深井,孔深35 m揭露该统灰岩,井深160 m,出水温度61 ℃。上统分布于温水沟东北丘陵地带,大面积被黄土覆盖。区内寒武系上统厚度大于250 m,中统厚度为179~268 m。寒武系以灰岩为主,夹白云岩,其中灰岩是前景区主要热储层。

2.2.2.2 新生界

该前景区温塘—高庙断裂上盘新生界厚度大于 3 000 m,下盘新生界厚度为 0 ~ 200 m。新生界是该前景区热储层的盖层。

2.2.3 地热异常显示

2.2.3.1 水温异常显示

在温塘温水沟,原来有温泉出露,有多处泉眼顺温水沟自流,水温 61 ℃,后因水利部疗养院和 905 仓库在温泉附近打井抽取地下热水,开采水位下降,现温泉已不自流。

分布在温塘一带的水温异常井,有 30 多眼。近年来,陕县在温塘一带建设新县城,大规模城市建设,不少井被填埋或废弃。如温塘行政村原有水井 28 眼,现仅存 5 眼,本次调查,在区内测量机民井水温 9 眼,全部为水温异常井,水温为 21 ~ 61 ℃。该前景区,前人已沿温塘—高庙断裂南西—北东带状区域内施工地热井 8 眼,水温为 26 ~ 61 ℃。

2.2.3.2 超长波探测热储显示

该前景区超长波探测 G 测线 g5 ~ g12 测点、F 测线 f11 ~ f12 测点在第三系、白垩系、寒武系中均有热储显示。

2.2.4 开发建议

温塘地热矿泉水为碳酸盐岩岩溶裂隙热矿水,主断裂带处水温较高,一般在 60 ℃ 以上;次级断裂带上水温次之,一般在 50 ~ 60 ℃ 之间。地下热水与地下冷水混合后,随着距主断裂带距离的增大水温逐渐降低。经监测,区内地热矿泉水水温与季节性气温变化无关,属恒温型地热矿泉水。

温塘东北 2 km 的上席村一带,机井测温调查中发现有 47 ℃ 的温热水。该热水井在上席村村前北西向冲沟右侧,1992 年施工,井深 180 m,0 ~ 60 m 为黄土,60 ~ 180 m 为灰岩,稳定出水量为 36 m³/h,水温 47 ℃。据超长波探测,北东向温塘—高庙断裂与北北东向断裂在上席村交会。因此,上席村一带可作为温塘地热水开发的远景区,通过详细勘察后,在上席村一带施工深 300 m 左右的机井,水温可达 50 ℃ 左右,水量为 30 ~ 40 m³/h。

2.3 张家湾地热资源开发前景区

该前景区位于陕县张家湾乡政府一带,距三门峡市中心 10 km,面积 6.5 km²。本次普查先后进行了地面地质调查、机民井水温调查、超长电磁波探测等工作。该前景区主要为层状热储。

2.3.1 断裂构造特征

该前景区内断裂构造发育,北东向温塘—高庙断裂在新桥与北北东向断裂交会,在赵家园与近南北向断裂相交,这三组断裂控制了本区基本构造格局。

2.3.2 地层结构特征

据超长波探测资料,张家湾一带第四系厚 100 m 左右,第三系底界埋深 750 ~ 850 m,厚 650 ~ 750 m,寒武系顶界埋深 850 m 左右,底界埋深 1 580 ~ 1 660 m,厚 850 m 左右。小北沟一带,第四系厚 200 m 左右,第三系底界埋深 1 800 m,厚 1 600 m,下伏白垩系。区内第四系和上第三系可作为热储层的盖层,下第三系、白垩系及寒武系良好热储层。

2.3.3 地震活动

据记载,1982 年 6 月 9 日 8 时 59 分,在陕县张家湾附近发生 4.2 级地震,强震区面积约 35 km²,烈度为 5 度,震感强烈,伴有黄土陡崖坍塌现象,此次地震与北东向断裂和近南北向断裂活动有关。水热活动往往与地震活动有伴生关系,地震活动可以导致岩石破碎,对热储的形成,增强热储层的储水、透水能力起到一定的作用。

2.3.4 地热异常显示

2.3.4.1 水温异常显示

在区内共调查机民井水温 2 眼,均为水温异常井,水温为 18 ℃。这两眼水温异常井,分布在北东向温塘—高庙导热断裂两侧。

2.3.4.2 超长波探测热储显示

该前景区超长波探测 H 测线 h10 ~ h14 测点,在第三系、白垩系、寒武系中均有热储层显示,顶板埋深 1 030 m,底板埋深 1 060 m,厚 30 m。

2.3.5 开发建议

据超长波探测资料,新桥新村一带,在 920 ~ 940 m、1 000 ~ 1 020 m 有白垩系热储层显示,在 1 030 ~ 1 060 m、1 870 ~ 1 940 m、1 970 ~ 2 030 m 有寒武系热储层显示;小北沟一带,在 900 ~ 950 m、1 780 ~ 1 790 m 有下第三系热储层显示,在 1 840 ~ 2 120 m 有白垩系热储层显示。在该前景区温塘—高庙断裂与北北东向断裂交会部位,若施工 1 100 m 深井,可揭露白垩系及寒武系热储层,水温可达 45 ~ 50 ℃,水量可达 20 ~ 40 m³/h。

陕县温塘地热矿泉水的合理开发利用

商真平[1]　姚兰兰[1]　张　巍[2]

(1. 河南省地质环境监测院　郑州　450016
2. 河南省地质矿产勘查开发局　郑州　450007)

摘　要:该文根据温塘地热矿泉水的形成机制、分布形式及开发利用现状,说明开采地热矿泉水过程中存在的主要问题,并依据实际调查结果重点论述了温塘地热矿泉水的合理开发利用方案。

关键词:地热　矿泉水　开发利用

陕县温塘位于河南省三门峡市陕县境内,北临黄河,南依崤山,面积为 4.68 km^2,人口约 6 万。陕县温塘地热矿泉水资源较为丰富,开发利用早,利用价值较高,是河南省著名的温泉之一。温塘地热矿泉水中微量元素锶、偏硅酸均超过国家矿泉水标准,一些地段的矿化度也达标。其中,锶的含量在 1.033 ~ 1.63 mg/L 之间,偏硅酸含量在 36.77 ~ 57.12 mg/L 之间;陕县温塘地热矿泉水水温较高,分布较为规律,沿灵宝—三门峡主断裂带上,水温多在 60 ℃以上,在主断裂带两侧的次一级断裂带上,热储资源相对富集,但水温相对低一些,一般为 50 ~ 60 ℃,地热水进入泛流补给区后,水温便逐步降至普通水温,其温降梯度为 1.12 ℃/100 m。

陕县温塘地热矿泉水的利用已有 2 000 多年的历史。据陕县县志记载:远在西汉以前人们便开始利用温塘地热矿泉水洗浴、治疗疾病,并视之为“神水”;至唐朝,人们已知道利用温塘水地热温度较高的特点来栽培农作物,改变农作物的成熟期,并取得了明显效果。

改革开放以来,对温塘地热矿泉水资源的开发利用程度、利用范围有了很大程度的发展。目前,主要用于洗浴疗养、生产矿泉饮料、大棚种植、孵化鸡鸭、利用地热节约能源等,地热矿泉水井亦由 1958 年的 1 眼增至 33 眼,年开采量 380 多万 t。但是,在开采利用过程中,也存在不少不利因素,不利于地热矿泉水的合理开发利用。

1　地质环境条件

1.1　水文地质条件

温塘地区受地层、地貌、构造的控制,区内地下水主要分为两种:松散岩类孔隙水、岩溶裂隙水。

1.1.1　松散岩类孔隙水

松散岩类孔隙水主要分布于温塘村以南的黄土台塬及温塘村以北的黄河冲洪积形成的阶地之上,含水层岩性主要为细砂、中粗砂、砾石层,含水层厚度由北向南逐渐变薄,其富水性由北向南减弱,区内地下水主要受黄河的侧渗补给、大气降水及农田灌溉补给等,排泄方式主要以人工开采、径流排泄为主。

1.1.2 岩溶裂隙水

岩溶裂隙水主要分布于温塘村以南山区,受地貌、地质构造的影响,寒武系地层的灰岩和白云质灰岩构造裂隙及岩溶发育。岩溶水分为两层:上层溶洞标高在 425 m 左右,下层溶洞标高在 350 m 左右,沿三门峡—灵宝纵深大断裂带附近也有溶蚀现象。岩溶水主要接受来自断裂带上游及裂隙的径流补给,本区内断裂构造及裂隙为良好的地热水通道,并与灰岩溶洞共同构成了地热水的热储层。

1.2 地热矿泉水形成机制

陕县温塘位于山西裂谷南端,山西裂谷呈"多"字形雁形排列,基底受纵横断裂切割形成许多菱形断凸和断凹,成为地热场形成的必要条件,灵宝—三门峡纵深大断裂为本区的导水构造,破碎的灰岩及灰岩溶洞成为地热矿泉水的储存空间,在上游基岩裸露山区接受降水补给,向北径流深循环,在循环过程中经深部侵入岩体热源加热升温,并在加热运移过程中溶解吸收岩石中的易溶元素,地热矿泉水在隆起区汇集,通过灵宝—三门峡大断裂的破碎带在温塘地区出露,从而形成地热矿泉水。其中,部分地热矿泉水上升到地表浅部后,与温塘以北地势低洼的第四系含水层混合,形成距断层近温度高、距断层远径流的温度低的地热矿泉水缓流层。

2 开发利用中存在的主要问题

开发利用主要存在以下问题:

(1)开采井密度大,开采量集中。在化纤厂、啤酒厂的 0.09 km^2 范围内有 7 眼开采井,开采量为 115.0 万 m^3/a,占总开采量的 30%。

(2)缺乏有效的保护措施和系统化的动态监测资料,地热矿泉水的动态变化规律不清,如漏斗中心位置、水位埋深、深井开采量、开采时空分布等均没有监控措施。

(3)地热矿泉水开采量不清楚。对地热矿泉水的开采井数无准确的资料,无法确切统计开采量。

(4)对地热资源开发、利用、发展趋势研究不够,地热资源浪费现象严重。

(5)对地热矿泉水资源的环境保护不够,水质不同程度地受到污染。

3 合理开发利用建议

陕县温塘是陕县人民政府所在地,是搬迁不久且新兴发展的工农业小县城,经多年观测资料显示,温塘地热矿泉水水位处于持续下降状态,井深在不断加大。以温塘大口井为例,1991 ~ 1998 年水位下降了 4.12 m,平均年降幅为 0.59 m,无序的超强混乱开采是造成水位下降的主要原因。为合理开采和保护地热矿泉水资源,有规划适量的开采地热矿泉水是主要途径。为此,笔者认为应从以下几个方面来考虑陕县地热矿泉水的合理开发和利用。

(1)依据《矿产资源法》,对地热矿泉水进行统一管理,制定合理开采量,实行计划开采。年度总开采量控制在 380 万 m^3 左右,同时在超强开采已形成降落漏斗的地段,严格实行计划取水,使地热水水位有计划地得到保护性恢复。陕县温塘的地热水年开采量约386.3 万 m^3,且有个别井未在统计之列,而且开采强度的分配极不合理,如在化纤厂、啤酒厂一带,0.09 km² 范围内 7 眼井同时开采,年开采量为 115.0 万 m³,占温塘整个地区年开采量的 1/3,其开采模数达到 1 277.78 万 m³/(km²·a),超出本地区平均开采模数的 15 倍。

(2)采取循环阶梯式用水原则,即由高水质、高水温要求的单位向低水质、低水温要求的单位采取阶梯下降式用水,对同等水质要求的则采用由低污染向高污染方向循环利用方法,以求达到水尽其用,避免单一用水的浪费现象出现。

(3)调整用水结构,加大对普通地下水的取水量。如在化纤厂、浆板厂等地,因工业生产需水对水质无特殊要求,不能采用地热矿泉水为工业生产用水,对民用生活用水,采取管道分隔装置,饮用水和其他生活用水分开。

(4)对地热矿泉水新井的审批严格把关,对确需打的地热矿泉水井要合理定位,严格止水,严禁混合开采。

(5)依据取水用途,采取分质取水原则。如在水利部疗养院—温塘村大口井—啤酒厂一带水质较好区,除用于生活饮用、医疗保健外,还可进行保健饮料、酒类、食品加工类等行业开发;在辛店村—浆板厂一带,水温较低,适于建鱼塘,进行温水养殖等。

(6)设置温塘地热水保护区,划定界限。严禁在区内建造化工、造纸、印染等具有污染放射性质的工矿企业,严禁区内开矿采石,对已建企业和其他用水单位,实行严格的排污防治措施,确保地热矿泉水不受污染,同时加强工作,争取使上述单位搬迁至保护区外或保护区下游。

(7)加大宣传力度,增强广大群众对地热矿泉水矿产资源的认识,厉行节约用水,加强防污治污的措施。

(8)认真做好地热矿泉水的长期动态监测工作,包括其水质、水温、水位、水量,时刻掌握其发展方向,为科学化管理地热矿泉水资源积累经验和资料。认真、持续开展地热矿泉水动态监测工作,是合理开发利用和保护地热矿泉水资源的一项重要的基础性技术工作。

东沟钼矿区水文地质特征

王军强

（河南省地矿局第二地质勘查院　许昌　461000）

摘　要: 本文在阐述东沟钼矿大地构造与区域地质背景、矿区地质特征的基础上,论述了矿区水文地质特征:地下水为孔隙裂隙潜水,矿区压扭性构造,未构成对地下水富集,而花岗斑岩体在上侵过程中,在其接触带以上约65 m范围内,使上覆火山岩形成张性裂隙,具导水性;大气降水为地下水的主要补给来源。矿床充水因素为裂隙脉状水,首采区矿坑涌水主要为大气直接降水。水文地质复杂程度为裂隙充水简单型。

关键词: 水文地质特征　孔隙裂隙潜水　矿床充水　简单型

东沟钼矿是近年来发现的特大型钼矿床,该矿床位于秦岭山脉的东部,属淮河流域,海拔一般为620～1 025 m,属构造剥蚀类型地区。年降水量为406.40～995.50 mm,年降水天数为77～104 d,日最大降水量为109.20 mm,年平均降水量为656 mm,年蒸发量为1 393.0～1 885.9 mm。

1　大地构造与区域地质背景

矿床位于华北地台南缘与秦岭褶皱系东段的衔接部位,即扬子板块与华北板块接合部。在晋宁期,该区早期受活动性大陆边缘大规模火山喷发的影响,沿褶皱带边缘形成规模宏大的"安山岩带",这就是绵延上千公里的中元古界长城系熊耳群地层,从而形成地质历史上第一个"盖层"。至中生代燕山期,尤其是侏罗纪至白垩纪,两个板块已经对接结束,但是早期形成的地槽区深大断裂受全球板块运动的影响重新开始活动,伴随着大规模的岩浆侵入,钼作为一种稀散元素也在此特定环境中开始运移、富集而成矿。

2　矿区地质特征

2.1　地层

中元古界长城系熊耳群鸡蛋坪组火山岩在矿区内广泛分布,侵入岩王屋山期石英闪长玢岩在矿区西南部出露,燕山期花岗斑岩仅在矿区中部下铺南坡出露,第四系全新统沉积物在矿区中部有大面积分布。

2.2　矿床地质特征

汝阳东沟钼矿床产于成矿母岩(燕山期花岗斑岩)与围岩的接触带上,辉钼矿赋存于中元古界长城系熊耳群鸡蛋坪组火山岩、燕山期侵入岩花岗斑岩中,且是以外接触带为主,内接触带工业矿体仅存在于岩体顶部,呈皮壳状包围岩体。

平面上花岗斑岩体出露状态是:长190 m,宽6～36 m,面积0.003 km²,呈北东向展布,而且上小下大,深部工程控制面积大于1.2 km²。矿床主要的工业矿体分布于花岗斑岩体的四周,呈环状外倾,矿体形态为层状—似层状,剖面上赋存于岩体顶面向上0～

360 m范围内,与近于水平的岩体顶面形态保持协调,如果岩体顶面有起伏变化,矿体形态亦随之变化而呈现舒缓波状。

3　矿区水文地质特征

3.1　地下水的补给、径流、排泄条件

矿区内地下水以大气降水为主要补给来源,大气降水通过各类岩石的孔隙、裂隙、断裂破碎带渗入地下,在不同的地质构造及地形、地貌条件控制下,进行垂直或水平位移,在深切沟谷处部分地下水以泉的形式排泄。地下水与地表水的分水岭基本一致,以垂直补给为主,径流途径短,向沟谷和河流排泄。

3.2　影响地下水的因素

3.2.1　岩性

岩性决定地下水的类型。

第四系全新统沉积物主要由残坡积物及河流冲积物组成。残坡积物分布于山坡和沟谷中,由残坡积砾石、亚黏土等组成,厚度为1~10 m;河流冲积物分布于东沟河漫滩及其支流的河床中,由冲积砂砾石组成,含淤泥质,厚度为1~20 m。

第四系全新统松散沉积物中赋存孔隙潜水,水位变化较大,河流冲积物中含淤泥质,富水性差异较大,弱富水性。

中元古界长城系熊耳群鸡蛋坪组岩性为英安岩、安山岩、安山质火山角砾岩等,其和燕山期花岗斑岩、王屋山期石英闪长玢岩岩石的钻探岩心以长柱状、短柱状为主,少量为块状、碎块状,按其物理力学性质属块状坚硬岩类。当其赋存辉钼矿时,组成矿体,当其不赋存辉钼矿时,为矿体的顶、底板或围岩。

燕山期花岗斑岩、王屋山期石英闪长玢岩、长城系熊耳群鸡蛋坪组基岩风化深度一般为2~20 m,风化程度由浅至深降低,含裂隙水性亦降低,弱富水性,新近系沉积物孔隙水与基岩风化裂隙水间无隔水岩层存在,具统一地下水位,构成孔隙裂隙潜水。基岩裂隙多闭合或被岩脉、各类矿脉充填,在极少量开裂隙中含脉状水,富水性极弱且不均匀或不含水,可视为相对隔水岩组。

3.2.2　构造

岩层或岩体的力学性质不同,受相同外力后,产生变形的情况也不同。弹脆性较大的,易形成断裂,特别是张性或张扭性断裂。从矿区内构造形迹、相互关系及力学性质分析,区内构造均形成于燕山运动期,以成矿时期为界,又可分为成矿前和成矿后。主应力呈南北方向,地质体受南北方向挤压作用,但由于本区地质体为火山岩或侵入岩,属坚硬岩类,构造主应力仅使地质体发生断裂,形成北东向、北西向压扭性及近东西向压性断裂破碎带,或形成宽缓背、向斜。

矿区位于拔菜坪宽缓背斜东段的南翼,掘头村—王坪区域性断裂的西南侧。区内地层呈单斜构造,受下铺花岗斑岩体的侵入影响,局部岩层略呈小的挠曲。矿区内这些由于侵入作用形成的小挠曲本文称为侵入小背斜。区内断裂构造发育,断裂构造与区域构造格架一致,有近北西向、北东向和东西向三组,以北东向断裂为主,多为成矿前断裂构造。

3.2.2.1　压扭性及压性构造

北西向断裂 F1 为区域断裂,一般来说,大型的区域性构造断裂并无直接的控水意义,各种类型的储水构造(或富水带)位于那些低级别、低序次的构造裂隙之中。根据本矿区及区域性水文调查,在 F1 断裂附近及其与 F4、F6 断裂交会处,未发现地下水富集现象。因此,规模大的断层仅对低级别的构造起控制作用,制约其展布方向、发育程度,而无控水意义。

北东向断裂共有 8 条,均为压扭性断裂,钻孔揭露主要为 F9 断裂及其次级断裂,在揭露该断裂时,简易水文观测仅一处发生轻微漏水现象;在矿区 CK1112 钻孔进行了抽水试验,试验段属 F9 断裂之次级断裂,抽水试验结果计算得渗透系数为 0.005 8 m/d,F9 断裂为成矿后断裂,说明该组断裂为非富水断裂。

近东西向断裂为压性断裂,导水性、富水性很差,起阻水作用。

3.2.2.2　侵入小背斜

通过对矿区进行简易水文观测的钻孔进行分析,发现发生漏水的钻孔,漏水位置多在花岗斑岩体顶面约 65 m 以上,说明花岗斑岩体在上侵过程中,在其接触带以上约 65 m 范围内,使上覆长城系熊耳群鸡蛋坪组火山岩形成张性裂隙,具导水性。在漏水钻孔中,有 10 个钻孔终孔水位观测时未见地下水,说明这些张性裂隙并不具富水性。

3.2.3　补给因素

矿区属东沟河水文地质单元,汇水面积约 16 km²,地下水以大气降水为主要补给来源,大气降水主要通过第四系全新统松散沉积物孔隙、基岩风化裂隙渗入地下。

CK1112 钻孔揭露破碎带水位具有滞后性,滞后大气降水约 3 个月,很少量降水通过断裂破碎带补充地下水。

4　矿床充水因素及首采区涌水量估算

4.1　矿床充水因素

矿床位于矿区中部和中南部,矿体绝大部分在风化带以下,赋矿岩石为中元古界熊耳群火山岩及燕山期花岗斑岩。赋矿岩石属相对不透水岩组或隔水岩石,因此矿床充水直接水源为火山岩弱裂隙脉状水。

穿过矿床的主要构造破碎带有展布于矿床北部、中西部的 F5、F6、F7、F8、F9 断裂,其均属压扭性断裂,透水性差,弱富水性,对矿床充水影响弱。

在自然状态下,矿床盖层风化裂隙含水岩组的地下水补给河水,补给形式:以泉及溪流形式补给,以潜流形式补给。

赋矿岩石结构致密、坚硬,完整岩体在自然状态下透水性弱,可视为隔水层。据对东沟河水和 CK1112 抽水试验钻孔水位动态观测资料,钻孔水位具有滞后性,CK1112 钻孔与河流相距不到 10 m,说明二者联系较弱。

由于该矿区内主要断裂的碎裂岩带不宽,多属压扭性,裂隙紧闭,矿体围岩均属相对不透水岩组或隔水岩石,故地表水对矿床充水的影响不大。

4.2　矿床涌水量估算

东沟钼矿床拟采用露天开采,首采区矿坑位于矿床中部偏南地段,由大气降水和地下水直接充水。大气降水及其所形成的地表径流,直接流入矿坑充水,是其主要充水水源,且因不同季节的降水量大小、雨季降水强度的差异来决定降水对矿坑的危害程度。地下水是沿各类裂隙通道渗入矿坑的,由于本区岩石裂隙多属闭合裂隙,只有很少量的开启裂隙,故其含水不均匀,水量较少;地表风化带及新近系沉积物厚度较薄,其含水量亦很少,故地下水是次要的充水水源。

通过计算,矿坑在有降雨期间,正常涌(排)水量为 10.5 + 4 852 = 4 862.5(t/d);无降雨期间,矿坑涌水量仅 10.5 t/d。

5　结论

通过对东沟钼矿矿区水文地质特征的分析,得出以下结论:矿区水文地质复杂程度为裂隙充水的水文地质条件简单型。矿区地层岩性决定其地下水类型为孔隙裂隙潜水,具统一地下水位,弱富水性;矿区压扭性构造,未构成对地下水富集,而花岗斑岩体在上侵过程中,在其接触带以上约 65 m 范围内,使上覆长城系熊耳群鸡蛋坪组火山岩形成张性裂隙,具导水性,但不含水;露天矿坑涌(排)水量主要为大气降水。

丹江口水源区(河南省域)矿山地质环境问题及其对库区环境的影响

罗文金　王军领　刘春华　周文波

(河南省地矿局第一地质工程院　驻马店　463000)

摘　要: 丹江口水源区矿产资源较为丰富,已探明开发利用程度较高,开采方式多为露天开采,技术落后,产生大量尾矿弃渣,由此而产生一系列的矿山地质环境问题,主要表现在资源毁损、地质灾害、水土污染三方面。而矿山地质环境对库区环境的影响则主要表现在泥沙淤积和水质污染方面。

关键词: 丹江口水源区　矿山地质环境　库区环境

丹江口水源区矿产资源较为丰富,已探明可开采的矿产资源共 38 种。金属矿产以铁、钒、锑、铜、金矿为主,非金属矿产有磷、蓝石棉、云母、砷、石棉、滑石、石膏、大理岩、石灰石、石煤、红柱石、矽线石、石墨等。金属矿主要分布在北部的汤河—太平镇一线以南、五里川—石界河—蛇尾一线以北区域,非金属矿主要分布于西坪—重阳—西峡一线以南区域。水源区矿产资源开发利用程度较高,多数探明储量的矿产地已得到开发。目前,开采较活跃的金属矿种为钒矿、铁矿、金矿、辉锑矿等,非金属矿种有大理岩、石灰岩、石墨、白云岩等。其总体特点为矿种类型较多,矿点多,分布较集中,但大中型矿床较少,多数为小型矿床和矿点,绝大部分为小规模的民采,开采方式多为露天开采,技术落后,产生大量尾矿弃渣。这决定了水源区矿山地质环境恶劣的现状,并由此而产生一系列的矿山地质环境问题。

1　矿山地质环境问题

1.1　资源毁损

1.1.1　土地资源毁损

采矿占用和破坏土地,包括采矿活动所占用的土地(如厂房、堆矿场)、露天采矿场、为采矿服务的交通设施、采矿生产过程中堆放的大量固体废弃物所占用的土地,造成土地资源的毁损。中型矿区占用和破坏土地面积一般为 $2 \sim 9 \ hm^2$,小型矿区占用和破坏土地面积一般为 $1 \sim 6 \ hm^2$,总面积为 $681.12 \ hm^2$ 。在淅川县城—西庙岗一带为山间谷地,土地分布较广,是大理岩石材加工聚集地,沿 S332 两侧分布加工厂几十家。其加工厂占地呈现为宽 $20 \sim 50 \ m$,断续延伸近 $20 \ km$,总面积约 $50 \ hm^2$ 。加工厂弃渣改变、破坏土地的现象较为严重。

1.1.2　地貌景观毁损

采矿对西峡县境的 G311、S331 旅游线路段有一定的影响。尤其是露天采矿破坏地貌景观非常严重,毁坏了植被和生态环境。在交通干线两侧的可视范围内可以看到采矿留下的痕迹,而且还有持续增加的趋势,影响了整个地区环境的完整性,生态环境遭到破坏,造成大面积地貌景观毁损,破坏了生态旅游资源。大型矿区植被破坏面积为 15 hm²,中型矿区植被破坏面积一般为 1.5~4.5 hm²,小型矿区植被破坏面积一般为 0.5~2.0 hm²,总破坏面积为 325.97 hm²。其主要分布于三个地带:淅川县城—毛堂—西簧一带为钒矿采矿密集地,露天采坑沿矿脉分布,呈现为宽 6~10 m,深 5~8 m,断续延伸近 50 km,总面积约 100 hm²;淅川县蒿坪—大石桥一带为大理岩矿采矿密集地,露天采坑沿矿脉分布,呈现为宽 6~10 m,深 5~30 m,断续延伸近 40 km,总面积约 80 hm²;淅川县城—西庙岗一带为大理岩石材加工厂集中分布区,尘土飞扬,弃渣随处可见。

1.1.3 水资源毁损

水源区井下开采矿山主要有金矿(10 个)和铁矿(19 个),占矿山总数的 15%。其中,铁矿多数已闭坑,金矿也只有蒲塘和河南庄两处在生产,且井下疏干排水量较小,所以采矿活动对区域水均衡系统的影响较小。

1.2 地质灾害

露天开采的石灰岩、大理岩、钒矿、橄榄石等矿山在开采过程中,经常发生边坡失稳、滑坡、崩塌现象。井下开采的金矿、铁矿易发生矿坑塌陷现象。矿山排出的大量矿渣及尾矿(积存量 5 749.67 万 t)的堆放,除了占用大量土地、严重污染水土资源及大气外,还经常发生塌方、滑坡、泥石流。尤其是一些乡镇集体和个人采矿场,在河床、公路两侧开山采矿,乱采滥挖,乱堆乱放,对河道畅通有一定程度的影响,也为泥石流的形成提供固体物源。2005 年 7 月 17 日,西峡子母沟和羊沟因尾矿库溃坝而诱发泥石流,造成 4 人死亡,3 人失踪,冲毁耕地 200.25 hm²、林地数百公顷,冲毁、坍塌道路 58 km、桥梁多座、农机 78 部,倒塌、损坏房屋 1 726 间,"四线"全部被毁,直接经济损失约 6 200 万元。

1.3 水土污染

随着矿山的开发,矿区排放了大量的废水:洗矿过程中加入有机和无机药剂而形成的尾矿水,露天矿、排矿堆、尾矿及矸石堆受雨水淋滤、渗透溶解矿物中可溶成分的废水,矿区其他工业和生活废水等。这些废水,大部分未经处理,排放后又直接或间接地污染了地表水、地下水和周围农田、土地。据采样分析,地下水主要污染组分为溶解性总固体、总硬度、硫酸盐(SO_4^{2-})、硝酸盐(NO_3^-,以氮计)、阴离子合成洗涤剂、六价铬(Cr^{6+})等 6 项;地表水主要是总氮含量较高,部分河段为超 Ⅴ 类水;土壤中的镉(Cd)、汞(Hg)、砷(As)、铜(Cu)、铅(Pb)、铬(Cr)、锌(Zn)等 7 项组分均未超过土壤环境质量标准一级标准值,钒(V)含量呈现矿区较区外高、浅部较深部高的势态。

2 矿山地质环境对丹江口水库的影响

与库区密切相关的环境地质问题有库岸稳定性、库区泥沙淤积、库区水质污染、坝体稳定性、坝肩及坝下渗漏和蓄水诱发地震等,而与其水源区矿山地质环境有直接关系的为库岸稳定性、库区泥沙淤积和库区水质污染。

2.1 库岸稳定性分析

丹江口水库自 1967 年 11 月开始蓄水以来,已有 38 年历史。在丹江入库口以下一定范围内,库岸土体为上细下粗的二元结构,下部为砂砾石,上部为粉土和粉质黏土,结构松散,洪水季节可发生岸坡坍塌;在丹江口水库东岸陶岔以北的中更新统黏性土分布区,土体具胀缩性,裂隙较发育,具有吸水膨胀、失水收缩和反复变形的特点,随着水库水位的季节性变化,易发生岸坡坍塌;其余的大部分库岸均为岩质边坡,只有在水库蓄水初期才发生崩塌、滑坡等库岸再造现象,目前只有少数小规模的崩塌和滑坡,库岸基本稳定。

依据南水北调中线工程总体规划,丹江口水库大坝由 162.0 m 加高到 176.6 m,水库正常蓄水位达 170 m,这 14.6 m 高的范围内多数为修路、造田形成的高边坡和少量的露天采矿坑形成的高边坡,水库正常蓄水位达 170 m 时将不可避免地发生库岸再造,进而引发崩塌、滑坡等地质灾害。

所以,丹江口水库蓄水位抬高后将发生库岸再造,库岸稳定性差,但受矿山地质环境的影响程度较小。

2.2 库区泥沙淤积分析

丹江口水库目前淤积量达 12 亿 m³,坝前最大淤积厚度达 15 m。其物质来源有三个方面:一是流域内陡坡耕种,水土流失面积大,水土流失严重,汛期将泥沙通过入库河流带进库内;二是库岸再造产生的崩滑体直接沉积于库底;三是近年来流域内大规模的采矿活动产生的大量的弃渣沿河、沿沟堆放,汛期极易诱发泥石流或高含沙洪水,将细粒物质带入库内。

为了确保南水北调中线工程的安全运行,水源区地方政府加大了水土流失治理力度,取缔陡坡耕种,恢复植被,将逐步减少泥沙流失量。目前,因大规模的采矿活动产生的大量弃渣而诱发泥石流或高含沙洪水是造成水库泥沙淤积的主要原因,水源区各类矿山有 287 个,年排放废渣 3 717.16 万 t,累计存储废渣 5 749.67 万 t,并有逐年增加的趋势。一般的暴雨均可形成高含沙洪水,细粒物质被带入库区沉积。2005 年 7 月,一场暴雨冲毁高庄金矿尾矿库引发泥石流,将 12 万 m³ 的粉末状尾矿带走一半,加上沿途 20 km 的细粒物质加入,估计有 50 万 m³ 泥沙进入库区。同时,在另外两条沟谷中也发生同规模的泥石流。水源区超期服役的尾矿库并不少,溃坝引发泥石流的可能性较大。由此可见,水源区的矿山地质环境现状是加重丹江口水库淤积的根源。

此外,水库大坝加高后,新增淹没区的耕地、民房也将造成水库淤积。

2.3 库区水质污染分析

丹江口水库接受流域内的河水和径流排泄的地下水,其水质状况直接与地表水和地下水质量相关,而水源区的地表水和地下水质量又与矿山地质环境关系密切。

水源区地表水质量不容乐观,Ⅳ类水、Ⅴ类水、超Ⅴ类水均有分布,其定类因子为总氮、BOD$_5$。Ⅳ类水主要位于老灌河主流及丹江口水库,老灌河下游西峡—淅川长约 35 km 河段为Ⅳ类水;Ⅴ类水分布于卢氏县五里川乡杨家庄老灌河主河道、西峡县五里桥乡李营丁河、西峡县城南老灌河、淅川县的西簧和寺湾两地淇河、上集南河口处丹江口水库;超Ⅴ类水分布于西峡县杨河老灌河支流、淅川县荆紫关镇宋家沟丹江、大石桥乡磨峪沟丹江河口。

地下水Ⅳ类水、Ⅴ类水也成大面积分布。Ⅳ类水分布于西北部五里川以西的老灌河流域、西坪镇一带以及寺湾、大石桥乡纸坊沟等地,定类因子为总硬度、酚、总硬度、锰和亚硝酸盐;Ⅴ类水分布于西峡县米坪镇北东坡—军马河乡白仗山一带的老灌河河谷地带、西峡县城—淅川县上集的老灌河河谷地带和淅川县大石桥乡纸坊沟,定类因子为总硬度、硝酸盐、阴离子合成洗涤剂、六价铬。

　　地表水水质差的河段和地下水水质差的区域均位于矿山的下游,主要是矿山排水和废矿渣淋滤所致。采矿活动有大量的矿坑水外排,其中大多数未经处理而直接排放,含有大量的悬浮物、有机物,有的矿区矿坑水为腐蚀性很强的酸性水,排出地表后污染土壤或地表水,危害更大;钒矿露天开采,其成分经淋滤作用渗入地下也造成地下水的污染;金矿区选矿产生的废水危害更大。

　　水源区质量较差的地表水和地下水直接影响库区水质,对调水水质构成威胁。此外,水库大坝加高后新增淹没区内存放的各类垃圾也将污染库区水质。

3　结论

　　丹江口水源区的矿山地质环境问题较为突出,对库区环境的影响主要表现在泥沙淤积和水质污染方面。

强风化花岗岩区滑坡的勘查方法

商真平　姚兰兰

（河南省地质环境监测院　郑州　450016）

摘　要：强风化的花岗岩地区，风化层厚度不均，滑坡的滑带特征变化较大且存在较多的不稳定因素。本文结合新县新集镇向阳新村滑坡的地形地貌特征、水文及工程地质条件、规模、滑动特征等，详细论述了风化花岗岩地区滑坡的勘查方法、采用的手段及具体要求，以及在勘查、试验结果基础上确定滑带的方法。

关键词：风化花岗岩区　滑坡　地质灾害　勘查

1　引言

大别山位于河南省南部边陲，地处豫、鄂、皖三省交界处，主要为低山丘陵地貌。区内浅部地层风化强烈，多为全风化—强风化的松散花岗岩堆积物。该风化层的显著特点是碎石土与黏性土混合，黏粒含量高，滞水时间长，因此在降水条件下，常常易发生崩塌、滑坡及泥石流地质灾害。随着人类工程活动的不断增强及人类对原始生态环境、地质环境条件的破坏，各种地质灾害对人民群众的威胁也愈来愈大。

新县位于河南省东南部大别山区，四面环山，作为革命老区，近年来发展迅速，但是其所处的地质环境条件决定了其发展必须首先考虑地质灾害的防治工作。据不完全统计，新县城区内及周边地带，散布着崩塌、滑坡地质灾害点上百处，直接对国家财产和人民群众构成严重威胁的达十余处，一些受地质灾害威胁严重的地方，房毁屋倒，群众被迫搬迁，直接、间接损失巨大。

2　滑坡变形发展特征

新县新集镇向阳新村滑坡位于新集镇向阳路南侧，主要由残坡积土层和全风化—强风化的中粗粒二云花岗岩体构成，滑坡体长 25.0 m，宽近 50 m，最大厚度为 8.0 m，体积约 7 000 m³，为一浅层小型土质滑坡。

2001 年 6～7 月间，滑坡体开始出现蠕动变形现象，至 2005 年 9 月的 4 年多时间里，该滑坡体每年汛期都出现蠕动现象。

2002 年 6 月，蠕动变形开始加剧，在滑坡体前缘陡坎上部山坡出现大小裂缝 12 条，裂缝长、宽不等，不均匀的分布在滑坡体上；滑体前缘地面鼓胀，隆起部分高出地面 20～30 cm，同时滑坡体前缘东部向前推移 1 m 多，将坡下居民的石砌院墙推倒，挤压其东部房屋山墙歪斜，屋内地坪有鼓起变形现象；同时，由于前缘隆起变形使陡坎坡度加大产生小型崩塌，将其中间平房南山墙的东部砸出一个宽 1.5 m、高近 2.0 m 的大洞，东边与中间房屋变成危房。

2003 年汛期，滑坡体前缘东部再次滑移，将东侧房屋外的厨房彻底冲毁，东边房屋进一步倾斜。

2004 年汛期,滑坡体前缘中部发生蠕滑,将其中间平房的西墙又砸出一个宽1 m、高近 2.0 m 的大洞,同时前缘的挤压变形使傅姓住户院中地坪隆起 30 cm。滑坡体上"醉汉林"现象进一步加强,除后缘拉张裂缝变长加宽、落差加大外,滑体中前部裂缝增多,裂缝一般宽 10~30 cm,长 1.5~8.5 m,可视深度最大达 40 cm。滑坡体前缘隆起影响带内的房屋严重开裂,房屋倾斜变形程度加剧,严重威胁住户的生命财产安全。同时,滑坡体尚威胁下游 40 余户居民房屋安全,100 余人被迫迁离。

3　滑坡区地层岩性

3.1　地层

依岩石特征、变质变形特征和含矿性等,地层自下而上划分为卡房岩组、新县岩组和七角山岩组。

卡房岩组岩性为白云钠长片麻岩、浅粒岩,夹白云钠长石英片岩、白云二长片麻岩和榴辉岩。在卡房窟窿的局部地段受混合岩化影响,形成混合片麻岩和稀疏眼球状、条带状混合岩。卡房岩组以其顶部的浅粒岩与新县岩组分界。

新县岩组以白云斜长片麻岩、白云二长片麻岩为主,夹角闪钠长片麻岩、浅粒岩和石英云母片岩等。在田铺等地,以网脉状白云钠长片麻岩为主,夹大量的榴辉—榴闪岩透镜体,往北为白云二长混合片麻岩夹白云(黑云)斜长片麻岩和浅粒岩。

七角山岩组可分为两个岩性段,上段缺失。七角山岩组下段岩性以白云钠长石英片岩为主,夹大量(绿帘)钠长阳起片岩和少量的白云石英片岩、浅粒岩。

3.2　岩浆岩

新县在地史时期岩浆活动十分频繁。侵入岩种类比较齐全,超基性—基性—中性—酸性岩均有分布,尤以酸性岩分布最为广泛,其中新县岩体和商城岩体规模最大。

各岩体形成时代分别属中条期、扬子期和燕山期。

4　滑坡勘查

在勘查工作布设前,我们对滑坡区及周边地质环境进行了详细的地面调查及工程地质调绘工作,查明了滑坡体及周边外围的地层岩性特征、构造特征、形成滑坡的地形地貌条件、滑坡体的形态特征、区域及滑坡区地下水的分布特征、滑坡的诱发因素,确定了滑体的基本滑动范围、主滑方向、滑体可能的最大滑动厚度以及滑体的基本岩性组成等。鉴于滑坡体主要由全风化—强风化的花岗岩体构成,结合该滑坡后缘及中前部均分布有拉张裂缝,且滑坡体主要由抗风化的石英、长石与黏性土混合组成,水位埋藏浅,滞水时间较长这一特点,本次勘查采用钻探查明滑体沿主滑方向上的厚度分布与滑带的确切位置及分布特征、采用槽探查明滑坡体边界条件、采用井探查明滑体对滑动区后部地层的扰动影响程度等。

结合滑坡体的形态特征,布设一条主勘探线,两条辅助勘探线,每条勘探线上布设 3 个钻孔共计 9 个钻孔,另设 5 条探槽、9 个探井。

4.1 钻探

垂直和平行滑坡滑动方向布置 6 条勘探线,共设勘探孔 9 个,分别在滑坡体后缘布设 3 个,中部布设 3 个,前缘坡底布设 3 个。根据滑坡体长、宽度,确定勘探线间距在 9 ~ 15.5 m 之间,勘探点间距为 6 ~ 7 m,孔深应以进入新鲜基岩 3 ~ 5 m 为准,初步设计孔深 15 ~ 25 m。其中,沿滑坡滑动方向布设的 3 条勘探线应近于滑动方向(应为实测),且 3 个勘探孔应在一条直线上,顺滑坡滑动方向 3 条断面为实测剖面。

4.2 探槽

为查明滑坡体岩土分界线和滑坡体周界分布特征,查明隐伏在表层土以下的滑坡体后缘、两翼的拉张裂缝及剪切裂缝,确定滑坡体各部位边界的具体位置,圈定滑坡体范围,设计布置 5 条探槽。

4.3 探井

为查明滑坡体后缘及邻近地段风化岩埋深、岩石风化程度和厚度、滑坡体前缘挤压剪出面的剪切角度,并对滑坡体后缘边界进行进一步的确认,设计在滑坡体后缘外布置探井 3 个、滑坡体前沿布探井 3 个,探井深度以挖穿全风化地层进入强风化基岩 3.0 ~ 4.0 m 为准,设计探井深 5 m。滑坡体前缘探井以查明滑坡体反翘面为准。各探井均应绘制剖面图。

5 试验

5.1 现场原位试验

本次设计的现场原位试验有动力触探试验、原位剪切试验、大容积重度试验。

5.1.1 动力触探试验

为评价花岗岩全风化—中等风化层的密实度并确定其承载力,设计采用 63.5 kg 的重型动力触探测试,连续贯入,记录每贯入 10 cm 的锤击数。根据试验指标结合地区经验进行力学分层,评定土的均匀性和物理性质(状态、密实度),以及土的强度、变形参数、地基承载力,单桩承载力,查明滑动面、软硬土层界面的工程地质性质。

5.1.2 现场原位剪切试验

为获取残坡积土和中细粒花岗岩全风化—强风化层的抗剪强度指标,设计在滑坡体中后部 2#、3-1#、3#、4#探槽中,利用直剪平推法进行现场大面积原位剪切试验。设计现场原位剪切试验测试 6 组,其中 2 组天然状态,4 组饱和状态。在残积土中天然状态和饱水状态剪切试验各 1 组,强风化花岗岩中饱水状态剪切试验 3 组,天然状态剪切试验 1 组。设计试验深度为残积土 0.5 m、强风化花岗岩 1.0 ~ 1.5 m,试块尺寸为 50 cm × 50 cm × 20 cm,试验设备采用千斤顶、轴排、压力表及百分表等。依据现场条件,现场原位剪切试验的法向应力由堆载平台提供,水平推力的作用线通过剪切面。

5.1.3 现场大容积重度试验

为确定残坡积土和全风化花岗岩的天然容重,设计在强风化花岗岩层及残坡积土中各进行 1 组大容积重度试验,试样尺寸为 50 cm × 50 cm × 50 cm。

5.2 室内试验

根据本工程存在的岩土工程问题,设计进行的室内试验有土的物理性质试验、土的压缩—固结试验、土的抗剪强度试验、岩石单轴抗压试验、水质腐蚀性分析试验等。

6 水文地质、工程地质条件

通过勘查及必要的调查工作,查明滑坡区水文地质、工程地质条件如下。

6.1 水文地质条件

滑坡治理区及其附近地段地下水类型主要为基岩风化裂隙、孔隙水,属潜水。含水层主要为全风化—强风化的中粗粒花岗岩地层,厚度不均,平均厚度为 12 m,上部稍薄约 10 m,下部前缘地段略厚约 15 m。由于全风化—强风化的中粗粒花岗岩地层中,碎粒间多被黏性土充填,渗透系数小,地下水径流速度极慢,因此降水入渗后,全风化—强风化的中粗粒花岗岩岩层使地下水富集,形成潜水。

地下水主要补给来源为大气降水渗入补给,其沿浅层风化岩孔隙裂隙和滑动带软弱界面动移赋存,地下水径流方向由南向北坡麓地带径流,在滑坡前沿风化粉质黏土层与花岗岩强风化层接合部,部分浅层地下水以小股泉或湿地形式排泄,人为开采地下水活动较弱,开采量小。

位于滑坡前沿西北角坡坎下有一民井,据访问,枯水期地下水水位埋深为 0.70 m 左右,丰水期地下水溢出地表;滑坡体下游约 30 m 处有一眼大口井,枯水期水位埋深为 2.5 ~ 3.8 m,相应标高为 104.10 ~ 113.20 m,丰水期水位高至井口,水位变幅较大,2005 年 8 月 31 日实测该井水位埋深为 0.95 m。

本次在滑坡区内取水样一组,据水质全分析报告,滑坡区地下水水化学类型为 HCO_3—$Ca \cdot Mg \cdot Na$ 型水,矿化度为 371.0 mg/L,pH 值为 7.4,水质良好。

6.2 岩(土)体工程地质条件

勘查范围内滑坡体组成岩性主要为第四系上更新统残坡积物和早白垩纪细粒二长花岗岩。现将其特征分层描述如下:

(1)残坡积土:灰褐色,湿,松散,组分由黏性土、花岗岩全风化土及砂粒混合组成,结构疏松,孔隙及虫孔发育,顶部含植物根系,层底标高 105.30 ~ 117.70 m,该层厚 0.2 ~ 1.2 m。

(2)全风化—强风化花岗岩:褐黄色—灰白色—淡红色,细粒花岗岩结构,块状构造。原岩结构已破坏,呈砂土状,厚层状产出,含较多风化黏性土,结构疏松到一般,孔裂隙网纹状发育,在 Zk4 ~ Zk9 孔中均见宽度不一的裂缝。岩心采取率为 100%,RQD = 15% ~ 20%。岩体基本质量等级为 V 级。层底标高 94.50 ~ 108.50 m,层厚10.3 ~ 14.9 m。

(3)中等风化花岗岩:灰白色—肉红色,细粒花岗结构,块状构造,岩石较破碎,见风化裂隙,岩心呈块状和长柱状,长 5 ~ 12 cm,岩心采取率为 90%,RQD = 70% 以上。单轴抗压强度平均值为 11.83 MPa,饱和状态单轴抗压强度平均值为 9.25 MPa。岩体较完整,岩体基本质量等级为Ⅲ级。

(4)微风化花岗岩:灰白色—肉红色,细粒花岗结构,块状构造,矿物成分以斜长石、钾长石为主,次为石英,含少量云母和金属矿物。呈岩基状产出,岩石坚硬,节理、裂隙少见,岩心采取率为 92% ~ 94%,RQD = 75% ~ 85%。岩石单轴抗压强度平均值为 15.25 MPa,饱和状态单轴抗压强度平均值为 13.69 MPa。岩石属较硬岩,岩体基本质量等级为

Ⅱ级。该层未揭穿,最大揭露厚度为9.6 m。

7 滑坡特征

滑坡区内地层较简单,除表层为松散残坡积土层外,下伏基岩主要为一套早白垩世早期的细—粗粒二云花岗岩。残坡积土厚0.2~1.2 m,平均厚度在0.7 m左右;其下伏花岗岩风化强烈,由上至下依次分布有全风化、强风化、中等风化、微风化中粗粒花岗岩。

斜坡地层结构是滑坡形成的主要地质因素,降雨、地下水及边坡下部人工建房是造成边坡失稳的主要诱发因素。

7.1 滑坡结构特征

滑坡体主要由上部残坡积土层和下部全风化—强风化的细—粗粒二云花岗岩体构成,向下依次为中等风化、弱风化花岗岩。强风化花岗岩地层最小厚度为3.8 m,最大厚度为8.3 m;中等风化花岗岩地层最小厚度为2.1 m,最大厚度大于8.0 m。

残坡积土层在滑坡体上分布相对较均匀,最大厚度为1.2 m,最小厚度为0.2 m,平均厚度为0.7 m。残坡积土层的分布厚度依地形而变,在较为平缓的台阶平地,厚度较大,在坡度较陡或台阶陡坎处,厚度较小。该层土呈灰褐色,组分由黏性土、花岗岩全风化土及砂粒混合组成,结构疏松到一般,表层植被发育,土层中含大量植物根系。

下部的全风化—强风化的细—粗粒二云花岗岩,呈褐黄色—灰白色—淡红色,原岩结构已破坏。上部风化后细粒花岗岩成分要多于粗粒花岗岩,呈砂土状,经长期地表水渗透,孔隙间多被黏性土充填,向下颗粒渐变粗,颗粒间被黏性土充填,受上覆地层压密,密实度一般。该层整体上成块状结构,厚层状产出,含较多风化黏性土,结构疏松到一般,最大厚度大于14.0 m。

滑坡体前缘受滑坡体下滑前移的挤压,在前缘平面台阶上接近滑坡陡坎前缘处剪出,剪出角度一般在10°左右,剪出部位在地表形态上呈鼓丘状,最高处达30 cm。

7.2 滑带特征

经勘查,滑带位于风化的花岗岩体中,由强风化—中等风化地层的软弱层构成,滑动面大体上呈弧形。受地表降水入渗及地下水径流影响,强风化花岗岩体中抗剪强度大大降低,在滑体自重作用下,滑体在该层软弱带中发生剪切蠕滑,并逐步形成滑动带。

通过钻孔勘探可知,滑带土厚度一般在0.5~1.0 m之间,主要为黄褐色—肉红色,很湿到饱和,软塑,以黏性土为主,混杂少许花岗岩。滑动带土层与上覆、下伏的强风化花岗岩地层有明显不同,含水量大,黏性土含量高,结构松软,因此确定该地层为滑坡体的滑动带。

8 结论

本次对新县新集镇向阳新村滑坡进行勘查所布设的勘查手段及工作量,查明了滑坡边界条件、滑坡体的地层岩性组成与滑坡诱发因素间的关系、滑体形态特征及滑带土的特性、降水对滑带土含水量的影响等。通过对勘查结果及室内外试验结果进行综合分析,所获取的有关滑坡的各项参数,完全能满足滑坡下滑段主滑推力、抗滑段抗滑力的计算与分析,滑坡的稳定性评价结果与实际状况相吻合。

山西平顺天脊山国家地质公园地质遗迹特征及评价

黄光寿　　王春晖　　郭山峰　　方茜娟

（河南省地矿局第一地质工程院　驻马店　463000）

摘　要：山西平顺天脊山国家地质公园位于太行山南段。区内分布元古界—古生界，形成了雄险挺拔、谷窄崖陡的雄山奇峡地貌景观。其独特而具有代表性的典型地质剖面、地质地貌景观、水体景观，以其典型性、稀有性、优美性而独树一帜。对其地质遗迹资源进行定量评价，分值达85～87分，达到国家地质公园标准，完全满足国家地质公园要求。

关键词：天脊山国家地质公园　地质遗迹特征　地质遗迹评价

1　概况

1.1　地理位置

平顺县位于山西省东南部，太行山南段，东邻河南省林州市，西连长治市、潞城市，南接壶关县，北毗黎城县。

天脊山国家地质公园位于山西省平顺县东部，行政区划包括虹梯关乡、东寺头乡及杏城镇一部分。地理坐标为东经$113°33'43''$～$113°42'15''$，北纬$36°02'14''$～$36°15'52''$，面积200 km^2，分为虹霓大峡谷、天脊山、阱底白云谷三个景区。

1.2　主要保护对象

天脊山国家地质公园位于山西省平顺县东部太行山巅，所处大地构造位置为华北地台中部—山西台隆的东南缘，东与华北断坳相接。区内分布元古界—古生界地层，形成了雄险挺拔、谷窄崖陡的雄山奇峡地貌景观。其独特而具有代表性的地质地貌景观，以其典型性、稀有性、优美性而独树一帜，为不可再生的地质资源。这些不同地质时期所形成的珍贵、珍稀的地质遗迹，以及种类丰富的生态资源、特色鲜明的人文资源，均属主要保护对象。

（1）珍贵、珍稀的地质遗迹。包括：天脊山峡谷群地貌，典型沉积岩剖面（寒武系和奥陶系），槐树坪断裂构造，各种不同类型的波痕、泥裂、层理，水蚀石龛、嶂谷、隘谷、瓮谷，方山、长崖、长墙、阶梯状崖壁，各种象形山石，瀑布、泉水、溪潭，溶洞。

（2）种类丰富的生态资源。包括：红豆杉，白皮松，原始次生林，各种珍稀动物资源。

（3）特色鲜明的人文资源。包括：虹梯关古道，明惠大师塔，明代水磨坊。

1.3　保护的目的和意义

天脊山国家地质公园，是一座以构造地貌、水体景观为主，自然生态和人文历史并重，集科学研究和观光旅游为一体的综合型地质公园。散布在园区内各处的地质遗迹、生物资源和人文遗产，俨然构成了记录这里亿万年沧桑演变和地理环境变迁以及数千年人类文化生活的活字典，它们以大量的信息和实证，准确地记录了天脊山地区地壳的形成和发展历史，地理的演化、变迁过程和人类的生存和生活活动等。在这里，游人不仅能欣赏自然山水的表，得到耳目之娱，更能认识到自然山水的本，把天脊山悠久的地质历史和丰富的自然资源以及灿烂的人类文化,从科学的角度进行有机的结合,从而使一次只知其然,却不知其所以然的自然风光旅游,升华到更高层次的增长知识的科普旅游。通过地质公园这个载体,人们在欣赏自然山水外在美的同时,更能了解到自然山水的科学内涵,学习地球科学知识,对满足人们不断增长的科学文化需求、提高国民素质将具有重要意义。

2 地质遗迹特征

根据2002年编写的《中国国家地质公园建设技术要求和工作指南(试行)》的地质景观分类方案,结合本地质公园的地质景观特点,山西平顺天脊山国家地质公园主要地质遗迹类型见表1。

表1 主要地质遗迹类型一览

大类	类型	小类	典型地质遗迹名称
基础地质遗迹	地层	地质剖面	寒武系、奥陶系剖面
	构造	褶皱	槐树坪断层揉皱
		断裂	虹霓断层、槐树坪断层、虹霓峡断层
		节理裂隙	虹霓峡、白云谷、天脊山景区节理
	结构构造	波痕	流水波痕、浪成波痕、流水波浪复合波痕、改造波痕
		交错层理	流水作用交错层理、波浪作用交错层理、潮汐作用交错层理、平行层理、水平层理
		泥裂	泥裂
		其他	豆鲕粒结构、核形石结构、花斑构造
古生物景观		古生物遗迹	虫迹
地质地貌景观	构造地貌	方山	天脊山方山、阴底方山
		峡谷	虹霓峡、白云谷
		障谷	白云谷障谷、一线天、虹霓峡障谷
		隘谷	一线天、龙曲水隘谷
		崖壁	虹霓峡、白云谷、天脊山崖壁
		石墙	虹霓峡石墙
	重力崩塌地貌	崩塌残留	崩塌崖壁、崩塌石龛、崩塌岩洞
		崩塌堆积	崩塌岩块、崩塌岩堆
	剥蚀堆积地貌		夷平面、剥蚀阶地、堆积阶地
	流水地貌	围谷	三叠瀑围谷
		瓮谷	白云谷瓮谷、虹霓峡瓮谷
		悬谷	阴底白云谷悬谷、天脊山悬谷
		壶穴	净佛潭、蒜潭
		水蚀石龛	
	岩溶地貌	峰林	西井山峰林、天脊山峰林
		峰丛	天脊山峰丛
		孤峰	虹梯关孤峰
		残丘	牡丹寨
		钙华	钙华池
		溶洞	狐仙洞、五龙洞、黄龙洞、七子洞、水母洞

续表1

大类	类型	小类	典型地质遗迹名称
水体景观	自然水体	潭 瀑布 泉	龙涎潭、十八潭、月亮池、蒜潭 天泉瀑布、三叠瀑、水母圣瀑、虹霓飞瀑、玉龙瀑 悬泉、神仙泉、冷泉、水母圣泉
	人工水体	水库 碧水峡湾	祥云湖 虹霓湖
地质灾害遗迹		泥石流	虹霓峡谷、阱底白云谷
典型矿床及 重要采矿遗迹	典型矿床	金属矿产 非金属矿产	磁铁矿 硅石、含钾岩石

2.1　基础地质遗迹

2.1.1　地层剖面

公园内的地层剖面以沉积岩剖面为主。由于地壳的升降运动，引起岩层沉积环境的往复变化，加之物质来源的不同，形成了公园内以碳酸盐岩、砂岩为主的沉积岩。这些岩层中，部分结构构造独特，具有一定的观赏性。古生界地层中所具有的颗粒结构、生物骨架结构的鲕状(豆状)灰岩、竹叶状灰岩，以及具藻类成因和生物扰动构造的虫迹灰岩等都极具景观和科普价值。

鲕状(豆状)灰岩(白云岩)：鲕粒径为 0.3 ~ 0.6 mm，豆粒径在 1 ~ 2 cm 之间，豆粒含量一般少于鲕粒，鲕粒多遭白云岩化。园区内寒武系地层中普遍出露。

竹叶状灰岩：距今 5 亿多年前的寒武纪大海里，在水深小于 60 m 的清洁海水中沉积了碳酸钙层，当沉积物还未完全固结时，遭到强烈风暴搅动，形成了大小不等的块体重新沉积下来，后经固结成岩。因岩体中的破碎块体在断面上形如竹叶而得名。

核形灰岩：核形石为圆形、椭圆形，大小一般在 1 cm 左右，最大可达 2 cm，常由非同心状的藻类泥晶纹层围绕一个固体核心组成。其核易风化脱落，在灰岩上形成一个个蜂窝状孔洞。

2.1.2　地质构造

公园内可供开展地质科学研究和地质科普教育的地质构造主要有断层、褶皱和节理三种典型构造样式。

断层：是岩层或岩体顺破裂面发生明显位移的构造。断层使地层产状发生变化或造成断层两侧地层的突变，地貌上易形成断层崖景观。如园区内虹霓大峡谷景区槐树坪正断层造成两侧地层的变化。

褶皱：是岩石受力发生的弯曲变形，它是由岩石中原来近于平直的面变成了曲面而表现出来的。小规模的褶皱在可视范围内可看到岩层的弯曲。公园内多发育由构造作用造成的小型褶皱。

节理：是岩石中的裂隙，是没有明显位移的断裂，也是地壳上部岩石中发育最广的一种构造。公园内节理相当发育，多为近直立的垂向节理，是形成区内地貌景观的主要因素。公园内峡谷大都受节理控制，在谷底常见呈锯齿状的两组节理面，峡谷两侧表现为平直直立的崖壁,在山顶则受节理切割和风化溶蚀易形成各种奇峰异岭、象形山石。

2.2　古生物景观

有寒武系化石、奥陶系化石及古生物遗迹——虫迹等。

2.3　构造地貌景观

园区地貌是太行山地区碳酸盐岩地貌的典型代表,是以峰谷相间、长墙、长崖为基本特征,以崖台梯叠、瓮谷、围谷、深切嶂谷为主要表现形式,以水流侵蚀、重力崩塌、坠落为主要作用方式所形成的一种特殊的地貌形态。它集"雄、险、秀、幽、奇"于一身,以山体雄伟、长崖险峻、峡谷幽深、水体秀美、峰异石奇为特色,它雄中含幽、幽中有险、险中见秀、秀中蕴奇,具有极高的美学价值。

2.3.1　雄伟壮观的长崖、长墙

太行山断块强烈的隆起和水动力作用构造张节理的深度下切,赋予了太行山地区高大雄伟的特点。高耸挺拔的气势是公园内地貌的主体景观,其所产生的撼人心扉的气魄就是雄和险。公园内随处可见陡峭如墙、高耸入云的直立崖壁,这些崖壁的高度大都在200 m以上,绵延数十至上千米,造就了谷深沟险、峰雄奇绝。登高望远,山体雄壮,气势磅礴,巍巍壮观。

2.3.2　各具特色的峡谷

山西高原与华北平原的巨大反差,使众多河流自山西高原向华北平原流出过程中对太行山体进行强烈下切,形成众多山高谷深、瀑水飞溅的峡谷。公园内自北向南分布有虹霓峡谷、天脊山峡谷、阱底白云谷,各峡谷两侧又分布有支峡,构成了天脊山国家地质公园内的峡谷地貌景观。

由综合地质作用形成的三条峡谷景观,包括象形山峰、悬崖陡壁、深谷幽洞、奇石怪潭、飞瀑流泉、林木花草等,异彩纷呈。特别因流水的存在,将峡谷内各种不同的景观串联起来,使峡谷内瀑泉飞泻、溪潭珠串,一步一景、步移景换。

2.3.3　惟妙惟肖的奇峰异岭、象形山石

亿万年的地质历史,不仅造就出了公园气势磅礴的雄山奇峡,而且雕凿出一系列奇峰异岭、象形山石。

山有形则有灵性,自然的崩塌和构造剥蚀,形成了区内众多的奇峰异岭和象形山石。最具典型的有天脊山盘古大佛、将军岭、猿人峰、神犬峰等;虹霓大峡谷兔儿山、骆驼峰、霓关道人、唐僧打坐;阱底白云谷群仙会、神羚峰、一阳指等。

2.3.4　神秘莫测的溶洞

公园内溶洞都是沿构造裂隙发育的,垂直节理密集发育地带,节理裂隙可纵贯切穿山体,这些构造薄弱部位往往也是裂隙水流通和岩溶发育的部位。五龙洞、狐仙洞、黄龙洞、七子洞等都是沿构造裂隙发生发展而形成的,洞内由岩溶作用形成了石钟乳、石笋、石花、钙华池等奇特的岩溶景观。

2.4　水体景观

"风经绝顶回疏雨,石倚危屏挂落泉"。公园特殊的地理位置、深切的峡谷,出露了较为丰富的水体景观,在严重缺水的山西省实属少见。公园内的瀑布遍布山谷,溪潭清澈透明,泉水清脆悦耳,极具美学观赏价值。

2.4.1　瀑布

瀑布是水体的自然造型,它的动感、色感和音响效果,为山岳平添无限秀色。典型的瀑布景观有天泉瀑布、三叠瀑、虹霓飞瀑、玉龙瀑等。

位于天脊山景区最东部山西与河南交界处的天泉瀑布,是园区中最为壮观的瀑布,太行山隆起与林州断陷盆地的巨大反差,造就了落差达346 m的天瀑,站在瀑底仰望高瀑,瀑水从天而降,似颗颗珍珠被风吹过飘飘纱纱而落,气势宏伟,令人叹为观止。瀑布从山顶直泻而下,中间没有碰到任何阻挡,这种直落九天之势发出的轰响,经绝壁的来回反弹,犹如龙吟虎啸,振聋发聩。置身于此,仰望瀑布,使人产生一种酣畅快感的同时,更臣服于大自然的鬼斧神工。"南有黄果树,北有天泉瀑"真可谓名不虚传。明代大诗人谢臻写下"横野千重壁,飞空百丈泉"的诗句,来形容天泉瀑布的壮观。

2.4.2　泉水

山有水则秀,山是凝固的诗行,水是流动的诗韵。公园特殊的地理位置和地层构造,使地下水和构造裂隙水沿碳酸盐岩地层运移,受下部页岩和石英砂岩的阻隔,又以泉水的形式渗出,在公园内形成了众多的泉水和瀑布等水体景观。虹霓大峡谷内的悬泉、神仙泉,天脊山的冷泉、水母圣泉等都极具观赏价值。泉水汇聚成溪,溪落成瀑,水蚀成潭。泉、瀑、潭共同构成公园如诗的山水画卷,让人流连忘返。

2.4.3　湖泊(水库)

祥云湖狭长,宛若翡翠,镶嵌于群峰之中,坐落在古河道上,是阱底人智慧与劳动的结晶。湖的西岸有一个幽深的洞穴,洞穴中常年涌出清凉甘澈的泉水,有时伴着泉水会冒出缕缕的白雾,当地人传说这个白雾的喷出象征着天降甘露,昭示来年的五谷丰登、风调雨顺,白雾即是祥云,祥云湖由此得名。祥云湖静卧于大山的怀抱,那一湖碧流仿佛顽童不小心打翻了画夹润色盘里的翠绿与湛蓝,清澈见底,山花临水弄眼,岸边碧草连天。泛舟祥云湖,小艇行在水中,催起道道涟漪,惊得湖面碎银荡漾,仰望两侧,峭壁狰狞,奇峰、怪石、绿叶、飞瀑、缓缓掠过,美景令人目不暇接。这真是"船在水中行,人在画中游"。

2.5　地质灾害遗迹

2.5.1　崩塌遗迹

园区在断块抬升和流水切割的背景下,形成了一系列深切嶂谷和嶂谷两侧陡峻的崖壁,在流水的侧蚀作用下,崖壁的底部多形成崖廊,加上岩石中发育的节理裂隙,很容易发生重力崩塌,在这些嶂谷内,由崩塌形成的巨型岩块随处可见。区内的崩塌地质遗迹广泛分布于山麓和沟底,如天脊山景区的"桃园聚"、"刀劈石",阱底老洞沟的崩塌巨石等。

2.5.2　泥石流遗迹

公园内山高坡陡,沟谷纵比降大,山麓及沟谷内存在大量的崩积物,为泥石流灾害的发生提供了物源条件,因此在雨季特别是暴雨后,极易形成泥石流。园区内峡谷沟口随处可见古泥石流堆积扇,如阱底白云谷沟口的泥石流遗迹。

2.6　典型矿床及采矿遗迹

2.6.1　典型矿床

园区内矿产资源门类较多,按矿床成因类型可分为两类:一类是与岩浆岩侵入有关的接触交代型磁铁矿床;一类是以沉积作用形成的矿床,如硅石、白云岩、石灰岩、石膏、山西式铁矿等。

铁矿主要分布于公园西边,呈南北条带状展布,探明储量为 2 256.7 万 t,为接触交代型铁矿。成矿围岩为奥陶系中统马家沟组灰岩,成矿母岩为燕山期闪长岩。大体可分三个侵入阶段,而与矿床有成因联系的是晚期的闪长岩。由钠质交代而形成的白色钠长岩和灰白色钠化闪长岩等,是良好的找矿标志。矿体主要产于接触带内,形态受接触带控制,呈似层次或透镜状。矿体长数百米至千余米,延深数百米。矿石以浸染状、条带状和块状为主。矿石化学组分单一,以铁为主。

园区内最具代表性的矿产为硅石和含钾页岩。硅石即石英砂岩或石英岩状砂岩,为震旦系串岭沟组沉积矿床,主要分布在虹梯关乡虹霓村—槐树坪一带。矿体呈层状产出,厚 10 ~ 40 m,一般产状平缓,倾角小于 10°。探明储量为 1 000 万 t,硅石一般含 SiO_2 96% ~ 98%,质纯者可达 99%。含钾页岩产于震旦系串岭沟组上部,在含海绿石石英砂岩的顶部,发育有富含钾质灰绿、黄绿色页岩。主要出露于虹霓—苤兰岩一带,矿体稳定出露,厚度大于 5 m,估算储量 1 000 万 t。

2.6.2　采矿遗迹

公园西侧水沟、浦水、寺头一带铁矿开采近 50 年,不同标高采矿洞星罗棋布,因采矿引起的地裂缝、地面塌陷、山体崩塌时有发生。

3　地质遗迹评价

3.1　评价标准

参照中国国土资源部地质环境司 2002 年编写的《中国国家地质公园建设技术要求和工作指南(试行)》,确定本次工作的评价因子如下。

3.1.1　评价因子

价值评价因子:包括科学价值、美学价值、历史文化价值、稀有性和自然完整性。

条件评价因子:包括环境优美性、观赏的可达性和安全性。

3.1.2　等级划分

按地质遗迹景观和重要性分为以下五个等级:Ⅰ、国际性的(世界级＊＊＊＊＊),Ⅱ、全国性的(国家级＊＊＊＊),Ⅲ、区域性的(省级＊＊＊),Ⅳ、地区性的(市、县级＊＊),Ⅴ、其他重要性的(市、县级以下＊)。

3.2　评价结果

天脊山国家地质公园景区评价结果见表2。

根据《中国国家地质公园建设技术要求和工作指南(试行)》,在地质遗迹景观质量评价中,对公园的主要地质遗迹进行定量评价,其具体分级标准为:Ⅰ、国际性的(世界级＊＊＊＊＊)(≥95 分),Ⅱ、全国性的(国家级＊＊＊＊)(80 ~ 94 分),Ⅲ、区域性的(省级＊＊＊)(65 ~ 79 分)。

经对天脊山国家地质公园各景区地质遗迹的定量评价(见表2),可得到以下结论:虹霓大峡谷景区为 85 分,天脊山景区为 87 分,阱底白云谷景区为 86 分,达到国家地质公园标准,完全满足国家地质公园要求。

表2　天脊山国家地质公园地质遗迹质量量化评价一览

属性名称	评价标准	满分	虹霓大峡谷景区	天脊山景区	阱底白云谷景区
价值评价因子	科学价值	15	11	13	11
	美学价值	15	13	13	14
	历史文化价值	13	12	10	9
	稀有性	17	12	15	13
	自然完整性	15	15	13	15
条件评价因子	环境优美性	15	12	13	14
	观赏的可达性和安全性	10	10	10	10
总分		100	85	87	86
等级			＊＊＊＊	＊＊＊＊	＊＊＊＊

河南洛宁神灵寨地质公园地质遗迹评价

郭自训　杨新梅

（河南省地质环境监测院　郑州　450016）

摘　要：本文阐明了洛宁神灵寨地质遗迹的分布规律、基本特征以及地质遗迹的形成条件和形成过程,对不同类型地质遗迹进行了论述。神灵寨地质公园花岗岩地貌地质遗迹是河南省乃至全国具有典型的对比意义,莲花顶中山湿地北方罕见,是科学研究、科普教育的天然大课堂,具有很高的科学研究价值,有不可估量的社会经济价值。

关键词：地质遗迹基本特征　类型　形成条件　形成过程

1　前言

神灵寨地质公园于 2005 年 1 月 27 日被批准为省级地质公园,公园位于洛阳市西南90 km 的洛宁县境内,在县城东南 26 km 处的熊耳山北东麓,洛宁县城至神灵寨地质公园有二级公路相连,交通相当便利。

公园地处中低山区,地势东南高西北低,地面高程一般在 800 m 以上,最大相对高差为 1 500 m 左右。东南部中山区,山体海拔千米以上,特征是峰高坡陡、沟深岭峭、植被茂密,占整个园区的 70% 左右;西北部低山区,一般坡度较缓,在 15°～35°之间,山岭起伏,沟梁相间。

园区气候为暖温带大陆性季风气候,四季分明,春季温暖雨水少,夏季炎热干旱,秋季多连绵阴雨,冬季寒冷干燥。

洛宁神灵寨省级地质公园位于洛宁县城东南熊耳山北东麓。地理坐标为东经111°41′06″～111°47′36″、北纬 34°12′56″～34°18′26″,南北长约 10 km,东西长 4.4～8 km,面积为 60.57 km²。根据地质遗迹点在公园的空间分布、遗迹点的相对集中程度,结合公园景区各功能的差异,划分了三个地质遗迹保护区,分别为蒿坪—紫荆坪地质遗迹保护区、白马洞地质遗迹保护区、莲花顶地质遗迹保护区。根据《地质遗迹保护管理规定》保护程度的划分标准,对保护区内地质遗迹进行保护程度划分,实施一、二、三级保护,实施了地质公园地质遗迹保护工程建设。

2　区域地质背景条件

2.1　地层

神灵寨地质公园属华北地层区豫西分区。公园内出露地层有：①太古界太华群,分布于公园北侧和南侧,出露面积小,约 2 km²,是区内最古老的结晶基底,由各类片麻岩组成,构成熊耳山变质核杂岩的一部分。主要岩性为黑云母斜长片麻岩、角闪斜长片麻岩、斜长角闪岩、变粒岩、浅粒岩。②新生界,古近系地层零星分布于公园西北侧,主要岩性为复成分砾岩、含砾岩屑砂岩、粉砂质岩屑砂岩不等厚互层,第四系地层在公园西北侧有零星出露。主要岩性为一套亚砂土夹砾石层及现代河床冲积砂砾石。

2.2　构造

地质公园大地构造位置处于华北陆块南缘,南邻秦岭造山带东部,属中生代熊耳山变质核杂岩(构造)的一部分。

2.2.1　熊耳山拆离断层

此断层位于园区北西部,在熊耳山与洛宁盆地交界处的兴华—西山底—陈吴一带,区内出露长度数千米,断层破碎带宽度数米至数十米,平面上呈曲线状,该断层走向北东东,倾向北北西,倾角为10°~40°。该断层为一典型的低角度拆离断层。

2.2.2　脆性断裂

根据断裂走向,园区内主要有北东向和北西向两组断裂:①北东向断裂位于园区内中西部,是区内发育较强的一组断裂,该类断裂切截了早白垩世的花岗岩基,断裂多成组出现,延伸稳定走向多集中于30°~45°,倾向北西,倾角为50°~60°。②北西向断裂位于园区内北部,断裂走向295°~305°,倾向25°~35°,倾角为65°~70°,该组断裂被北东向断裂切断,说明该组断裂早于北东向断裂。

2.3　侵入岩

区内岩浆侵入活动强烈。大规模的岩浆侵入活动集中于新太古代和早白垩世,次为古元古代,中侏罗世较弱。

2.3.1　新太古代侵入岩

由于新太古代侵入岩经历了漫长的变质变形历史,大多以具侵入岩外貌特征的片麻岩出现,这里暂将这类片麻岩作地层处理,仅对那些块状—弱片麻状且保留侵入岩结构特征的作一简要介绍。

(1)变辉长岩:分布于园区的南部,多呈小岩体形式赋存于片麻岩系中,主要矿物为斜长石及角闪石,有少量钾长石、石英及黑云母。

(2)变闪长岩:零星分布于园区南侧,多呈小岩体产出,岩石为纤状粒状变晶结构,定向—片麻状构造,主要矿物为斜长石及角闪石。

(3)变花岗岩类:分布于园区南部,主要岩石类型有变二长花岗岩,面积一般均较小。岩石呈灰白色,风化后呈浅黄白色。主要矿物钾长石呈它形结构—半自形板柱状,以条纹长石、微斜长石为主,有少量正长石;斜长石呈它形粒状—半自形板柱状;石英呈它形粒状,分布均匀。

2.3.2　古元古代侵入岩

古元古代侵入岩分布于园区西北周边,多呈小岩体产出,主要为辉长石,岩石呈灰—灰黑色。主要矿物斜长石呈半自形板柱状—它形粒状,纳黝帘石化及绢云母化较强,纳长石双晶发育;角闪石呈柱状—不规则柱粒状,次闪石化强烈;辉石强烈退变,多被次闪石、黑云母、绿帘石、磁铁矿取代,集合体呈假象产出。

2.3.3　中侏罗世侵入岩

中侏罗世侵入岩分布于园区东南部边界,主要有万村序列侵入及较多酸性岩脉产出。根据岩石类型归并为两个单元:第一单元为斑状中粒石英二长岩单元,第二单元为中斑状中粒二长花岗岩单元。

2.3.4 早白垩世侵入岩

2.3.4.1 蒿坪序列

蒿坪序列侵入岩在园区内占主导地位,广泛分布。根据岩石类型、矿物组合及结构构造,蒿坪序列可归并为四个单元:第一单元为中斑状中粒角闪石英二长花岗岩,第二单元为中斑状中粒黑云母角闪二长花岗岩单元,第三单元为多斑大斑中粒含黑云母二长花岗岩单元,第四单元为含斑细粒二长花岗岩单元。

2.3.4.2 花山序列

花山序列侵入岩仅分布于园区北部,根据岩石类型及结构构造,花山序列可归并为三个单元:第一单元为含斑中粒二长花岗岩单元,第二单元为斑状中粒二长花岗岩单元,第三单元为多斑状中粒二长花岗岩单元。

3 地质遗迹形成条件和过程

3.1 地质遗迹形成条件

园区内花岗岩峰丛高峻挺拔,石瀑优美壮观,奇石、象形石惟妙惟肖。此外,还有北方罕见的中山湿地和多姿多彩的流水地貌景观。这些奇特的地貌景观,是在内外地质应力长期综合作用下塑造而成的天然地质遗迹,其形成条件有三:一是岩性控制条件,二是构造控制条件,三是风化剥蚀作用。

3.1.1 岩性控制条件

花岗岩是风景名胜区最具魅力的造景母体之一。如黄山之秀、华山之险、泰山之雄、嵯岈山之奇,都是花岗岩石在物理风化作用下的杰作。同样,洛宁花岗岩历经沧桑巨变,造就独具特色的地貌景观。这里的花岗岩是在早白垩世侵入就位的,主要岩性为大斑(或中斑)状中粒黑云母二长花岗岩。岩体中常见二长花岗岩脉穿插,它们多呈北东向或北西向,少数近南北向,多受控于当时的应力场。花岗岩体以球状风化为基本特征,这就为各种奇特的地质遗迹的形成奠定了良好的物质基础。

3.1.2 构造控制条件

3.1.2.1 断裂的控制作用

洛宁花岗岩体既受先期断裂控制侵入就位,又受后期断裂改造。花岗岩体形成后,受熊耳山拆离断层影响,在断裂东南侧,由于整体抬升,洛宁花岗岩体连同遭受变质变形的古老基底结晶岩系一起被抽拉到地表,成为变质核杂岩;而在断裂西北侧,由于整体下降,则形成洛宁盆地,沉积形成了古近系和第四系。此外,由于受区域张扭应力场作用的影响,在岩体中产生一系列北东向和北西向张扭性断裂,从而形成熊耳山山体与沟谷的基本布局。正是由于这些断裂的作用,使园区内花岗岩体产生了多组节理,为外生作用提供了条件,为园区花岗岩地貌地质遗迹的形成奠定了基础。

3.1.2.2 节理的控制作用

花岗岩中发育多组节理,对某些象形石的规模、雏形具有直接的控制作用。节理分为两大类:一是构造节理,二是原生节理。这两种节理对奇石和石瀑的形成有着不同的控制作用。

(1)构造节理的控制作用。构造节理是在构造应力场作用下形成的节理。这种节理分为两类:一是扭性节理,二是张性节理。前者在花岗岩区普遍发育,多呈"X"形节理,每组扭性节理均有切割深、延伸远、疏密相间的规律;后者多沿"X"形节理追踪发育,具有切割浅、延伸短、成锯齿状的特征。构造节理的发育,在水平方向上主要控制某些奇石的长、宽尺寸,节理间距越大,奇石越大、越宽;反之,就越短、越窄,奇石的规模就越小。如将军峰、擎天柱等奇石都是在构造节理裂隙分割的基础上经风化剥蚀而成形的。因此,奇石的形成与构造节理的分割有着直接的控制关系。

(2)原生节理的控制作用。原生节理是指花岗岩在侵入冷凝过程中形成的三组相互垂直节理。其中,层节理面倾角一般为0°~30°,横节理、纵节理相互垂直,而且均与层节理呈正交关系。原生节理的控制作用主要表现在两方面:一是主要控制奇石的特征部位,如将军峰中将军的头部与身子的界线等均受原生节理的控制,蟹王窥瀑中蟹王与底座的界线也是沿原生节理风化而成的;二是构成石瀑的瀑面,流水沿节理面进行面状侵蚀,并形成许多近似平行的细小冲沟,流水携带的有机质在沟内沉淀形成颜色较深的条纹,远看如同飞流直下的瀑布。

3.1.3　风化剥蚀作用

在广泛出露的花岗岩区,石瀑、奇石、峰丛等地质遗迹的形成除受断裂、节理裂隙控制外,还有外力的物理风化、化学风化、生物风化作用和剥蚀风化作用。外力风化对这些地质遗迹起着雕塑凿刻作用,是不可缺少的条件。

3.2　地质遗迹的形成过程

地质遗迹是在洛宁花岗岩体形成后,在内外地质营力长期综合作用下形成的。其形成过程可分为:洛宁花岗岩体的侵入形成阶段,洛宁花岗岩体的抬升及断裂、构造节理发育的破碎阶段,洛宁花岗岩体的裸露风化剥蚀阶段。

3.2.1　洛宁花岗岩体的侵入形成阶段

印支期,随着东秦岭古海的消失,古华北陆块与扬子陆块发生对接,形成统一的克拉通陆块。在陆—陆碰撞造山运动结束之后,燕山期仍发生继承性的强烈陆内造山运动,这一时期华北陆块向南仰冲于扬子陆块之上,从而出现一系列往南推覆的推覆体。由于构造推覆,东秦岭地壳发生叠置、堆垛、缩短、增厚并导致深部地壳重熔,在北秦岭出现大量的燕山期花岗岩体。这一过程在早白垩世末期结束。洛宁花岗岩体就是在这样的背景下侵入就位的。

3.2.2　洛宁花岗岩体的抬升及断裂、构造节理发育的破碎阶段

自晚白垩世开始,东秦岭进入后造山演化阶段,地壳由前期的收缩逐渐转为伸展,山体向北的重力扩展形成了向北推覆的推覆构造带,由于造山带的伸展塌陷出现拆离伸展断层及变质核杂岩。熊耳山变质核杂岩便是其中之一。洛宁花岗岩体就是在这期间同古老变质岩系一起被抽拉到地表的。与此同时,受区域张扭应力场作用影响,岩体内产生了北东向和北西向的张扭性断裂,以及呈"X"形相交的构造节理,加之花岗岩体内形成的三组相互垂直的原生节理,将洛宁花岗岩体分割成大小不等的花岗岩块。燕山运动后的新生代时期,在喜马拉雅运动影响下,秦岭造山带不断隆升,使原本出露地表的洛宁花岗岩体,接受新生代的长期风化剥蚀。

3.2.3　洛宁花岗岩体的裸露风化剥蚀阶段

广泛出露的洛宁花岗岩体,主要为大斑(或中斑)状中粒黑云母二长花岗岩,似斑状结构、块状构造,坚硬而不透水。在阳光、空气、水的综合作用下,岩石表面易风化矿物,如云母首先被风化剥蚀掉,不易风化的矿物,如长石、石英等突出岩面。随着风化作用的继续,突出岩面的矿物被松动剥落,成为砂粒,被流水搬走。这样,风化作用促使岩面层层剥落,新鲜的岩面不断暴露,导致风化作用持续不断地向岩体深部发展。

由于断裂、构造节理和裂隙、原生节理把岩体分割成众多长方体或近似正方体岩块。而风化作用往往集中在断裂面或节理面交会的棱角部位,这里的面积较大,风化作用的强度和深度相对也大,岩块内部为受风化的部分便呈现球状,因此称做球状风化。随着球状风化的不断进行,球状岩块逐渐变小、变少,又被风化泥沙所包围,在遭受水流强烈侵蚀过程中,风化碎屑被冲刷搬走,把大的球形岩块留在原地,立在山顶或山坡上。风化作用沿断裂和构造节理进行尤其强烈。断裂部位被侵蚀成峡谷或悬谷;沿构造节理风化,使岩体裂隙越来越宽,直至被分割成的长方体或正方体岩块失稳,未被完全风化成球形就倒塌下去。崩塌岩块或沿节理面下滑,停留在斜坡上,或滚到峡谷中,形成各种崩塌地质遗迹;而众多的相对稳定的岩体立在原地,形成各种逼真的奇石和陡峻的峰丛地貌。此外,流水沿节理面长期的面状侵蚀,形成洛宁独特的花岗岩石瀑。

通过大自然千百万年的鬼斧神工的雕凿,最终形成了洛宁各种独特秀美的花岗岩地貌地质遗迹景观。

4　地质遗迹分布与基本特征

4.1　地质遗迹分布

地质遗迹是地质历史时期在内、外动力地质作用下形成且不可再生的地质自然遗产和地质自然资源,它包括地质构造、古生物化石、地貌、洞穴、水体等,它们具有特殊的自然属性。洛宁神灵寨花岗岩地貌地质遗迹位于华北陆块南缘,南邻东秦岭造山带,属中生代熊耳山变质核杂岩(构造)的一部分。园区内地质遗迹广泛而有规律的分布,空间分布相对集中,但主要分布于园区内的中北部。

4.2　地质遗迹基本特征

园区内地质遗迹主要以石瀑为主,类型多样,内容丰富,分布广泛且又相对集中,遗迹类型有石瀑、奇石、峰丛、湿地、流水地貌、崩塌等类型(见表1)。

表1　地质遗迹类型

序号	遗迹类型	遗迹实例
1	石瀑(SP)	中华石瀑、恐龙石瀑、帘瀑
2	峰丛(FC)	五女峰、神灵寨峰、将军峰
3	奇石(QS)	蟹王窥瀑、宝椅擎天、神龟望月
4	湿地(S)	莲花顶湿地
5	流水地貌(HL)	壶穴、岩槛
6	崩塌(BT)	天生桥
7	陡崖(DY)	岩石陡壁

4.2.1 石瀑

4.2.1.1 分布特征

被称为石瀑的地质遗迹景观一般有两个特点:物质组成是"石",外表形态如"瀑"。结合本区情况,初步给出石瀑的定义为:在内、外地质应力长期作用下,形成的一种由岩石组成的、外形酷似瀑布的天然地质景观。

在园区地质遗迹保护区内,石瀑占主导地位,发现石瀑 35 处,主要分布于保护区的中北部约 18.8 km² 的区域内,主要有以下特征:

(1)区内石瀑分布相对集中。石瀑的分布多呈条带状分布,主要沿寨沟、白马涧等沟谷两侧分布,充分说明石瀑的分布受控于花岗岩内断裂和节理的控制。

(2)石瀑多成群发育,表现为最少 2 个石瀑集中发育。在一定的范围内,许多石瀑发育的集中程度很高,形成规模庞大、欣赏价值较高的石瀑群,比较典型的有中华石瀑、恐龙石瀑等。

4.2.1.2 类型

目前,尚无查到有关石瀑的分类标准,主要结合区内石瀑的特点而进行分类。

按石瀑发育的集中程度,可分为单体石瀑和石瀑群;按成因类型划分,区内的石瀑可以分为原生节理型石瀑和剥落穹隆性石瀑,原生节理型石瀑的形成主要受控于花岗岩的原生节理,剥落穹隆性石瀑的形成主要与花岗岩表层的席片状剥落有关。

4.2.2 峰丛

保护区内花岗岩峰丛的总体特点有两个:一是山势陡峻,彰显粗旷之风,其险、其陡堪比于华山和黄山,正所谓"中尖突出,高摩层汗",凛凛然大将之风;二是造型奇特,尽展妩媚之秀。如骆驼峰整个山体从远处观望,如一匹俯身畅饮神灵碧水的骆驼;五女峰中的五个山峰高低不等,错落有致,形态各异,犹如五位仙女下凡,在落日余辉的映衬下,秀丽挺拔,如梦如幻。

4.2.3 奇石

园区内发现花岗岩奇石 13 处,其中石柱 4 处,象形石 9 处。石柱大多居于山峰顶部,高度为 20 ~ 50 m 不等,在蓝天白云、青山绿水的映衬下,大有擎天之势。

象形石或如威武神勇的将军、或如栩栩如生的小恐龙、或如神龟望月、或如巨蟹窥潭,其奇、其形、其情、其趣,令人赞叹不已。

4.2.4 湿地

调查发现湿地两处,一处位于莲花顶,一处位于白马涧,现分别予以论述。

4.2.4.1 莲花顶中山湿地

莲花顶中山湿地位于莲花顶顶部,四周为相对较高的花岗岩山峰,湿地总体呈"S"形,莲花顶中山湿地,长约 425 m,宽 30 m 左右,面积 12 750 m²。湿地内植被类型多样,有蕨类植物、裸子植物、被子植物等共 110 科 435 属。乔木有栎、楸、松、柏等,灌木有白腊条、黄栌、杞柳等,藤类植物有葛条等,草木植物有菅草、茅草、莎草、蕨类、鸡眼草等。

4.2.4.2 白马涧坝前湿地

由于人工修建漫水坝的影响,在坝前泥沙得以堆积,再加上长年不断的流水浸润,形成了长 30 ~ 32 m,宽 26 ~ 28 m,外形近梯形的一片湿地,湿地内草木丰茂,种类繁多。

4.2.5 流水地貌景观

流水的侵蚀作用在花岗岩基岩河床形成一系列的微地貌,保护区内比较典型的有岩槛和壶穴。岩槛处多形成瀑布,如银涟瀑、姊妹瀑等;壶穴形状各异,多形成水潭,在白马涧局部地段,壶穴集中发育,外形有的似马蹄、有的像石锅,规模大小不一,一般直径为0.5~1 m,深0.3~1.2 m,大的直径大于2 m,深10 m以上。

4.2.6 崩塌遗迹

崩塌遗迹也可以形成具有一定观赏价值的地质景观,如崩塌堆积形成的"天生桥"和"仙桃石"两种类型。被称为玄武门的"天生桥",由3块巨大的崩塌岩块叠置组成,内部空间高2 m左右,可容人自由穿梭其间;"仙桃石"前身是一长26 m、宽22 m巨型崩塌岩块。

5 地质遗迹评价

5.1 自然属性评价

5.1.1 典型性

神灵寨地质公园地质遗迹众多,遗迹类型多样,内容丰富多彩,系统完整性好,尤其是园区内的石瀑、中山湿地等地质遗迹在省内乃至全国都具有典型的对比意义。

5.1.2 稀有性

公园有以下几个特点:①与汝阳、嵩县一带的太山庙岩体及栾川一带的合峪岩体相比,园区内花岗岩峰丛、石瀑等地貌景观非常独特,是华北地块南缘最具科研和欣赏价值的花岗岩地貌景观;②白马涧壶穴的发育规模和密集程度在豫西是独一无二的;③莲花顶发育的中山湿地在北方罕见。

5.1.3 自然性

公园位于熊耳山中、低区,人烟稀少,工矿企业少,地质遗迹都保持着原始的自然状态,几乎没有受到人类任何破坏活动的影响。

5.1.4 系统性和完整性

公园内花岗岩地貌地质遗迹主要有花岗岩峰丛、石瀑、湿地、陡崖等,各类地质遗迹的形成过程和表观现象保持得都很系统、很完整。

5.1.5 优美性

公园内花岗岩峰丛高峻挺拔,石瀑优美壮观,奇石、象形石惟妙惟肖,陡崖雄伟险峻,而且还有北方罕见的中山湿地和多姿多彩的流水地貌景观,具有很高的美学价值和观赏性。

5.2 经济和社会价值评价

5.2.1 经济价值评价

对地质遗迹保护是保护自然资源的重要内容之一,保护区内的石瀑、峰丛等花岗岩地貌地质遗迹是珍贵的且不可再生的自然遗产,是一种比能源和矿产等更为珍贵和重要的自然资源,是开展地学科学旅游和生态旅游的良好资源,对其进行有效地保护具有巨大的潜在经济效益。

5.2.2 社会价值评价

(1)科普知识宣传教育的重要资源。保护区内的地质遗迹类型多样、优美壮观,不仅是良好的旅游资源,更是科学知识宣传的重要资源,对其进行有效地保护和开发,将会极大地提高公众的知识文化水平、科学素养,并有力地促进社会文明与进步。

(2)促进生态环境保护。随着地质遗迹保护工作的深入开展,将使广大干部和公众认识到地质遗迹资源的珍贵性和不可再生性,从而提高他们保护自然资源和生态环境的自觉性,更加激发他们建设美好家园的主动性,推动精神物质文明的建设。

地质遗迹保护工作在良好保护地质遗迹的同时,将大大限制人为对自然生态环境的破坏和污染,并促进公园及周边生态环境的良性发展,在防治水土流失、涵养水源、调节气候、改善空气质量等方面也将发挥重要作用,使地质遗迹的潜在生态保护价值得以彰显。

5.3 科学价值

园区内花岗岩体在长期的内外地质应力的综合作用下,形成石瀑、峰丛等种类繁多、雄伟秀丽的花岗岩地貌景观,尤其是花岗岩石瀑,在国内具有典型的对比性,具有较高的科学价值。

花岗岩石瀑在河南省西峡伏牛山国家地质公园也有少量发育,与其相比,神灵寨地质公园的石瀑有以下几个特点:①数量多,且分布集中,便于进行科学研究和考察;②类型多样,按石瀑发育的集中程度可分为单体石瀑和石瀑群,按成因类型可以分为原生节理型石瀑和剥落穹隆性石瀑,按规模可以分为特大型石瀑、大型石瀑、中型石瀑和小型石瀑;③石瀑多数规模宏大,瀑面外形奇特,欣赏价值较高;④其形成与花岗岩的岩性、节理的发育程度、流水的面状侵蚀及生物的风化作用息息相关,成因上独特,具有较高的科研价值。

6 结语

洛宁神灵寨地质公园地质遗迹发育,遗迹类型多样,内容丰富,分布集中,成因类型独特,是河南省花岗岩地貌地质遗迹的典范,乃至在全国都具有典型的对比意义。地质遗迹的典型性、稀有性、自然属性、系统性、完整性、可保护属性具有很高的科学研究价值。地质公园以优美的地质遗迹景观为主题,结合良好的自然生态景观、多文化的人文景观一起组成立体多层次旅游环境,是观光旅游、休闲度假的理想场所。

南水北调中线丹江口水源区（河南省域）矿山地质环境评价

吕志涛[1]　王军领[1]　郭公哲[2]　周文波[1]

(1. 河南省地质调查院驻马店水环分院　驻马店　463000
2. 河南省地质环境监测院　郑州　450016)

摘　要：河南省部分的丹江口水库水源区矿产资源丰富、矿山集中分布和小规模露天民采及无序开采的特征，决定了水源区矿山地质环境恶劣的现状，并由此而产生一系列的矿山环境地质问题。主要表现为土地资源、地貌景观、水资源等的毁损，地质灾害频繁发生，水土污染等。所以，须查明因矿山开采所产生的主要环境地质问题和危害，实施矿山地质环境科学监督管理，保障丹江口库区水质和南水北调中线工程引水水质的安全。

关键词：南水北调工程　水质安全　矿山地质环境　污染

南水北调工程是为缓解京、津及华北地区日益严重的水资源短缺，实施水资源优化配置，改善北方地区的生态系统，保障经济社会可持续发展的重大战略性基础设施。丹江口水库为南水北调中线工程引水水源区，引水口位于河南省淅川县九重镇陶岔，河南省部分的丹江口水库水源区的矿山地质环境质量将直接影响库区和引水水质的安全。

1　矿山主要环境地质问题

水源区矿产资源丰富、矿山集中分布和小规模露天民采及无序开采的特征，决定了水源区矿山地质环境恶劣的现状，由此而产生一系列的矿山环境地质问题。并且随着地表矿产资源量的锐减、矿产资源开采深度的逐步加大和开采条件的日趋复杂，矿产开采所诱发环境地质问题的危害程度将进一步加剧。

1.1　资源毁损

1.1.1　土地资源毁损

采矿占用和破坏土地，包括采矿活动所占用的土地（如厂房、堆矿场）、露天采矿场、为采矿服务的交通设施、采矿生产过程中堆放的大量固体废弃物所占用的土地。主要分布于重点工作区，总面积为681.12 hm²，造成土地资源的大量毁损。

1.1.2　地貌景观毁损

采矿对西峡县境的G311、G331旅游线路段有一定的影响。尤其是露天采矿破坏地貌景观非常严重，毁坏了植被和生态环境。在交通干线两侧的可视范围内可以看到采矿留下的痕迹，而且还有持续增加的趋势，影响了整个地区环境的完整性，生态环境遭到破坏，造成大面积地貌景观毁损，破坏了生态旅游资源。如淅川县城—毛堂—西簧一带为钒矿采矿密集地，分布采矿点几十家。由于钒矿呈脉状分布，出露较浅，采矿形式为露天开采。采坑沿矿脉分布，呈现为宽6~10 m，深5~8 m，断续延伸近50 km。开矿弃渣就地堆积于山坡,随处可见,对山体植被及土地破坏较为严重,并为水土流失提供了基本条件。

1.1.3　水资源毁损

因矿山地质和水文地质条件很复杂,采矿时对地下水必须进行疏干排水,尤其是分布于荆紫关—毛堂—淅川一带的金属和非金属矿山,矿体临近强富水性的碳酸盐岩类含水岩组,甚至要深降强排。由于矿山排水疏干了附近的地表水,浅层地下水长期得不到补充恢复,破坏了区域水均衡系统,造成地区性缺水。

1.2　地质灾害频繁发生

露天矿山在开采过程中,经常发生边坡失稳、滑坡、崩塌和地面裂缝、地面塌陷及泥石流等灾害。矿山排出的大量矿渣及尾矿的堆放,除了占用大量土地、严重污染水土资源及大气外,还经常发生塌方、滑坡、泥石流。尤其是一些乡镇集体和个人采矿场,在河床、公路两侧开山采矿,乱采滥挖,乱堆乱放,一遇暴雨造成水土流失,崩塌、滑坡、泥石流等地质灾害频繁发生,把其尾矿、矸石等冲入河道,造成河道淤塞、洪水排泄不畅,甚至冲毁公路而中断交通,给国民经济造成严重损失。

如2005年7月17日,西峡县受到强降水影响,在米坪镇羊沟和子母沟同时发生了泥石流,在当日的12:00~15:00降水量达116~200 mm。米坪镇的9个行政村受到严重危害,具体为冲毁公路58.10 km、乡村路106.00 km、耕地200.25 hm^2,死亡4人,失踪3人,382户房屋受损,倒塌房屋1 726间,冲毁三轮车26辆、摩托车47辆,"四线"设施全部被毁,直接经济损失约6 200万元。另外,太平镇3个行政村也受到严重危害,冲毁乡村路90.00 km,276户房屋受损,"四线"设施被毁,直接经济损失约1 900万元。

1.3　水土污染

随着矿山的开发,矿区排放了大量的废水,主要来自矿山建设和生产过程中的矿坑排水,洗矿过程中加入有机和无机药剂而形成的尾矿水,露天矿、排矿堆、尾矿及矸石堆受雨水淋滤、渗透溶解矿物中可溶成分的废水。采矿污染和大量工业及生活废、污水的直接排入,已造成老灌河西峡县城以下河段水质严重污染,据采样分析,河段水质为超Ⅴ类水,直接影响调水的水质安全。

1.3.1　采矿对水质影响

根据地下水质取样剖面老灌河西峡段三组样分析结果可知,上游至下游多数项目含量有递减趋势,如Ca^{2+}、Mg^{2+}、Cl^-、SO_4^{2-}、总硬度、Cr^{6+}、氰化物($\mu g/L$);部分项目含量为县城近处含量偏高,如固形物;部分项目含量有递增,如pH、I($\mu g/L$);地下水化学类型有由复杂到简单的趋势,为$HCO_3 \cdot SO_4$—$Ca \cdot Mg \rightarrow HCO_3$—$Ca \cdot Na \rightarrow HCO_3$—$Ca$。

1.3.2　采矿对土质影响

针对钒矿采矿分布较密集的毛堂—西簧一带地区,为了解钒矿对土壤的影响,布设了两条土质取样剖面,分别为黄山沟A－B剖面和西簧C－D剖面。各剖面取深层样3组,浅层样6组,其18组样品。根据分析报告得出采矿点处钒(Ⅴ)含量的规律为浅层低于深层,远离采矿点其含量有递减趋势。

2　矿业开发占用及破坏土地资源

工作区因矿业开发引起的土地破坏点多面广,程度各不相同,情况十分复杂。据对工作区17个大中型企业占用破坏土地情况实地核查,采矿场占地362.85 hm²,固体废料场为245.29 hm²,尾矿库为64.80 hm²,地面塌陷8.18 hm²,各矿山企业占用、改变破坏土地数总量为681.12 hm²,其所占比例分别为:采矿场占53.27%、固体废料场占36.01%、尾矿库占9.51%、地面塌陷占1.20%。

按企业规模划分,矿山占用、改变及破坏土地数量,大型企业为22.00 hm²、中型企业为147.51 hm²、小型企业为511.61 hm²,中、小型企业占破坏土地面积较大。其中,大型矿山企业占用、改变及破坏土地数量占3.23%;中型矿山企业占用、改变及破坏土地数量占21.66%;小型矿山企业占用、改变及破坏土地数量占75.11%。按矿种划分,大理岩、灰岩矿占用、破坏土地程度较严重,铁矿、钒矿、金矿次之。

3　废水对环境影响

矿山废水含矿坑水、选矿废水、堆浸废水、洗煤水。工作区矿坑水年产出量151.43万t,年排放量111.11万t。

排放废水的矿山种类主要为金矿、石墨矿、铁矿、钒矿、大理岩矿、煤矿等。由于煤矿规模较小,主要为矿坑排水;大理岩开采形式为岩脉露天开采,部分较深地段有少量矿坑排水;工作区排放废水量较大的为金属矿。对18个大中型矿山调查与核查情况为:按企业规模划分,中型矿山排放废水45.98万t,小型矿山排放废水65.13万t;按矿山类型划分,排放废水情况为金矿55.58万t、石墨20.40万t、铁矿16.23万t、钒矿9.50万t,其余少量。

本次工作对5家选矿废水进行样品采集,分3种矿类,其分析结果显示6类因子超标,分别为SO_4^{2-}、总氮、氰化物、高锰酸钾指数、COD_{Cr}、Pb。其中,河南庄金矿(W007)排放的选矿废水中氰化物超标倍数最高,为22.7倍。

4　废渣对环境影响

废渣包括尾矿、废石(土)等,其年排放量3 717.16万t,累计积存量5 749.67万t。

目前,采矿活动中排放废渣的矿山主要为石灰岩矿、大理岩矿、金矿、铁矿、钼矿、白云岩矿、镁橄榄石矿、花岗岩矿等。由于煤矿规模较小,其排渣量亦较少。由19个大中型矿山调查与核查情况可知,按企业规模划分,中型矿山年排放废渣57.70万t,小型矿山年排放废渣3 659.46万t;按矿山类型划分,其年排渣量较大的矿山为石灰岩矿3 510.13万t、大理岩矿115.80万t、金矿6.80万t、铁矿26.85万t、钼矿13.00万t、白云岩矿12.83万t、镁橄榄石矿10.00万t、花岗岩矿10.00万t,其余少量。

矿山废渣包括掘进及剥离废石、选矿尾砂、冶炼厂炉渣和粉尘等,主要诱发地质灾害。金属矿山开采和营运过程中必然产生大量的固体废物,包括废石和尾矿两大类。由于堆土(渣、石)场、尾矿库设计不合理,安全措施不到位,或超库容、超龄服役,或遇山洪暴雨等形成崩塌、滑坡,并进一步转化成水石流、泥石流等地质灾害。

5　导致矿山环境地质问题的主要因素

河南省为矿业大省,近50年尤其是20世纪80年代以来,人类强烈的采矿工程活动所引起的环境问题呈现多样化和复杂化的态势,对区域社会经济发展影响是巨大的。分析研究引起矿山地质环境问题的各种因素显得极为重要,从而为合理开发利用矿产资源和保护地质环境提供防治对策和科学依据。

矿山地质环境问题是多种因素综合作用的结果,总体上分自然因素和人为因素。主要为矿山开采活动形成的滑坡、崩塌、泥石流影响因素及矿区水体污染影响因素。

如 2004 年春开始,水源区的淅川县突然"热闹"起来,由于金属钒的价格从以往的 3 万多元一吨猛涨至 36 万元一吨,高额利润驱使一些村民和矿山企业滥采乱挖,土法冶炼,致使植被遭破坏,林木被盗伐,河水与地下水受到污染,鱼虾成片死亡,岸边的树木不断枯萎。据下游的村民反映,受污染的河水,鸡、鸭喝了不生蛋,牛、羊喝了掉牙齿。该县 16 个乡(镇)中,就有 11 个乡(镇)出现非法开采与非法冶炼,村民大部分是在自己的责任田和自留山上开采,没有防护措施,伤亡事故频频发生。虽然政府多次依法治理,但乱采滥挖的态势依然得不到遏制。

6　矿山地质环境综合评估

6.1　评估原则

现状条件下,工作区的矿山地质环境问题主要有崩塌、滑坡、泥石流、开采沉陷、地裂缝、土地占用与破坏、固体废弃物及废水与废液排放等。矿山地质环境综合评估分区是在详细调查矿山地质环境现状、充分研究矿山地质作用与地质环境之间的相互影响及由此产生的地质环境问题的表现形式、形成机制和规律的基础上,突出以矿山地质环境的多少、发育程度、危害程度为主体,兼顾地质环境背景,结合人类工程、经济活动的强度,依据"区内相似、区际相异"的原则进行分区。在所划分的不同的地质环境问题区和亚区内,矿山地质环境的影响程度、区域地质背景以及矿山开采活动的特点应存在明显差异,具有典型的代表性。

根据实际情况,本次矿山地质环境综合评估工作遵循以下原则:

(1)以评估地质环境现状为主,预测为辅。

(2)以矿业活动对周围地质环境的实际影响范围作为评估区范围。

(3)以本次矿山地质环境现状、复核调查获得的实际资料为评估主要依据。

(4)参照《全国矿山地质环境调查技术要求实施细则(试用稿)》要求,合理选取评估指标及其权重。

6.2　评估方法

评估方法采用综合评分法。评估要素选取矿山资源毁损、地质灾害、环境污染三项,共 14 子项,各要素按影响程度不同,分为三~四级,进行量化取值,并确定其权重大小,计算综合评估分值,按综合分值划分矿山地质环境质量等级。

6.2.1　评价因子的选取与赋值

6.2.1.1　评价因子的选取

在充分调查和研究工作区地质环境背景和主要地质环境问题及矿山开采活动特点的基础上,选取矿山资源毁损、地质灾害、环境污染三项,共 14 子项。

6.2.1.2 评价因子各组成要素的量化

在所选取的 14 个评价因子中,部分评价因子的组成要素是定性的,为了对评价因子赋值时能够尽量定量化,需根据相关标准对这些定性要素进行量化转变,特殊部位通过加减分值予以调整。

6.2.1.3 评价因子的赋值方法

依据矿山地质环境问题现状,工作区的资源毁损中土地占压破坏、植被资源破坏,地质灾害中的泥石流、水土流失,环境污染中的水污染、土地污染等地质环境问题因素较为突出,其余因素影响较小。对地质环境问题因素有调查数量记录的评价因子,进行赋值时采用定量方法,其余进行评价因子赋值时采用定性的方法。

资源毁损:矿产资源浪费是以矿山的规模、矿类开采利用程度及生产现状等因素,划分不同等级所得,其权重一般(3%);土地占压破坏、植被资源破坏与水资源破坏是以"矿山地质环境调查"中的实测数量为准,划分不同等级所得,土地占压破坏和植被资源破坏权重较大(各15%),水资源破坏权重较小(1%);景观破坏是以"矿山地质环境调查"中的描述程度为准,划分不同等级所得,其权重较小(1%)。

地质灾害:崩塌、滑坡及泥石流是以"矿山地质环境调查"中的实测发育数量为准,并参考地形、地貌类型及地质构造的复杂程度,划分不同等级所得,崩塌和滑坡其权重较小(各1%),泥石流权重较大(10%);地面塌陷及地裂缝是以"矿山地质环境调查"中的实测发育数量为准,并参照矿山类型及其开采方式为准,划分不同等级所得,其权重较小(各1%);水土流失是参照土地占压破坏、植被资源破坏两项的"矿山地质环境调查"中的实测数量为准,划分不同等级所得,其权重较大(15%)。

环境污染:水污染是以地下水质量评价类型,并参照"矿山地质环境调查"中的描述程度为准,划分不同等级所得,其权重最大(20%);土地污染是以土壤质量评价类型,并参照"矿山地质环境调查"中的描述程度及矿种类型的特性为准,划分不同等级所得,其权重较大(15%);环境病是以"矿山地质环境调查"中的描述程度及矿种类型的特性为准,划分不同等级所得,其权重较小(1%)。

6.3 确定评估矿山各评估要素分值

以实际矿山及其地质环境影响范围为评价单元,全区共分为 190 个评价单元。对各评价单元,依据评估要素的现状特征,根据赋值原则赋值。确定评估矿山各评估要素分值 F_i 见表1。

表1 矿山地质环境综合评估单要素分值

要素		等级			权值 a_i
		一级	二级	三级	
资源毁损	矿产资源浪费	其他中小型矿,以建材矿为主	中、小型金矿、石棉矿,中型玉石	大型水泥灰岩,中型辉锑矿,小型钒矿	0.03
	土地占压破坏	<1(hm²)	1~10(hm²)	>10(hm²)	0.15
	植被资源破坏	<1(hm²)	1~10(hm²)	>10(hm²)	0.15
	水资源破坏	<1(万t)	1~10(万t)	>10(万t)	0.01
	景观破坏	一般	较大	很大	0.01

续表1

要素		等级			权值 a_i
		一级	二级	三级	
地质灾害	崩塌	地貌类型单一,地形简单,较平缓,有利于自然排水,地质构造简单,构造破碎带不发育,人类工程活动较小	地貌类型较复杂,地形起伏变化不大,相对高差不大,自然排水条件一般,地质构造较复杂,构造破碎带较发育,人类工程活动中等	地貌类型复杂,地形起伏变化大,相对高差大,不利于自然排水,地质构造复杂,构造破碎带发育,人类工程活动较大	0.01
	滑坡				0.01
	泥石流				0.1
	地面塌陷	建材矿面状开采	建材矿脉状开采	金属矿井下开采	0.01
	地裂缝	一般	较大	很大	0.01
	水土流失	<1(hm²)	1~10(hm²)	>10(hm²)	0.15
环境污染	水污染	Ⅰ、Ⅱ、Ⅲ类水	Ⅳ类水	Ⅴ类水	0.2
	土地污染	建材矿	钼矿、石墨矿	金矿、钒矿、辉锑矿、石棉矿	0.15
	环境病	建材矿	其他非金属矿	金矿、钒矿	0.01
分值 F_i		1	2	3	

6.4　评估矿山的综合评估分值

根据各评估要素权值(见表1)计算评估矿山的综合分值 F,计算公式为:

$$F = \sum_{i=1}^{n} F_i \cdot a_i \tag{1}$$

式中　F——矿山地质环境综合评估分值;

F_i——矿山地质环境综合评估单要素分值;

a_i——矿山地质环境综合评估单要素权值;

n——地质环境综合评估要素数,为14。

6.5　评估分区标准

按表2确定矿山地质环境综合评估分区等级。

表2　矿山地质环境综合评估分区标准

评估分区级别	一般	较严重	严重
分值 F	<1	1~2	>2

7　矿山地质环境综合分区评述

在评价单元分级的基础上,将工作区矿山地质环境问题发育程度评价分为三类:严重区、较严重区和一般区,占工作区面积比分别为6.02%、51.53%和36.70%。另外,水域占5.74%。其矿山地质环境综合评估分区见表3。

表3 矿山地质环境综合评估分区

编号	区名	区域位置
I	矿山地质环境问题严重区	
I₁	五里川辉锑矿矿山地质环境问题严重区	卢氏县五里川乡古墓窑辉锑矿区
I₂	羊沟—子母沟泥石流灾害矿山地质环境问题严重区	西峡县米坪镇羊沟—子母沟
I₃	太平乡矿山地质环境问题严重区	西峡县太平乡 G311 道路两侧
I₄	河南庄金矿矿山地质环境问题严重区	西峡县双龙镇
I₅	柳林沟钒矿矿山地质环境问题严重区	淅川县荆关镇
I₆	淅川钒矿矿山地质环境问题严重区	淅川县毛堂—西簧—瓦房店一带
II	矿山地质环境问题较严重区	
II₁	西峡中、低山矿山地质环境问题较严重区	老灌河以北、丁河以南及大石桥以北地区
II₂	仓房石膏矿矿山地质环境问题较严重区	淅川县仓房镇
III	矿山地质环境问题一般区	
III₁	西峡低山少量矿山分布矿山地质环境问题一般区	老灌河以南、丁河以北地区
III₂	丹江口水库周围矿山零星分布矿山地质环境问题一般区	工作区南部地区

8 结语

综上所述,查明因矿山开采所产生的环境地质问题和危害,及其对区域地质环境的影响,为合理开发矿产资源、保护矿山地质环境、矿山环境整治、矿山生态恢复与重建、实施矿山地质环境监督管理提供基础资料和科学依据,这样才能保障丹江口库区水质和南水北调中线工程引水水质的安全。

方城县独树镇马庄萤石矿塌陷机理与防治措施

李进莲　　王朝平

（河南省地矿局第一地质勘查院　南阳　473056）

摘　要：马庄萤石矿位于河南省方城县独树镇,矿区地质环境条件复杂。主要采用竖井开拓,矿区内地面塌陷和地裂缝较发育。塌陷坑直径 20～50 m,深度 5～20 m;裂缝宽 0.02～0.2 m。矿区地面塌陷形成机制主要受地质条件、开采条件和其他因素的影响。结合地面塌陷实际情况,提出了综合防治措施,为丘陵区相同类型的矿区地面塌陷防治提供借鉴。

关键词：马庄萤石矿　地面塌陷　机理　防治措施

1　前言

马庄萤石矿位于河南省方城县城东北约 13 km 处。萤石矿体赋存于矿变构造带中,沿走向长约 600 m,似层状产出,厚 1.67～4.57 m,矿体倾向南西,倾角约 40°。

目前,矿区范围内至少有 7 家在此采过矿,施工竖井 8 条,井深 15～70 m,145～200 m 标高段大部分矿石已采空,开采状况比较复杂。井下有多条巷道,且连在一起,形成大面积的采空区,矿区范围内地面塌陷、地裂缝比较发育,已危及到新建矿山的建设和矿区附近 3 个自然村居民的安全。因此,文中在探讨矿区地面塌陷机理基础上,提出针对地面塌陷应采取的防治措施,对矿山建设和周边居民的安全具有重要意义。

2　地质环境条件

2.1　自然地理

矿区所在地,年平均气温为 11.9～14.5 ℃,年均降雨量为 803.9 mm,最大日降雨量为 103.4 mm,年际和年内降雨量不均,大多集中在 6 月下旬至 9 月中旬;矿区周边水体比较发育,地表形成的采坑及小竖井内均有积水,郭庄水库紧邻矿区,对矿区有一定影响;矿区位于近南北向展布的丘陵上,区内北高南低,自然坡度小于 10°,地面标高为 190～213 m,相对高差 23 m,地势较平坦。

2.2　地层岩性

矿区出露主要地层为中元古界洛峪群崔庄组及第四系。中元古界洛峪群崔庄组主要出露于矿区中部和北部,大部分被第四系地层覆盖,其岩性为大理岩、白云质大理岩、长石绢云石英片岩、含砾绢云石英片岩、石英岩、炭质绢云片岩,岩层总体呈北西—南东走向,倾向南西,倾角为 35°～45°。第四系残坡积物及冲洪积层,主要岩性为土黄色及褐黄色亚砂土、亚黏土,含碎石少量,底部为砂砾石层,厚为 0～10 m。

绢云母正长岩出露于矿区南部,块状构造,具强烈的绢云母化、钠长石化,发育三组节理。

2.3　地质构造及地震

矿区内发育两条小规模断裂,断裂走向呈北西—南东和北东—南西方向。北西—南东向断裂与地层走向一致,倾向倾角变化较大,一般倾向北东,倾角为 20°~65°,断层两侧有明显的破碎带,局部控制了矿区内萤石矿体。北东—南西向断裂为斜切岩层,倾向倾角变化较大,一般倾向北西或南西,倾角为 37°~65°,断裂带内有断层角砾岩、擦痕。两断裂中均充填有萤石矿体。

该区地震基本烈度为Ⅵ度。

2.4 水文地质条件

第四系孔隙含水层:该含水层广泛分布于矿区,厚度为 0~15.00 m。含水层岩性由亚砂土、砂质黏土与卵石层组成。水位埋深季节性变化明显,是地下水补给来源。

裂隙含水层:该含水层广泛分布于矿区,按岩性和含水性可分为大理岩为主的裂隙含水层、绢云片岩裂隙含水层及正长岩体裂隙含水层。大理岩裂隙含水层岩性为白云质大理岩,呈透镜体状及似层状产于绢云石英片岩中,富水和导水性较差;绢云片岩裂隙含水层主要岩性为绢云母石英片岩,富水和导水性较差;正长岩体裂隙水富水性极差,但导水性好,是构成地下水的良好通道。

矿床充水因素:

(1)各含水层(组)对矿床充水的影响。裂隙含水层,因其富水性弱,随季节性变化大,旱季水量更小,甚至无水,对矿床开采影响不大。第四系浅层地下水富水性较好,是矿坑内涌水的主要来源。

(2)地表水体对采矿的影响。郭林水库紧邻矿区,岩体节理裂隙发育,矿脉沿断裂分布,水库的水很容易沿裂隙、节理、断裂涌入坑道;地表采坑积水,有沿破碎带入渗的可能。

2.5 岩土工程地质条件

矿带位于白云质大理岩软弱带内,局部较破碎,其岩性多为蚀变大理岩,少量的绢云母化正长岩,较坚硬,完整性、稳定性一般。

矿体顶、底板主要岩性为大理岩、白云质大理岩、正长岩,致密坚硬,裂隙发育,局部较破碎,整体工程稳定性好,但坚硬岩层间所加片岩为较弱层,易风化,遇水变软,稳定性差,由于软硬岩层的相间产出,对矿层开采影响较大。

3 采矿方法与地面塌陷现状

3.1 采矿方法

矿山开采采用竖井开拓方式,开采段高 19~27 m,开采标高 174~201 m,矿房走向长度 36~50 m,底柱垂高 5 m,间柱宽度 8 m,联络向垂直间距 5 m,矿房内部根据顶板稳定情况留若干个点柱,矿房开采顺序采用前进式。

3.2 地面塌陷现状

原来的采空区未经妥善处理,地表多处塌陷,且发生叠加,地面塌陷区平面上沿矿化构造带星点状继续分布,单个塌陷形状为多圆或椭圆,直径一般为 20~50 m,最大可达 60 m。多成漏斗状,塌坑深 5~20 m 不等,塌陷坑周边伴生有环状地裂缝,近坑处地裂缝较宽、深且密集,远离陷坑变窄稀疏,一般地裂缝分布在陷坑边缘 3 m 以内,宽在 0.02~0.2 m 之间。

4　地面塌陷成因机制

4.1　矿区地质条件

　　矿柱岩性为大理岩、石英岩、正长岩、片岩及萤石矿体岩,岩性不均匀。大理岩、石英岩、正长岩和萤石矿体岩是坚硬岩体,承载力高,但局部破碎。片岩属软弱层,易风化,遇水变软,承载力低。由于设计矿柱时,是按均布荷载计算矿柱应力的,实际上每个矿柱所受承载力并不均匀,通常中间部位的矿柱承载力大,容易遭破坏。另一方面,虽然矿柱整体稳定性好,但存在软弱岩层和破碎带,整个坑道中,每个矿柱的实际强度不相同,位于软弱破碎带中的矿柱,由于承载力低先遭破坏,这样被破坏的矿柱所承担的荷载就转移的相邻的矿柱上,使它们也遭破坏,其结果必然导致大范围采空区顶板冒落,引起地面沉陷。

4.2　外界条件

　　开矿震动,使矿柱处于反复的瞬时加荷和卸荷状态,降低岩体的强度,使矿柱中的应力超过了它的承载力,矿柱将遭到破坏;地表水渗入坑道,降低片岩强度,降低含片岩矿柱的承载力。

4.3　矿体开采条件

　　矿体为浅部开采,采空区空间较大,采空区冒落带直达地表,在地表形成塌陷坑。

5　防治措施

　　防治措施主要有以下几点:

　　(1)矿房间柱不宜过小,间柱间距不宜过大,采空区面积不宜过大。

　　(2)对原巷道进行充填封闭,原来井巷及采空区就不会对今后采矿造成影响。

　　(3)合理选择凿岩机的爆破系数,降低震动对岩石的影响。

　　(4)对稳定性差的矿柱进行支护,防止矿柱被破坏。

　　(5)设计巷道时,尽量避开老采空区。

　　(6)回采后封闭其出入通道,回采顺序是由内向外的后退式,矿体开采完毕,用废石对采空区进行回填。

　　(7)对地面已形成的塌陷坑进行复耕、绿化,改变矿区生态环境。

中原油田矿区环境调查分析及保护、治理初步研究

孙建波　葛小冬

（濮阳市地质环境监测站　濮阳　457000）

摘　要：认真贯彻落实科学发展观，保护和改善中原油田矿区生态环境和人居生活环境；逐步治理历史遗留的油区环境问题；发展循环经济，最大限度地减少或避免因矿产资源开发引发的环境问题，促进矿区经济可持续发展和社会主义新农村建设，最终达到构建资源节约型、环境友好型的社会主义和谐社会的目的。

关键词：矿区环境　保护　治理　初步研究

1　中原油田濮阳矿区概况

中原油田位于华北平原腹地的河南、山东两省交界处，是中国东部地区重要的石油、天然气生产基地。1975 年开始大规模勘探，1979 年正式投入开发。其地质构造属渤海湾沉降带的一部分，是一个由地质断裂而形成的具有裂谷特点的盆地，地质上称之为东濮凹陷。盆地北起山东莘县，南到河南兰考，呈东北—西南走向，面积约 5 300 km²。主要开发区域东濮凹陷横跨河南、山东两省的 6 地市 12 个县（区）。中原油田基地及五个采油区分布的濮阳市，位于河南省东北部冀鲁豫三省交界处，位居中原，紧靠黄河，是 1983 年建立的省辖市，现辖濮阳县、清丰县、南乐县、范县、台前县、华龙区 6 个县（区）和一个省级高新技术产业开发区，总面积 4 188 km²，约占全省土地面积的 2.57%，其中耕地面积268 890 hm²，总人口 356 万。它犹如一颗镶嵌在豫东北平原上的明珠，以其优美的环境、丰富的资源、独特的发展优势、良好的投资条件，受到世人的瞩目。2004 年全市 GDP 达到319.8 亿元，增长 15.8%；工业增加值 153.9 亿元，增长 20.3%；城镇居民人均可支配收入 7 091 元。

濮阳矿区大地构造属华北地台，处于华北断块南部，位于东濮凹陷之上。东濮凹陷夹在鲁西隆起区、太行山隆起带、秦岭隆起带大构造体系之间。东有兰聊断裂，南接兰考凸起，北接马陵断层，西连内黄隆起。东濮凹陷是一个以结晶变质岩系及其上地台构造层为基底，在新生代地壳水平拉张应力作用下逐渐裂解断陷而成的双断式凹陷，走向北窄南宽，呈琵琶状。该地区地质特征比较明显：①沉积沉降速度快，生油层厚度大，成熟度高；②盐湖沉积多旋回、多物源、多含油层系；③油气藏类型多；④东濮凹陷位于生油两次凹陷之间，油源条件好，长期发育的中央隆起带北部，整带连片含油，油气聚集方便；⑤有油成气、煤成气两种气源，天然气蕴藏量丰富。

濮阳矿区地貌系我国第三阶梯的中后部，属于黄河冲积平原的一部分。地势较为平坦，自西南向东北略有倾斜，地面海拔一般在 48 ~ 58 m 之间。主要矿藏是石油、天然气、煤炭，另外还有盐、铁、铝等。石油、天然气储量较为丰富，且油气质量好，经济价值高。本

区最大储油厚度为 1 900 m,平均厚度 1 100 m,生油岩体积为 3 892 km³。据其生油岩成熟状况、排烃及储盖条件,经多种测算方法估算,本区石油远景总资源量达十多亿吨,天然气远景资源量 2 000 亿~3 000 亿 m³。本区石炭至二叠系煤系地层分布面积为 5 018.3 km²,煤储量 800 多亿 t,铁、铝土矿因埋藏较深,其藏量尚未探明。目前,濮阳矿区存在的主要环境问题有水土环境异常和水土污染等。

中原油田是我国第四大油田,截至 2004 年底,中原油田已累计探明石油地质储量 5.71 亿 t、天然气地质储量 1 333.78 亿 m³,累计生产原油 1.11 亿 t、天然气 338.52 亿 m³。原油产量 1988 年最高达到 722 万 t,2004 年降至 335 万 t。天然气产量逐年增加,2004 年工业产气量为 17.51 亿 m³。中原油田在东濮凹陷建成了文留、濮城、胡状集等 3 个油气田,目前年产原油 400 万 t、天然气 12 亿 m³。形成了一个融油气勘探开发、炼油化工以及机械制造、维修为一体的油气生产和石油化工基地。

2　中原油田水土污染情况

中原油田自 1980 年开发以来,已钻油井 2 944 口、水井 1 754 口,建成了 7 个采油场和 10 余座污水处理站,年产原油达 410 万 t,在取得很大经济效益的同时,其钻井岩屑、落地原油和油气井产出污水等造成了严重的土壤、地下水和周围环境污染。据统计,因中原油田各采油场的污染而弃耕的土地达 1 747 hm²。而河南人均耕地面积仅为 0.088 4 hm²,不到世界人均水平的一半,比全国人均水平还少 0.017 3 hm²。在土地资源如此紧张的情况下,治理和修复中原油田的污染成为一项迫切的任务。

由于采油过程中的原油泄漏、输油管道破裂及当地居民土法炼油等,使原油大量洒落地面,造成土壤污染,并由于降水、灌溉水的下渗,携带其中的有害物质进入地下水,进一步造成了地下水污染。此外,少数地区还存在由于油井注水泄漏而污染地下水的情况。

2.1　钻井施工引起的环境问题及危害

钻井施工是油田勘探开发的重要手段,在钻井过程中会产生钻井污水、废弃钻井液(废弃泥浆)、钻屑、烟气和噪声等污染。其中,钻井污水和废弃泥浆是影响生态环境的主要污染因素,需要采取措施进行严格控制。钻井污水和废弃泥浆的主要污染物来自钻井液、钻井注入液、泥浆添加剂。钻井液主要成分是水、膨润土(蒙脱石)和加重材料;钻井注入液、泥浆添加剂是为了适应各种情况下钻井技术的要求而加入的各种化学剂,包括无机处理剂:氯化物、硫酸盐、碱类、碳酸盐、磷酸盐、硅酸盐等,有机处理剂:腐殖酸类、纤维素类、木质素类、丹宁酸类、丙烯酸盐类、沥青类、淀粉类等,还有各种离子型表面活性剂等。

2.2　采油生产引起的环境问题及危害

采油生产包括试油、采油、油气集输、井下作业等。采油过程影响生态环境的主要污染因素是采油污水、作业污水、落地油等。

采油污水主要含有机物、石油类、悬浮物等,矿化度也比较高。

作业污水是在油水井试油、压裂酸化和洗井过程中产生的含油污水,除了含有机物、石油类、矿化物外,还含有一定的酸碱物质。目前,中原油田共有油水井 5 700 多口,随着油田开发地不断深入,作业量较大。

落地原油是指原油集输管线由于人为破坏或自然穿孔而散落在地面的原油。主要包括射孔替喷、试油试采造成的落地原油;井下作业压井替喷和作业跑冒油;抽油杆放置、清洗而散落的原油;生产过程的泄漏和管线腐蚀穿孔造成的落地油。落地原油渗入土壤易造成土地污染,遇到大雨溢流进入水域可能会造成水体污染,破坏生态环境。

2.3 油田生产中的风险、事故引起的环境问题及危害

油田在勘探开发和油气集输等生产过程中,由于各种原因存在一定的风险和隐患,可能会发生一些事故,同时矿区还存在一些不法分子,他们偷放油、破坏井口等,这不仅会造成经济损失,而且会污染环境,造成生态破坏。造成环境污染主要有几个原因:暴雨造成污水池跑水和井场污水外溢;钻井过程中村民取土,造成泥浆外流事故;不法分子偷放油、破坏井口、盗割油田管线而造成污染事故;管线腐蚀穿孔造成油田采出水、回注水外泄污染。

3 保护、治理原则

保护、治理原则有以下几点:

(1)坚持"在保护中开发,在开发中保护"的总原则。

(2)坚持"以防为主,防治结合"的基本原则。

(3)坚持全面规划、合理布局、突出重点、因地制宜的原则。

(4)坚持科学性、前瞻性和实用性相统一的原则。

4 总体目标

建立完善的濮阳市矿区生态环境保护监督管理体系,规范矿业活动,减轻矿业活动对生态环境的负面影响,建设生态矿区。把油井密集区的生态环境作为治理重点,选择影响生态环境较严重和存在环境灾害及隐患的油田区进行重点综合工程治理。到2010年,油田环境综合整治率达到95%,废弃油井恢复治理率达到90%,"三废"治理及综合利用率达到93%;到2015年,油田环境综合整治率达到98%以上,废弃油井恢复治理率达到95%以上,"三废"治理及综合利用率达到95%以上。对生产单位,要明确矿区生态环境保护与治理的责任、目标和任务,实施矿区生态环境治理备用金制度,实现油田开发与环境治理同步。全面改善和提高濮阳市矿区生态环境质量,逐步建成与生态环境建设相协调、经济社会发展相适应的油田矿区生态环境新局面。

5 矿区环境保护措施

矿区环境保护措施有以下几条:

(1)对矿区企业加大环保执法力度,增加监理频次。

(2)根据企业排污申报采取定期检查与不定期突击检查相结合的监理手段,对违章排污行为进行查处。

(3)督促矿区企业,加强自身的环境保护工作力度,提高生产一线职工的环境保护意识,加强内部生产管理,完善制约机制,健全规章制度。

6　矿区环境针对性治理工程部署

各项治理工程要统筹兼顾,合理布局,做到生态效益最大化和环境效益、经济效益、社会效益相统一。

6.1　钻井废弃泥处理工程

针对钻井废弃泥污染,采取中原油田研发适合濮阳实际的钻井废弃泥浆无害化处理技术,其现场施工工艺如下:将废弃泥浆固化施工的材料,按照设计配方混合均匀,运输到固化井场,按比例加入泥浆池内,与钻井废弃物、岩屑等混合,采用挖沟机上下左右搅拌、反复混合均匀。待固化后,用推土机推平,覆土 30 ~ 50 cm。

根据油田"十一五"规划,在"十一五"期间,濮阳市矿区每年实施勘探、开发井平均130 口。油田将继续按照《中原石油勘探局钻井生产环境保护管理规定》的要求,对新钻井产生的废弃泥浆继续进行固化处理,达到复垦条件,恢复农业生产。

6.2　噪声处理工程

噪声也是钻井过程中产生的重要环境问题,主要针对生产作业过程对员工身体健康以及周围群众和周边生态环境较为严重的影响。为改善和恢复生态环境,保护员工身体健康,本着以人为本的理念和构建和谐工作环境的原则,应把项目区噪声问题放到一个突出位置来处理。濮阳矿区将根据实际情况筛选出 12 座泵站进行隔声降噪治理。

6.3　项目区作业井场综合整治工程

中原油田采油区大部分坐落在农田、居民点附近,那些作业频繁、溢流量较大的油水井,很容易对周围农田、沟渠以及居民点附近造成很大程度污染和生态破坏。濮阳矿区为彻底解决作业生产对周围环境污染问题,计划在频繁作业溢流量大的井场修建水泥防渗池,对作业井场进行综合整治。

6.4　污水处理工程

在"十一五"期间投资污水处理工程,使采油前线的生活污水处理得到保证。针对矿区前线社区生活污水处理设施不配套、污水时有超标的情况,濮阳矿区计划投资,在柳屯镇建设一个 1 万 m³ 的生活污水处理厂,解决前线社区生活污水问题。

6.5　土地复垦工程

经过 20 多年的开发,受含水率、产能递减、井况恶化等因素影响,中原油田有部分油水井因失去利用价值而成为地质报废井或工程报废井。由于受到采油污水以及落地原油的影响,部分土地受到不同程度的影响。根据受到污染程度的不同,对不同的区域应当积极、适时地对受污染的土地进行复垦,以利于项目区生态环境的改善和农业生产的顺利进行,确保当地经济的发展和社会的稳定。濮阳市按照河南省土地复垦办法等规定,大力开展土地污染治理复垦工作。

7　预期效益

7.1　社会效益分析

经过综合治理,将改善矿区的生产和环境条件,提高矿区的生产能力。同时,进一步增强当地经济发展的能力,对矿区及其所在区域的社会稳定起到很大作用,为濮阳市新农村的建设奠定一定的基础。

7.2　生态效益分析

对废弃井的治理和矿区废弃泥、污染土地的复垦,矿区河道、滩涂的整治以及田间沟、林、路、渠的配套设施建设等工程措施的实施,会通过改善小环境来进一步改善矿区的作业环境及其附近农田的整体生态环境和人居环境。项目区的土地—社会—经济—生态的可持续发展能力大大提高,综合效益明显。

7.3　经济效益分析

矿区内各项治理措施投入大部分为环境投资,其直接经济效益难以量化,能够直接产生经济效益的是油井原油的产出以及复垦后农田的产出。废弃井治理的年纯经济效益最少在 4 463.79 万 ~ 6 695.68 万元之间。

此外,还没有考虑因耕地面积的增加而导致的农作物总产量的提高而产生的直接经济效益,如考虑则经济效益更为可观。

河南省鲁山县尧山镇泥石流灾害治理的必要性

张　辉[1]　吕志涛[1]　郭公哲[2]

(1. 河南省地矿局第一地质工程院　驻马店　463000
2. 河南省地质环境监测院　郑州　450016)

摘　要: 本文针对河南省鲁山县尧山镇泥石流灾害现状、气象水文、地形地貌、地质背景、泥石流固体物质补给特征、泥石流灾害及发展趋势、泥石流灾害治理的必要性与可行性等方面进行了论述。尧山镇泥石流灾害治理工程属公益性、社会性项目,其价值具有间接性、潜在性和长久性的特点,主要表现在社会减灾、防灾效益和环境效益。通过泥石流灾害治理,可保护311国道的正常运行和尧山镇1.5万人的生命及其财产安全,同时能改善尧山镇的人民安居乐业的环境。开展尧山镇泥石流灾害治理工程是十分必要的。

关键词: 泥石流　灾害　治理　必要性

1　尧山镇概况

尧山镇位于河南省鲁山县西部山区,地处玉皇庙沟和四道河的交汇处,坐落于古泥石流堆积扇及冲洪积二级阶地之上,是鲁山县西部边陲重镇和历史名镇,也是311国道必经之地及前往石人山旅游、疗养、避暑之咽喉。尧山镇现有人口1.5万,玉皇庙沟和四道河呈"人"字型交汇于尧山镇的西北侧,历史上曾经多次暴发泥石流冲入镇中。这两条泥石流沟像一道魔链,时刻威胁着尧山镇的安全,制约着尧山镇的经济发展。

2　气象水文

2.1　气象

尧山镇位于北亚热带及南暖温带的过渡地带,属于大陆性季风气候区,是河南省暴雨中心笼罩地带,降水充沛,多年平均降水量979.8 mm。年际变化大,最大年降水量1 698.8 mm(1964年),最小年降水量556.6 mm(1972年),最大年降水量是最小年降水量的3.05倍;年内降水不均,降水量集中在6~9月,4个月降水量占全年的67.2%,而7、8月降水量则占全年的47.4%。1 h最大降雨强度极值为83.8 mm(1957年7月10日),3 h最大降雨强度极值为189.1 mm(1956年6月21日),12 h最大降雨强度极值为364.2 mm(1982年7月29日)。上述表明,区内暴雨具有强度高、雨量大的特点。

2.2　水文

由于大气降水年际分配不均,年内时空变化大,致使河流流量有年际、年内变化极度不均的特点。以沙河中汤水文站1982年实测资料为例,最大径流量为5 190 m³/s,最小径流量为0.19 m³/s,其倍比为27 316。因而,水文特征具有历时短、来势凶猛、水位陡涨陡落、流量及水位变幅大的特点。

3　地形地貌

四道河及玉皇庙沟流域位于秦岭东段伏牛山区,四道河以南为伏牛山主体,四道河以北为伏牛山分支外方山,沙河河谷夹于其中。总的地势为北、西、南高,向东变低的漏斗状地形。玉皇顶位于伏牛山主脊地带,是两流域的最高峰,海拔高度2 153.1 m;最低点位于尧山镇北东沙河河床中,海拔347 m,相对高差达1 806.1 m。按地貌的差异可分为中山、低山、丘陵和沙河谷地四种地貌形态。

4 地质背景

4.1 地层

中元古界熊耳群:分布于东北部,出露面积仅1.64 km²,占两流域总积的1.16%,岩性为灰绿色斑状安山岩、安山玄武岩等。

新生界第四层:分布于沟谷及河谷中,面积为20.89 km²,占两流域总面积的14.8%,分布上具有面上连续性差、厚度变化大的特点。第四系主要为洪积堆积物,岩性主要为砂砾卵石及漂砾,是现代泥石流固体物质主要补给源之一。

4.2 地质构造

四道河及玉皇庙沟两流域处于中朝准地台和秦岭褶皱系两个一级大地构造单元的衔接部位,由于由各期花岗岩组成,故表现为以断裂构造为主的构造特征。

侵入岩在两流域内的面积分布占总面积的84%,由各类花岗岩组成,形成于晋宁期及燕山晚期,多以岩体形式产出。

晋宁期叶理状花岗岩主要分布于岭根、南地、铁匠炉一线两侧,面积为18.18 km²。燕山期晚期花岗岩在两流域内大面积分布,面积为100.4 km²,岩性为似斑状花岗岩及粗、中、细粒花岗岩。由于组成岩石颗粒大小悬殊,易遭受风化,加之车村—下汤断裂的影响,裂隙密集,最大强风化带厚度可达20 m;崩塌、滑坡、面状侵蚀极为发育,是泥石流固体物质的主要补给来源。

4.3 植被及土壤

两流域内植被覆盖率较高,为88.33%,以天然次生林为主,间有少量人工林。中、低山区以密林为主,植被覆盖率较高,部分低山区及丘陵区以蔬林和柞蚕林为主,植被覆盖率较低。土壤主要为粗骨土、褐土和水稻土。

5 泥石流固体物质补给特征

5.1 固体物质补给方式

中、低山区沟谷两侧斜坡上,崩塌、滑塌体随处可见。大部分崩、滑塌体的坡度相对较大,其下又是深切的沟谷,这样的地貌形态,潜在一种不稳定因素,一旦遇到大的降雨或强暴雨,在自重力及地表水流的冲刷作用下,失去稳定,成为泥石流的固体物质组成。四道河源头岭根南公路内侧600 m³的巨石、块石,是与1982年岭根泥石流同时发生的,它与该次泥石流具有密切的关系。但严格地讲,它在起始时与泥石流有本质的差别,应属重力崩塌的产物。由于崩塌及其块石运动过程中铲刮坡面松散物质,加速泥石流的形成和运动速度。同时,由于泥石流的形成把崩塌体搬运到下游一定距离,与泥石流共同形成混杂堆积物,并未在崩塌处下方形成倒石堆微地貌形态。野外调查发现,崩、滑塌体沿斜坡滚动至坡角时,由于铲刮作用,常在斜坡上形成凹槽状微地貌形态,说明崩塌体不仅直接参与泥石流,而且在运动过程中还激发坡面松散物质参与。

中、低山区斜坡上分布的残坡积物,其下垫面常为坡度较大的完整岩石,降水渗入残坡积物中,至相对隔水基岩,沿接触面之间形成润滑面。残坡积物饱水后,容重增大,在自重力和地表水的冲刷下,或崩塌滚动中的铲刮下,失稳产生滑动。在其滑动过程中不仅冲刷沿途土石、树木,至沟底自身也遭到解体,转化为泥石流("土鳖子"),并补给沟谷泥石流。

第四纪不同时期、不同成因类型的沉积物主要分布在四道河及玉皇庙沟中下游两岸及较大沟谷的两岸。在强大的地表径流不断地冲刷、掏蚀作用下,河床内松散碎屑物被猛烈地掀揭、铲刮并与水体搅拌混合形成泥石流。随着泥石流的运动,沿程越来越多的固体物质被起动、翻滚和运动,成为泥石流固体物质补给源之一。

5.2　固体物质动储量

画眉沟是四道河流域一条规模较大的支沟。1982 年以前曾在此沟内建一库容 13.9 万 m^3 的水库,水库上游流域面积为 6.927 km^2。1982 年发生的泥石流在一夜之间将水库淤平。如果将水库中停积的泥石流固体物质总量加上该次泥石流在水库上游沟道中停积的 30 万 m^3 的固体物质,泥石流停积的固体物质总量为 43.9 万 m^3,单位面积泥石流固体物质动储量为 6.34 万 m^3/km^2。

当然,由于各个沟道流域内泥石流固体物质补给源及其地形地貌的差异,在一次泥石流活动中所形成的固体物质储量也各不相同。但据画眉沟所估算的数值来看,至少说明该区泥石流固体物质动储还是比较丰富的。

6　泥石流灾害及发展趋势

6.1　近代泥石流对古泥石流具有继承性,并有增大规模的趋势

在第四纪早更新世就出现过泥石流的活跃期。碾盘村南堆积了厚 30 余 m 的泥石流堆积物,任家沟、小勺把沟堆积厚度亦达 5 ~ 10 m。中更新世及晚更新世,洪水及泥石流混杂堆积于沟道内和沟道两侧并延续至今。古泥石流堆积物补给现代泥石流物质,现代泥石流对古泥石流又具继承性。

据记载,自 1538 ~ 1934 年的 396 年间共发生泥石流 15 次,平均 26 年一次;而自 1931 ~ 1997 年的 66 年中,尧山镇共发生泥石流 8 次,平均 8 年一次。二者比较可以看出泥石流频率具有明显的增大趋势。

6.2　沟谷相对切割深度大,泥石流处于活跃期

沟谷相对切割深度是衡量沟谷相对稳定的标准之一。相对切割深度越大,则泥石流活动性较活跃。玉皇庙沟主沟相对切割深度为 102.62 m/km,支沟多为 120 ~ 300 m/km。主沟或支沟其相对切割深度值均较大,坡面物质处于不稳定状态,主、支沟泥石流处于活跃期。

6.3　固体物质储备量丰富,再次暴发泥石流具备物源条件

两流域内泥石流后备物质储量达 18 182 万 m^3,仅沟道内就达 1 895 万 m^3。坡面物质多以崩塌、滑坡的形式进入主沟,有的直接转化为泥石流,单位面积最大动储量可达 6.34 万 m^3/km^2。丰富的固体物质为再次暴发泥石流准备了物源条件。

6.4 暴雨频发,雨量和强度大,有助于泥石流的发生

泥石流发生与否的决定因素是降雨总量和降雨强度。该区位于暴雨中心的边缘,暴雨量集中且强度大。根据《河南省中小流域暴雨洪水图集》计算,100 年一遇 24 h 最大降雨强度为 389.9 mm,而 1982 年 7 月 29 日的 24 h 降雨强度就达 411.0 mm,已超过 100 年一遇的雨强。在目前流域内泥石流形成的环境条件未变的情况下,一旦遭遇大或特大暴雨,泥石流的突发性较强。

6.5 泥石流类型

玉皇庙沟及四道河泥石流属于河谷型、降雨型、高容重、低黏性、大规模、高度危险的水砂石流。

7 尧山镇泥石流灾害治理的必要性与可行性

7.1 泥石流活动频繁,灾害损失惨重

据历史记载,自 1931 ~ 1997 年,共发生大型泥石流 8 次,平均每 8 年发生一次。其中,1956 年和 1982 年暴发两次特大型泥石流。1956 年 6 月 21 日暴发特大型泥石流,冲毁耕地 10 000 多亩❶;夷平沙巴店村,全村 80 余人无一幸免;尧山镇也遭严重破坏,冲毁厂房 150 多间,死伤 30 余人。1982 年 7 月 29 ~ 30 日暴发特大型泥石流,冲毁公路、淤塞河道;画眉沟水库淤平;冲毁镇厂房 130 余间,死伤 15 人。

新中国成立后共发生灾害性泥石流 6 次,每次泥石流都给当地居民生命财产造成严重损失,据不完全统计,因泥石流造成人员伤亡 131 人,经济损失超亿元。

7.2 物源丰富,水源充足,将再次暴发大规模泥石流

尧山镇自 1983 年暴发灾害性泥石流以来,已有 22 年没有暴发大规模泥石流。泥石流物源区固体物质储备量达 18 182 万 m³,仅沟道内就达 1 895 万 m³,坡面物质多以崩塌、滑坡的形成进入主沟,有的直接转化为泥石流。丰富的固体物质为再次暴发泥石流准备了充足的物源条件。流域内处于暴雨多发区,历史最大 24 h 降雨量达 411.00 mm,已远远大于泥石流形成的临界雨量。加上有利的地形条件,再次暴发大规模泥石流将成为可能。所以,一旦暴发泥石流将是一次规模大、危害大、损失惨重的灾害性泥石流。

7.3 泥石流治理工程的实施迫在眉睫

尧山镇泥石流灾害早在新中国成立以前就受到人们的重视,也采取了一些治理措施。由于对泥石流灾害的认识不足,实施了一些"护寨墙"之类的工程,但总是被一次次的冲毁,而且还加重了灾害。新中国成立后进行的治理也是从小流域水土流失治理角度出发,对防御洪水和防止水土流失效果较明显,对泥石流的防治则是无济于事。有一些零碎的治理工程,因修建时间太久,设计标准低,大部分已报废失去作用。要有效地防治尧山镇泥石流,尽量减轻灾害、降低损失,必须实施系统治理工程。1998 年完成的《河南省鲁山县尧山镇泥石流灾害防治前期勘查报告》为泥石流治理方案的制订和工程设计提供了依据,使泥石流治理工程的实施成为可能。因此,应尽快实施尧山镇泥石流治理工程,以避免历史悲剧的重演。

---

❶ 注:1 hm² = 15 亩,全书后面不再一一标注。

综上所述,开展尧山镇泥石流灾害治理工程是十分必要的,流域综合治理技术可行可靠,具可操作性。

8　结语

尧山镇泥石流灾害治理工程属公益性、社会性项目,其价值具有间接性、潜在性和长久性的特点,主要表现在社会减灾、防灾效益和环境效益。

通过泥石流灾害治理,可保护311国道的正常运行和尧山镇1.5万人的生命及其财产安全、耕地的安全,防灾减灾效益显著。

通过泥石流灾害治理,可改善尧山镇环境。经过治理的河岸,将成为尧山镇一景,改善人民安居乐业的环境。

开展尧山镇泥石流灾害治理工程是十分必要的,流域综合治理技术可行可靠,具可操作性。

注浆工艺在禹登高速路下伏采空区中的应用

张子恒　谢　林

（河南省地矿局第一地质工程院　驻马店　463000）

摘　要：禹登高速公路 K77 + 270 ~ K77 + 600 段，由于下伏采空区影响，地表裂缝、陷坑多有分布，地质情况复杂。依据设计，采用钻孔注浆方式，将治理范围内的塌陷破碎带、裂隙带充填、固结、挤密，确保路床稳定。注浆浆液以水泥粉煤灰浆液为主，通过水固比、结实率与注浆参数的确定，以及实际充填率和钻探取心、波速测井、静水位观测、压浆等的验证，为高速公路的实施提供可靠、稳定的基础。

关键词：禹登高速路　铝土矿采空区　钻孔　注浆参数　单孔注浆量　钻孔取心　压水试验波速测井

1　工程概述

1.1　气象、水文

本区地处暖温带大陆性季风气候区，湿润 ~ 半湿润，四季分明，一般特点是冬季寒冷雨雪少，春季干旱风沙多，夏季炎热雨水多，秋季晴和日照足，年平均降水为 579 ~ 719 mm，多集中在 7 月和 8 月。

本区属淮河流域颍河水系，区内无常年河流，水流以季节性溪流为主，雨后即干。

1.2　工程地质概况

禹登高速公路 K77 + 270 ~ K77 + 600 采空区治理段，定名为刘碑—垌头铝土矿采空区，位于登封市大冶镇境内，区内冲沟发育，地势相对平坦，交通便利。采空区地处华北地层区嵩箕小区，地层岩性由寒武系石灰岩、石炭系砂岩、铝土质泥岩及铝土矿层（或采空区）组成。区内地表裂缝、塌陷坑多有分布。根据区域地质资料和钻孔揭露，自老到新地层为寒武系、奥陶系中统马家沟组、石炭系上统本溪组和太原组、二叠系山西组与第四系。

1.3　采空区分布特征

区内铝土矿经过多年开采，已形成大面积采空区，在重力及外应力作用下，其上覆岩土层产生塌陷冒落，自下而上形成铝土矿采空塌陷破碎带、裂隙带，导致地表发生变形，产生裂缝，引起地面沉陷，对拟建公路埋下了较大的隐患。在公路沿线范围内分布的已封闭矿坑口和小型铝土矿等采空区十多个，基本属无序开采形成。

该铝土矿采空区主要为群井开采平巷相互贯通，部分放顶塌陷而呈坑穴状存在，沉陷完成程度较低。其上覆第四系松散物为亚黏土层、碎石土层，占上覆岩层总厚度的 30% ~ 60%，对建筑物的安全、稳定性影响较大。

2　注浆原则及参数选择

2.1　注浆方案选择

根据该区地质情况，铝土矿层采深与采厚之比小于 30，会对地表沉降和变形影响较大，易产生差异性沉降，形成沉降盆。其后期的残余沉降也将会造成高速公路的路基和路面产生裂缝、裂隙及不均匀沉降,影响公路工程的质量和安全使用。因此,在进行路基填筑前必须对铝土矿采空区采取处理。主要处理方案是,通过注浆方式将治理范围内的采空塌陷破碎带、裂隙带充填、固结、挤密,保证路基的稳定性和承载力满足设计要求。

2.2 注浆材料及注浆参数的选择

2.2.1 注浆材料的选择

本工程施工所用主要材料为普通硅酸盐水泥、粉煤灰(粉煤灰中 SiO_2、Al_2O_3 和 Fe_2O_3 的总含量大于70%,烧失量不超过12%)、水、速凝剂。

2.2.2 注浆参数的选择

(1)钻孔结构选择。采用 $\phi130$ mm 钻头开钻,钻至完整基岩5 m后,下入 $\phi127$ mm 护壁管,或跟管钻进,然后变径 $\phi91$ mm,采用 $\phi91$ mm 钻头钻进,钻至采空区中的塌陷破碎带或铝土矿采空区底板以下1.5 m终孔。

(2)注浆孔布置。选K77+300(坐标原点)与K77+500路中心百米点的连接为 X 轴,其垂直方向为 Y 轴的相对坐标系。X 轴上布一排,两侧各布8排注浆孔(沿线路前行方向最左侧一排为帷幕孔),共计17排134个注浆孔,每排孔的孔间距为36 m,排间距为7.5 m,注浆孔呈梅花形布置。

(3)注浆浆液参数。注浆浆液为水泥粉煤灰浆液,水固比为1:1.0~1:1.4,水泥占固相的30%,粉煤灰占固相的70%,水玻璃掺加量为加入水泥重量的1%~3%。浆液指标控制参数见表1。

表1 浆液指标控制参数

水固比	容重 (t/m³)	结实率 (%)	黏稠度 s	7 d试块强度 (MPa)	7 d试验容重 (t/m³)	1 m³ 浆液材料用量(kg)		
						水	水泥	粉煤灰
1:1.0	1.38±0.01	≥68	≥23	≥0.90	≥1.67	690	207	483
1:1.1	1.4±0.01	≥71	≥25	≥0.95	≥1.67	667	220	513
1:1.2	1.43±0.01	≥77	≥34	≥0.98	≥1.67	650	234	546
1:1.3	1.45±0.01	≥85	≥48	≥1.10	≥1.67	630	246	574
1:1.4	1.47±0.01	≥88	≥70	≥1.15	≥1.67	613	257	600

(4)注浆控制标准。注浆过程中不断观察孔口压力变化,注浆末期,当1.5 MPa>孔口压>1.0 MPa,注浆泵量≤90 L/min 或≤52 L/min 时,稳定15 min,可结束该孔的注浆。如果注入了一定浆量,地表裂隙就出现大量跑浆,应采取间歇2次的注浆方式进行,并按照前述方法控制注浆结束的时间。当第3次注浆又发生冒浆时,也可以结束该孔的注浆施工。

(5)单孔注浆量按式(1)确定:

$$Q = A \cdot \pi \cdot R^2 \cdot h \cdot \beta \tag{1}$$

式中 Q——单孔注浆量,m³;

A——浆液损耗系数,取1.1;

R——浆液扩散半径,取孔距7.5~9 m;

h——注浆段厚度,m;

β——浆液充填系数,取 0.1 ~ 0.15。

3　注浆方案及施工工艺

3.1　施工方案

(1)采用自上而下的单液注浆方式。

(2)注浆设备选择。选用变量范围广的 BW250 型注浆泵 4 台,自制灰浆搅拌机 4 台。为保证注浆过程的正常进行,另备用 2 台设备。

(3)注浆管选择与安装。选用 ϕ50 mm 的无缝钢管,其下端超过止浆盘 20 cm 并采用焊接连接。在安装注浆管后,止浆盘坐落于变径位置,其上环隙浇注 1:1 水泥砂浆封闭。

3.2　注浆施工步骤

3.2.1　钻孔

钻孔号与注浆孔号应对应编号,钻孔孔位偏差控制在 10 cm 以内,终孔孔斜控制在 2°/100 m 以内;取心孔要求,上覆岩层采取率 >60%,采空区塌陷冒落带采取率 >30%。钻具规格的选用应按设计钻孔结构进行,第四纪地层采用跟管或泥浆护壁钻进,而进入基岩变径下套管后,必须采用清水回转钻进。钻孔过程,对基岩深度、变径位置、塌孔、掉钻、卡钻、埋钻、循环液漏失量变化的层位要有详细准确的记录。

3.2.2　第一次波速测井和压水试验

本工程在注浆前,对 14 个需全取心的钻孔选择了 8 个孔位进行波速测井,以便于注浆治理前后孔内波速、振幅等数据的比较,进而判定注浆后孔内浆液的充填率、结实率,以及注浆效果和质量状况。为便于掌握和控制注浆液的流变特征,注浆前,先泵送清水冲洗孔壁,并做压水试验,检查孔口注浆装置的密封情况和止浆效果。

3.2.3　浆液配置

配制浆液所用的各项原材料配比采用电子配料机准确添加。施工现场配合比单盘材料用量见表 2。

表 2　施工现场配合比单盘材料用量

配合比	单盘容积 (m^3)	材料用量(kg)		
		水	水泥	粉煤灰
1:1.0	5.314	3 667	1 100	2 567
1:1.1	5.00	3 335	1 100	2 565
1:1.2	4.701	3 056	1 100	2 567
1:1.3	4.472	2 817	1 100	2 567
1:1.4	4.280	2 624	1 100	2 568

注:速凝剂(水玻璃)按要求在二次搅拌池内添加。

配制浆液时,水泥与粉煤灰准确计量后混入一级搅拌池中搅拌,然后经过滤网注入二级搅拌池搅拌。每次搅拌时间不得低于 10 min,待浆液搅拌均匀后,通过注浆泵注入采空区。

3.2.4　注浆

注浆施工的顺序从注浆孔的成孔顺序中选择,帷幕孔、注浆孔注浆时均应从稀浆

(1∶1.0～1∶1.2)低流量(≤90 L/min)开始,当孔口压力≤0.6 MPa时,可逐渐提高流量;当孔口压力>1.0 MPa时,要降低流量;当注浆量达到单孔平均注浆量的30%时,采用稠浆(1∶1.3～1∶1.4),避免在短时间内注入大量的水泥粉煤灰浆液。如果单孔注浆量较大,达到设计单孔平均注浆量的150%,孔口压力≤0.6 MPa,注浆泵量≥90 L/min时,采取间歇注浆,间歇时间≥12 h。间歇式注浆应在孔口加一漏斗状的投砂器,用浆液将投砂器中的砂或粒径大于0.5 cm的矿渣带入孔内,间歇后的注浆不得采用稀浆。

为便于有效控制注浆量,根据注浆泵挡位采用一定时段的注浆量来掌握注浆速度(见表3)。

表3　20 min 各挡位浆液材料用量

挡位 (L/min)	不同配合比的浆液材料用量(kg)												20 min 注浆量 (m³)
	1∶1.0			1∶1.1			1∶1.2			1∶1.3			
	水	水泥	粉煤灰	水	水泥	粉煤灰	水	水泥	粉煤灰	水	水泥	粉煤灰	
250	3 450	1 035	2 415	3 330	1 101	2 569	3 250	1 170	2 730	3 150	1 230	2 870	5
145	2 001	600	1 400	1 933	638	1 489	1 885	679	1 583	1 828	713	1 664	2.9
90	1 242	373	869	1 201	396	923	1 170	421	983	1 134	443	1 033	1.8
52	718	215	502	693	229	534	676	243	568	656	256	597	1.04

4　注浆效果分析

4.1　钻探取心分析

该区质量检测孔8个,总进尺320 m,钻孔检验取心采用双管钻进取心工艺,钻进过程中未发现掉钻、漏水情况,取心率为98%,浆液充填率和结实率为95%,岩心试验强度为0.5 MPa,满足设计要求。

4.2　波速测井

通过声波检测,注浆后孔内波速明显高于注浆前的波速,波速提高量在502～624 m/s之间(设计要求注浆前后的波速提高量为200 m/s),该区治理效果非常明显。

4.3　静水位观测

8个质量检测孔在钻探终孔后9～20 h,静水位已经稳定,水位变化量极小,说明孔内裂隙和铝土矿采空区已被浆液有效充填。

4.4　压浆验证

通过8个检测孔的压浆验证,压浆量为6.28 m³,小于该区单孔平均注浆量的15%以下,证实治理区导致沉降的剩余空间已被彻底充填,没有留下任何质量隐患。

5　结语

通过钻探取心分析、波速测井、静水位观测、压浆验证,说明注浆对铝土矿采空区起到了有效的挤密、充填、固结作用,也说明注浆工艺在采空区中治理是可行的,效果非常明显,为今后在同类工程施工中提供了借鉴经验。

乙二胺四乙酸二钠——钡容量法检测污水中硫酸盐

郑月贤 齐光辉 杨巧玉

（河南省地质环境监测院 郑州 450016）

摘 要：在微酸性溶液中，加入过量的氯化钡溶液，将硫酸盐沉淀为硫酸钡，过量的钡离子在镁离子的存在下，连同水样中原有的钙、镁离子一起用乙二胺四乙酸二纳溶液滴定，可间接计算硫酸根的含量。

关键词：硫酸盐 滴定 乙二胺四乙酸二钠

硫酸盐是天然水中主要矿化成分之一，水中少量的硫酸盐对人体健康没有影响，但含硫酸盐量高的水有苦涩味及致泻作用。另外，水中高含量硫酸盐对混凝土有侵蚀作用，故硫酸盐的沉淀对了解地下建筑物的工程地质条件有一定意义。

1 方法摘要

在微酸性溶液中，加入比硫酸盐（SO_4^{2-}）过量的氯化钡溶液，将硫酸盐沉淀为硫酸钡，过量的钡离子在镁离子的存在下，于 $pH=10$ 的氨缓冲溶液中，连同水样中原有的钙、镁离子一起用乙二胺四乙酸二钠溶液滴定，间接计算硫酸根的含量。

2 试剂

试剂主要有：盐酸溶液（1+1），钡、镁混合溶液，氨缓冲溶液（$pH=10$），酸性铬蓝 K-萘酚绿 B 混合溶液，乙二胺四乙酸二钠溶液（0.012 5 mol/L），三乙醇胺溶液（1+1），固体盐酸羟胺，硫化钠溶液（2%）。

3 分析步骤

（1）吸取水样 25.0 mL 于 250 mL 三角瓶中，加盐酸（1+1）两滴，摇动试液。

（2）加入 5.0 mL 钡、镁混合溶液，摇动，将试液加热至沸，并保温 1 h，取下静置冷却。

（3）向试液中加氨缓冲溶液 5.0 mL，K+B 混合溶液两滴，用乙二胺四乙酸二钠溶液滴定到呈不变的蓝色，记录乙二胺四乙酸二钠溶液的毫升数（V_1）。

（4）另取不含硫酸盐的蒸馏水 25.0 mL，加入钡、镁混合溶液 5.0 mL，氨缓冲溶液 5.0 mL，K+B 混合溶液两滴，用乙二胺四乙酸二钠溶液滴定至终点，记录乙二胺四乙酸二钠溶液的毫升数（V_2）。

（5）吸取同一水样 25.0 mL，加入氨缓冲溶液 5.0 mL，K+B 混合溶液两滴，用乙二胺四乙酸二钠溶液滴定至终点，记录乙二胺四乙酸二钠溶液的毫升数（V_3）。

4 计算

硫酸根的含量按式（1）确定：

$$SO_4^{2-}(mg/L) = \frac{M[(V_2 + V_3) - V_1] \times 96.06 \times 1\,000}{V} \qquad (1)$$

式中　M——乙二胺四乙酸二钠溶液的浓度,mol/L;

　　　V——所取水样体积,mL。

5　讨论

（1）在上述测定条件下,水样中硫酸盐的量在 10～150 mg/L 范围内,硫酸盐的含量与乙二胺四乙酸二钠溶液的体积成线性关系。如水样中硫酸盐的含量小于 10 mg/L,则测定误差较大,宜采用硫酸钡比浊法。如水样中硫酸盐的含量大于 150 mg/L,则硫酸盐沉淀不完全,测定结果偏低,须适当少取水样稀释后再测定。

（2）当水样的总碱度及钙、镁含量高时,应先向水样中加盐酸,将碱度中和,并加热煮沸,逐去 CO_2,以防止加入氨缓冲溶液后部分钙、镁生成碳酸盐沉淀,使测定结果偏低。

（3）当溶液温度低于 10 ℃时,滴定到终点时的颜色转变缓慢,易使滴定过头,应先将溶液微热至 30～35 ℃后再滴定。

（4）铁、铝、铜、锰等元素干扰滴定终点,如水样中含有较多量的这些元素时,则应按下述方法消除干扰:①水样在未加氨缓冲溶液前,先加三乙醇氨溶液(1＋1)适量,使铁、铝等离子被络合掩蔽,而消除干扰;②水样在未加氨缓冲溶液前,加入少量的固体盐酸羟胺,此时,二价锰不影响滴定终点。但计算结果时,钙、镁合量一项应减去二价锰的量;③在待滴定的氨性溶液中,加入新配制的硫化钠溶液(2%)0.5 mL,使铜及其他重金属离子生成硫化物沉淀而消除干扰。

河南省重点防治地区地质灾害评价研究

黄景春 赵振杰 王 玲 莫德国

（河南省地质环境监测院 郑州 450016）

摘 要：文章对重点防治地区内的地质灾害进行了调查与评价,针对其形成原因、分布规律、影响因素及发展趋势进行了论述。通过对资料的综合分析,选取评价因子并进行单元网格剖分,采用聚类分析和神经网络,利用定性和定量相结合的方法,进行了地质灾害危险性分区评价,针对各类地质灾害提出了具体防治措施和建议。根据河南省地质环境条件和地质灾害类型及其区域发育强度的特点,结合其发展战略的综合经济区划,初步分析了人类工程经济活动的合理布局,并进行了区域地质环境整治,指出了人类经济活动与地质环境保护和整治的协调对策。

关键词：地质灾害 评价因子 聚类分析 危险性分区

1 引言

根据《地质灾害防治条例》要求和《河南省地质灾害防治规划(2001～2010年)》的安排,河南省先后完成了近30个县(市)的地质灾害调查与区划,结合汛期地质灾害应急调查积累了大量地质灾害信息并建立了群测群防网络,安排了数十处地质灾害防治工程,并建立了相应的信息系统。近年来,又开展了河南省汛期地质灾害预警预报等工作。为此,开展河南省重点防治地区地质灾害调查与评价工作十分必要,为河南省重要城镇、经济发达带等社会生产力发育地区开展地质灾害防治提供科学依据,以有效减少经济发展对地质环境的破坏和诱发各类地质灾害的发生和危害,促进该地区人口、资源、环境的和谐统一与经济社会的良性持续发展。重点防治地区范围为京广铁路以西、淮河以南地质灾害较为发育地区,面积约105 184 km^2。

2 地质灾害发育特征、分布规律及危害

河南省采石、采矿等人类工程、经济活动强烈,使之地质灾害呈现多样性,主要表现为崩塌、滑坡、泥石流、地面塌陷、地裂缝、不稳定斜坡地质灾害,有崩塌592处、滑坡811处、泥石流275处、地面塌陷248处、地裂缝70处、不稳定斜坡464处。全省重点防治地区地质灾害情况统计见表1,其中重要地质灾害隐患点见表2、表3。

表1 全省重点防治地区地质灾害统计

灾种	不稳定斜坡	崩塌	滑坡	泥石流	地面塌陷	地裂缝	合计
数量	464	592	811	275	248	70	2 460

表2 全省重点防治地区重要地质火害隐患点统计

灾种	不稳定斜坡	崩塌	滑坡	泥石流	地面塌陷	地裂缝	合计
数量	130	80	293	110	143	43	799

表3　河南省重点防治地区重要地质灾害隐患点按等级规模划分

规模	灾种					
	滑坡	崩塌	不稳定斜坡	泥石流	地面塌陷	地裂缝
大型	31	1	11	26	43	16
中型	62	8	40	59	72	20
小型	200	71	79	25	28	7
合计	293	80	130	110	143	43

地面塌陷是河南省重点防治地区主要地质灾害类型之一,主要由矿山开采引起的。据调查资料,产生地面塌陷的矿山企业151个,地面塌陷248处,累计塌陷面积34 877.17 hm²,直接经济损失约3 458 280.12万元,主要分布在平顶山、三门峡、洛阳、商丘、安阳、鹤壁、焦作等地。

地裂缝地质灾害共70条,其中重要隐患点43条,大多数为地面塌陷伴生的地裂缝。因构造引起的地裂缝大部分都被掩埋,不易调查其特征,本次重点调查人为活动引起的地裂缝。

崩塌、滑坡灾害多集中分布在豫西伏牛山区,其次为豫北太行山区和豫南桐柏、大别山区。

泥石流集中分布在伏牛山、小秦岭、太行山、豫西黄土区,嵩山、外方山、王屋山、桐柏山、大别山等低山丘陵区零星分布。

不稳定斜坡464处,其中重要隐患点130处。三门峡、洛阳、南阳、安阳分布较多,多位于河流阶地及溪沟边坡,坡体物质多由亚黏土等残坡积物构成,其次分布于公路两侧削坡段,由风化破裂程度较高的碎块石或基岩构成。

3　地质灾害危险性分区评价

3.1　评价原则

地质灾害危险性分区评价应在详细调查地质灾害现状、充分研究人类工程活动与地质灾害之间的相互影响、表现形式、形成机制和规律的基础上,突出以地质灾害的多少、发育程度、危害程度为主体,兼顾地质环境背景,结合人类工程、经济活动的强度,依据"区内相似、区际相异"的原则进行分区。在所划分的不同的地质环境问题区和亚区内,地质灾害的影响程度、区域地质背景以及人类工程活动的特点应存在明显差异,具有典型的代表性。

3.2　评价方法

选取评价因子并进行单元格剖分;利用定性和定量相结合的方法,对每一单元格的每一评价因子进行评价赋值;利用积分值法,分别计算各单元格的地质灾害及恢复治理、人类活动及地质背景的得分,并计算其总得分;以各项得分为分级因素,利用聚类分析及神经网络方法进行定量分级,在此基础上,根据各单元格内地质环境问题的发育及危害程度对单元格的等级进行综合评定;依据各单元格的等级划分,对省内重点防治地区地质灾害问题进行综合评估分区。如图1所示。

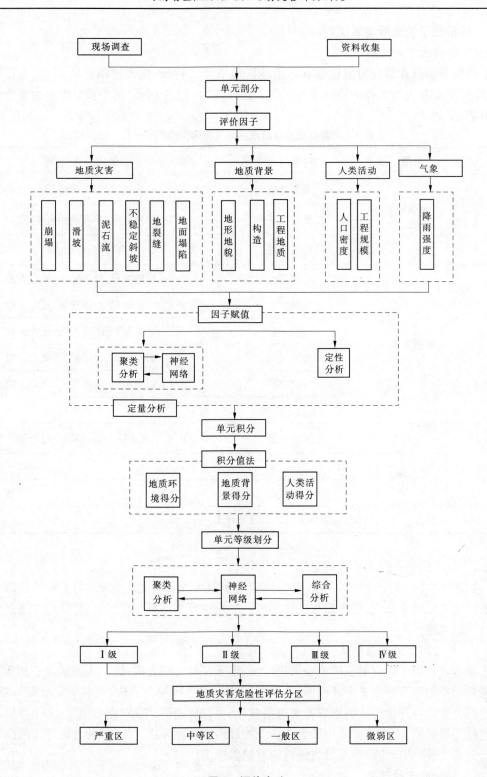

图1　评价方法

3.3　评价因子的选取与赋值

3.3.1　评价因子的选取

在充分调查和研究河南省重点防治地区地质环境背景、主要地质环境问题、人口密度、降雨强度及人类工程活动特点的基础上,选取以下 13 个因子,其中部分因子由多个要素组成(见表 4)。

表 4　河南省重点防治地区地质灾害评价因子一览

序号	类型	评价因子	组成要素
1	区域地质背景	地形地貌	地貌类型、冲沟切割
2		工程地质条件	工程地质岩组、孕育地质灾害程度
3		构造条件	发育程度、活动性
4	地质灾害	崩塌	规模、影响面积、经济损失、死亡人数
5		滑坡	规模、影响面积、经济损失、死亡人数
6		泥石流	规模、影响面积、经济损失、死亡人数
7		地面塌陷	规模、影响面积、经济损失、死亡人数
8		地裂缝	规模、影响面积、经济损失、死亡人数
9		不稳定斜坡	规模、影响面积
10	气象	降雨强度	多年平均降雨量、日最大降雨量
11	人类活动	工程规模	
12		人口密度	
13	恢复治理	地质灾害恢复治理的难易程度	

3.3.2　评价因子各组成要素的量化

在所选取的 13 个评价因子中,部分评价因子的组成要素是定性的,为了对评价因子赋值时能够尽量定量化,需根据相关标准对这些定性要素进行量化转变,特殊部位通过加减分予以调整。

3.3.3　评价因子的赋值方法

对各评价因子进行赋值时主要采用定性、定量相结合的方法:针对人类活动和地质灾害恢复治理的难易程度 2 个评价因子,依据相关标准进行综合分析,定性确定赋值标准;通过对上述部分评价因子的组成要素进行量化,可以对崩塌、滑坡、泥石流等 11 个评价因子进行定量赋值,本文主要采用聚类分析及神经网络两种方法,并对两种方法得出的结果进行分析比较,结合实际情况最终进行定量赋值确定。

3.3.4　评价因子的赋值

依据上述方法,对所选取的 13 个评价因子进行分类并加以评分赋值(见表 5)。

表5 河南省重点防治地区地质灾害评价因子评分赋值一览

序号	类型	评价因子	评价方法	赋值			
				4	3	2	1
1	区域地质背景	地形地貌	聚类分析 神经网络	I类	II类	III类	IV类
2		工程地质条件		I类	II类	III类	IV类
3		构造条件		I类	II类	III类	IV类
4	地质灾害	崩塌		I类	II类	III类	IV类
5		滑坡		I类	II类	III类	IV类
6		泥石流		I类	II类	III类	IV类
7		地面塌陷		I类	II类	III类	IV类
8		地裂缝		I类	II类	III类	IV类
9		不稳定斜坡		I类	II类	III类	IV类
10	气象	降雨强度		I类	II类	III类	IV类
11	人类活动	人口密度		I类	II类	III类	IV类
12		企业规模	定性综合分析	大	中	小	无
13	恢复治理	地质灾害恢复治理的难易程度		难	较难	易	极易

3.4 单元格的剖分

根据经纬度在 1:50 万图上对全省国土面积进行单元网格剖分,剖分规格为 $3' \times 3'$,剖分精度大致相当于 4 km×5 km,1:50 万图上面积约为 1 cm²,可满足评价要求。共将全省重点防治地区剖分为 4 480 个单元格,并对 4 480 个单元格按从上到下、从左到右的原则顺次编号,将每一单元格生成评价小区,将网格编号设定为小区的 ID 号,以便根据每个单元格的评价结果生成评价结果图。

3.5 评价单元的积分计算和分级

3.5.1 评价单元的积分计算

分别计算各单元格的地质灾害、恢复治理、气象、人类活动及地质背景的得分,并计算其总得分。计算方法主要采用积分值法,即:

$$M = \sum_{i=1}^{n} \alpha_i \tag{1}$$

式中 M——某评价单元的总评分值;

      α_i——第 i 个评价因子的评分值;

      n——评价因子数。

根据表5评价因子赋值分级标准,给每一个评价因子赋值,将每个单元内的评价因子赋值累计求和,得出其积分值。

3.5.2 评价单元的分级

在对单元进行具体分级时,主要遵照以下原则:

（1）贯彻以地质灾害的多少、发育程度、危害程度为主体,兼顾地质环境背景和人类工程、经济活动强度的主旨。

（2）以地质灾害及恢复治理得分、人类活动得分、地质背景得分及总得分为分级因素,利用聚类分析及神经网络方法进行定量分级。

（3）在定量分级的基础上,根据各单元格内地质灾害的发育程度及强度和人类工程活动强度进行综合评定。

依据上述分级原则,将评价单元积分值划分为四个等级:Ⅰ级 、Ⅱ级、Ⅲ级、Ⅳ级。对应的分值分别为:4分、3分、2分、1分。分别对应于地质灾害的危险性:Ⅰ级为危险性严重区、二级为危险性中等区、三级为危险性一般区、四级为危险性微弱区。

3.6　地质灾害危险性分区评价

根据河南省重点防治地区地质环境条件和地质灾害类型及其区域发育强度的特点,结合河南省发展战略中的综合经济区划,在评价单元分级的基础上,将全省重点防治地区地质灾害危险性分为四个区:严重区、中等区、一般区、微弱区。

4　地质灾害防治

4.1　防治部署

根据河南省重点防治地区地质环境条件和地质灾害类型及其区域发育强度的特点,结合河南省发展战略中的综合经济区划,地质灾害防治按以下五个区域进行部署。

4.1.1　豫北山区

豫北山区主要包括林州市、鹤壁市西部、新乡市西北部、焦作市北部及济源市等地,在河南省发展战略中被确定为太行山及山前平原农林区。地貌类型主要以中山、低山丘陵为主。地质灾害主要以滑坡、泥石流发育最强烈。但在济源克井镇、焦作、鹤壁等开采矿区,因开采引发的地面塌陷、裂缝等所造成的危害或潜在危害也较为严重。该区地质灾害的防治部署重点是在开展林州市、济源市、辉县市和淇县地质灾害调查的基础上,查清各种灾害隐患和危害程度,做好防灾区划。有计划地对危险区和隐患区的灾害体进行监测、勘查、治理,严格执行建设项目地质灾害危险性勘查评价制度,避免将重要设施和工矿、居住地建在受地质灾害严重威胁的地带。在矿区特别是煤矿开采区,加强监督管理,严格控制不合理的开采活动,尽可能减少采矿活动诱发的地质灾害。

4.1.2　豫西山区

豫西山区主要范围为崤山西南部、熊耳山、伏牛山等山区。地貌类型以深中山、浅中山为主。闻名遐迩的小秦岭金矿、栾川钼矿等均分布在该区。由于自然条件及人类采矿、开路等工程活动的影响,该区是河南省地质灾害的多发区,地质灾害类型以泥石流、滑坡为主,多伴随有崩塌等灾害,是河南省地质灾害防治部署的重点地区。这一地区,一是在做好灵宝市、卢氏县、栾川、嵩县、鲁山、西峡地质灾害调查与防治区划的基础上,确定重点防治的城镇、工矿和居民点及群测群防的实施方案;二是对小秦岭矿区加强行政监督管理,规范开采活动,严格控制采矿、开路等人为活动对地质环境的破坏和诱发的地质灾害;三是做好地质灾害危险区、隐患区,尤其是受地质灾害威胁严重的小秦岭地区的地质灾害勘查工作,建立健全群专结合的监测预报系统,同时加强科普宣传,提高这些地区人们的防灾意识;四是对那些人口密度小、经济欠发达、而地质灾害又难以治理的地段,防灾工作主要采用避让;五是做好这一地区较大工程设施、工矿、居民点和矿区尾矿坝、尾矿库的选址,确保人民生命财产的安全。

4.1.3 豫西黄土丘陵区

豫西黄土丘陵区包括京广线以西,黄河以南,崤山、熊耳山以北广大地区,经济以农林牧为主。地貌类型主要为黄土塬、黄土丘陵,少部分为石质山体。以崩塌、滑坡、地裂缝等灾害为主,尤其是崩塌、滑坡往往呈连片带状出现;其次,黄河南岸潼关—三门峡水库塌岸和义马煤矿等矿区地面塌陷也比较严重。地质灾害防治部署的重点主要是开展陕县、洛宁县、宜阳县、新安县、汝阳县地质灾害调查和防治区划;加强植树造林,科学合理地垦植,做好沿黄重大环境地质调查和沿陇海铁路线地质灾害的勘查、防治和监测工作;严格控制煤矿区不合理的开采活动,着重做好义马、登封、新密、禹州等煤矿区的监督管理和地质灾害的防治工作,减少因采矿诱发的地质灾害所造成的损失。

4.1.4 豫南山区

豫南山区位于河南省南部,主要分布在南阳市桐柏县、驻马店地区泌阳县、确山县境内和信阳地区淮河以南,由伏牛山余脉、桐柏山和大别山地组成,地貌类型主要为低山丘陵。区内地质灾害相对较少,但受到暴雨的激发和人类经济工程活动的影响,仍有崩塌、滑坡和泥石流灾害的发生。地质灾害防治的重点,主要是京九铁路新县段的滑坡、崩塌灾害,桐柏县大河—毛集一带矿区的崩塌、滑坡、泥石流灾害和桐柏县城西小河的泥石流灾害。

4.1.5 南阳盆地

这一地区,地势低平,地质环境条件相对较好。主要为胀缩土分布地区,由于胀缩土遇水膨胀,脱水收缩,很易引起建筑物和地面工程变形。地质灾害防治工作,重点是科学部署开采井位,严格控制地下水开采量,避免发生地面沉降;着重将防灾与土地开发利用紧密结合起来,走开发性治理的道路,提高防治的经济效益。

4.2 人类工程经济活动的合理布局

不同地质环境对不同工程经济活动的敏感性不同,人类工程经济活动的类型不同,与地质环境的适宜性也不一样,人类工程经济活动与地质环境之间存在一个和谐协调问题。求得社会经济与地质环境的协调发展,已成为河南省经济发展的重要基础条件。

(1)小秦岭和桐柏地区,矿产资源丰富,适宜建设中小城市和大型矿山企业,同时要加大矿山环境治理力度,加强土地复垦工作,改善矿山生态环境,减少和预防地质灾害的发生,努力发展无废渣、无污染的生态矿业。

(2)豫西黄土丘陵地区,地下水资源匮乏,地质灾害发育,仅适宜建设小城市和小企业,不宜发展耕作农业。

(3)京广经济带,人口稠密,城市密集,工农业发展较快,地下水开采程度较高。洛阳、许昌等地不同程度地出现地面沉降。因此,除郑州外,其他城市规模不宜发展过快,应加快卫星城市建设的步伐。国民经济发展规划中应对这些地区的新建基地进行地质灾害评估。

(4)平原区,土地资源丰富,地下水资源较丰富,但地下水环境脆弱,适宜发展以科技为主导的大中城市、大企业,大力发展节水农业和绿色农业。

(5)黄河经济带,水资源丰富,适宜发展大城市和大企业。

(6)太行山地区,碳酸盐岩分布广泛,地下水环境脆弱。山前煤矿开发程度较高,矿坑排水利用率低,明泉流量衰减和干枯,适宜发展节水型企业,应加强地质环境保护,禁止在上游堆放生活垃圾和工业垃圾。

(7)在山区风景旅游区的沟谷,容易遭受洪水泥石流灾害,不宜建设餐厅、旅馆。

(8)在世界地质公园、国家地质公园、国家森林公园、旅游风景名胜区、城市饮用水源地、重要交通干道直观可视范围内严禁采矿。

4.3　区域地质环境整治

河南省重点防治地区地质环境脆弱,地质灾害问题较为严重,地质灾害的危害已被越来越多的人们所认识,但地质灾害防治与社会经济发展不相适应,加大地质环境工作已迫在眉睫。根据河南省的实际情况,近期应加强以下地质灾害调查研究:

(1)加快开展西峡、南召、固始、陕县、新安、登封等山区县的地质灾害调查,完善河南省县市地质灾害调查区划工作。

(2)开展专门性的矿区地质灾害调查与风险评价工作,如河南省平顶山矿区、郑州矿区、鹤壁矿区、焦作矿区、义马矿区、永城矿区、栾川钼矿区、灵宝金矿区等。

(3)地壳强烈活动带及活动断裂发育的城市,应积极开展地壳稳定性与建筑工程适宜性评价,开展地面沉降和地裂缝的调查研究。

(4)加快南水北调中线工程建设,开展南水北调工程沿线的地质灾害调查研究和防治工作,特别是渠首丹江口水库周边与穿黄工程地质灾害调查研究与治理工作。

(5)加快对小浪底库区地质灾害调查与治理工作。

(6)加强交通沿线的地质灾害调查与治理工作,如陇海、京广、京九、宁西、焦枝、焦柳等铁路及国道、高速公路沿线。

5　结论

对河南省重点防治地区地质灾害的形成原因、分布规律、影响因素及发展趋势的论述结果属实;通过对资料的综合分析,选取评价因子并进行单元网格剖分,利用定性和定量相结合的方法,对重点防治地区地质灾害危险性划分评价结果基本符合实际情况;划分五个区域进行地质灾害总体部署、提出的具体防治措施和建议、分析的人类工程经济活动的合理布局、进行的区域地质环境整治、指出的人类经济活动与地质环境保护和整治的协调对策还是比较切合实际,较为可信的。

郑州市汛期地质灾害气象预警初步研究

李　华　李俊英

（河南省地质环境监测院　郑州　450016）

摘　要：借鉴国内外汛期地质灾害预警预报经验,提出了郑州市汛期地质灾害气象预警建设和研究思路。经过近两年的工作,初步取得了阶段性的成果：①对全市地质灾害易发区进行了地质灾害气象预警区划,将全市的地质灾害易发区划分为6个预警区,编制了《1∶15万郑州市汛期地质灾害气象预警区划图》；②建立了各预警区地质灾害气象预警判据；③开发出了地质灾害气象预警图文传输软件系统；④建立了能识别图层信息、降雨过程,进而对预警级别作出自动化判定的预警值班软件；⑤建立了汛期地质灾害预警系统的组织结构及管理体系；⑥配置了汛期地质灾害预警系统的硬件设施,并进行了两年的运行。

关键词：汛期地质灾害　预警　区域划分　自动化识别

1　引言

郑州市境内地质地貌及气候条件复杂多变,斜坡地质作用发生频率高、经济损失大,仅2003年就发生各类地质灾害75起,其中90%都发生在汛期,造成人员死亡19人,各项经济损失达3 184.7万元。各级政府每年汛期常奔波于避灾抢险工作,投入了大量的人力、物力,汛期地质灾害仍然时有发生、防不胜防。因此,针对本地区实际,预报汛期地质灾害发生的时间和空间,科学地指导当地政府及人民群众进行汛期地质灾害防治,避免或减轻地质灾害造成的损失,已是当务之急。

开展郑州市汛期地质灾害气象预警研究具有如下几个方面的意义：

（1）为各级行政主管部门开展汛期地质灾害防治工作提供科学依据。

（2）为国土整治与重大工程规划、建设和安全运营等提供科学的、及时的信息服务。

（3）带动郑州市地质环境与气象因素共同作用机制研究的科研水平。

（4）提高公众防灾意识。

2　国内外研究水平

"地质灾害预警"一词在20世纪90年代才出现,但泥石流等单灾种的预警研究则早就开始了。铁路运行中关于泥石流暴发的警报出现于20世纪60年代,70年代形成了比较科学的泥石流预警系统,90年代开始局部地区的滑坡泥石流群测群防预警工作。

1985年,美国地质调查局（USGS）和美国气象服务中心（NMS）联合在旧金山湾地区建立了泥石流预警系统,主要是根据降雨强度、岩土体渗透能力、含水量和气象变化作出综合判断,预警结果由气象服务中心播报。

香港地区采用雷达图像解译小范围地质构造,从而确定滑坡发生的潜在区域。1984年开始,1999年改进自动雨量计组成监测网络,由86个自动雨量计将资料定时传给管理部门,若预测24 h内降雨量达到175 mm或60 min内市区内雨量超过70 mm,即认为达到滑坡预报阀值,即由政府发出警报。

地质灾害预警是世界难题,对于汛期群发型突发性地质灾害的预警,国内已有中国地质环境监测院的国家级预报;截至 2006 年,全国已有包括河南省在内的一半以上的省份开展了省级地质灾害气象预报工作,许多地质灾害严重和有条件的地市亦已开展地市级预报。

3 研究思路

3.1 总体技术思路

汛期地质灾害气象预警横跨地质灾害学、气象学、预测学等多种学科,牵涉到国土资源、气象、广播电视等多个部门,是一项系统工程,本次工作按系统理论方法组建"郑州市汛期地质灾害气象预报预警系统",靠该系统的运行来实现预警目的。

3.2 预警系统研究任务

本课题的目的是开发研制郑州市汛期地质灾害气象预警系统,确保系统正常试运行,随着工作的深入,逐步完善郑州市汛期地质灾害气象预警系统,提高预警水平和质量、拓展预报范围,探索数学建模预测的可能性及实现途径,进而构建既可进行短期预报、又能实现中长期及短时预报的全天候预警系统。

3.2.1 技术任务

包括预警区域划分、预警等级划分、预警发布标准、数据库建设、预警判据建立、预警信息传输技术等内容,为汛期地质灾害气象预警提供技术保证。

3.2.2 管理体系

建立汛期地质灾害气象预警人员组织及管理体系,从机构、人员、制度方面为地质灾害气象预警工作提供保证。

3.2.3 硬件设施

配置预警工作技术研究、数据处理、资料传输、预警产品制作发布、预警信息反馈所必须的硬件设施,包括互联网建设、添置大型服务器、会商设备等。

3.3 预警参数

预警对象:本次工作预警对象为降雨诱发的区域突发性群发型地质灾害,根据全市地质灾害发育情况及危害程度,确定为崩塌、滑坡、泥石流。

预警类型:突发性地质灾害气象预警可分为时间预警和空间预警两种类型。本次工作的预警类型主要为空间预警。

预警地域:主要为郑州市西部山地丘陵区及黄土地区,预警区面积 4 035 km²,占郑州市总面积的 54.2%。

预警时段:采用 24 h 短期预警。预警时段是当日 20 时至次日 20 时。

预警等级:根据国土资发[2003]229 号文,预报等级统一划分为 5 级,1 级为可能性很小,2 级为可能性较小,3 级为可能性较大,4 级为可能性大,5 级为可能性很大。其中,3级在预报中为注意级,4 级在预报中为预警级,5 级在预报中为警报级。

4　地质灾害预警区域划分

4.1　理论依据

崩塌、滑坡、泥石流是斜坡地质作用的产物,其形成、发展受斜坡形态、斜坡体物质结构、结构面性质、植被、人类工程活动等因素制约,当斜坡体物质和能量积累到一定程度时,在降雨作用下诱发地质灾害。汛期地质灾害的形成、发展及演化规律由地质环境条件和气象因素综合决定,同时与人类工程活动密切相关。郑州市地质环境及气候条件复杂多样,人类工程活动对地质灾害的影响主要体现在局部斜坡地质环境条件的改变上。因此,汛期地质灾害气象预警区域划分应综合考虑地质环境条件现状和气象因素,其中地质环境条件为控制性因素,气象条件为诱发因素。

4.2　预警目标区划分原则及结果

4.2.1　划分原则

划分原则包括以下几点:

(1)形成突发性地质灾害的斜坡地质环境背景,包括地形地貌、地质构造、岩土体特征。

(2)地质灾害发育现状。

(3)人类工程活动对地质环境干预的方式及强度。

(4)气象因素。

4.2.2　划分结果

为综合考虑预警目标区对降雨的敏感程度,根据地形地貌组合特征、地质灾害特征、人类工程活动、多年汛期平均降雨量及多年暴雨中心分布情况进行划分,共划分出 6 个预警区(见表1)。

表1　汛期地质灾害预警区域划分

编号	区名	面积(km^2)
A	嵩山预警区	1 124.8
B	箕山预警区	595.1
C	嵩北黄土丘陵预警区	634.6
D	嵩箕向斜预警区	944.1
E	邙岭预警区	227.9
F	丘间斜地预警区	508.5

5　汛期地质灾害预警判据研究

5.1　判据确定原则与资料依据

根据有限资料积累和历史经验,突发性地质灾害不但与当日激发降雨量有关,且与前期过程降雨量关系密切,本次工作选定 1～30 d 30 个过程降雨量数据进行统计分析,以期建立一个地区诱发突发性地质灾害事件的两种临界雨量判据:当日激发雨量判据和前期过程降雨量判据。

资料依据主要有四个方面：

（1）河南省地质环境监测院已开展的郑州市地质灾害调查资料。

（2）郑州市近年来开展的汛期地质灾害应急调查资料。

（3）郑州市气象局提供的相关气象站点多年逐日降雨量资料。

（4）省级预警判据研究资料。

5.2　不同降雨过程代表数据

郑州市气象局系统对日降雨量 Q 的预报和统计是按每日20时到次日20时计算。比如,8月3日降雨量是指8月2日20时到8月3日20时产生的降雨量。预警判据亦采用同步记时方式,若地质灾害发生在当日12时以后,基本可对应于1日(当日)过程降雨量 t_1;若灾害事件发生在20时以后的夜间,则对应于当日和前一日(2日)过程降雨量 t_2 更符合实际。因此,本次工作选定的数据代表性时段为日(24 h),代表性数据记做:

1日过程降雨量 $Q_1 = Q(t_1)$:　$0 \leqslant t_1 \leqslant 1$

2日过程降雨量 $Q_2 = Q(t_2)$:　$1 \leqslant t_2 \leqslant 2$

$$\vdots \qquad\qquad \vdots \qquad\qquad \vdots$$

30日过程降雨量 $Q_{30} = Q(t_{30})$:　$29 \leqslant t_{30} \leqslant 30$

5.3　临界和过程降雨量预警判据图的建立

首先建立降雨诱发的地质灾害空间数据库及历史降雨量数据库;然后,根据各预警区地质灾害的空间与时间分布特征,对同期降雨特征值进行相关查询,反演出历史地质灾害发生的降雨量临界值及前期连续降雨过程临界值初级数据;进而进行统计分析,得出各对应临界过程降雨量的统计值并形成散点图;再按该临界值在本预警区多年出现的频率上进行适当调整,以此作为地质灾害气象预警判据基本数据,最后绘制出预警判据图(见图1)。

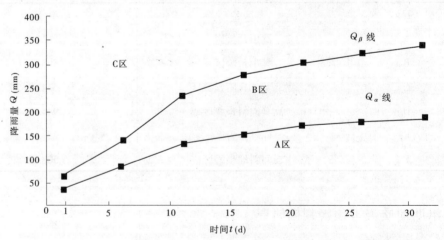

图1　预警判据模式

图1中横坐标为时间 $t(1 \leqslant t \leqslant 30 \text{ d})$,纵坐标为过程降雨量 $Q(\text{mm})$,得出 Q_α、Q_β 两条地质灾害事件发生的临界降雨量曲线。当实况过程降雨量曲线 $Q(t)$ 位于判据图的不同

位置时,将给出不同的预警结果:

$Q(t) < Q_\alpha$ 时,过程降雨量曲线位于 A 区,预警级别为 1、2 级;

$Q_\alpha \leqslant Q(t) < Q_\beta$ 时,过程降雨量曲线位于 B 区,预警级别为 3、4 级;

$Q(t) \geqslant Q_\beta$ 时,过程降雨量曲线位于 C 区,预警级别为 5 级。

6 预警自动化识别

6.1 需求分析

由气象台提供降雨资料,按地质灾害气象预警判据,在 0.5 h 内对汛期地质灾害进行预警,自动生成预报预警图及相关报表,并可进行手动干预;能适时跟踪汛期地质灾害反馈资料,及时对系统进行维护校验。

6.2 系统功能分析

根据汛期地质灾害气象预警系统的需求情况,该系统应提供如下基本功能:基础信息的维护,数据输入(降雨量及地质灾害等基础数据的采集、更新),降雨量空间位置的确定,预警结果的判定,预警空间位置的识别,预报结果的生成,相关信息的查询、统计、图示,数据备份等。

6.3 预警精度及网格剖分

根据经纬度在 1:15 万图上对全市国土面积进行单元网格剖分,剖分规格为 $1' \times 1'$,剖分精度大致相当于 1.6 km × 1.8 km,共将全市剖分为 2 870 个单元格,预警区域为 1 515 个单元格,生成预警网格剖分图,并对全部单元格按从上到下、从左到右的原则顺次编号,将每一单元格生成预警小区,将网格编号设定为小区的 ID 号,以便根据每个单元格的预报结果生成预警平面图。

6.4 生成预警区划图

将预警区划结果按单元网格精度生成预警区划图,并录入数据库,以便计算机识读各预警小区的空间位置、形状,做出准确的判别。

6.5 预报结果图的生成

通过预报结果库与预报分区图属性库的关联,生成预报结果图。

6.6 传输方式

河南省地质环境监测总站与郑州市气象台端的数据传输采用 50 M 的宽带网,气象台通过登录到总站指定的 FTP 站点进行收发文件。

7 结论与建议

7.1 结论

(1)按系统理论方法建立了"郑州市汛期地质灾害气象预警系统",该系统由组织结构及管理体系、技术支持、硬件设施等三个层面组成。

(2)将全市突发性地质灾害易发区划分为 6 个预警区。

(3)根据郑州市实际情况,结合当前地质灾害预警理论和实践,建立了各预警区预警判据。

(4)建立了能识别图层信息、降雨过程,进而对预警级别做出自动化判定的预警值班软件。

(5)建立了预警系统组织结构及管理体系,从人员、机构、制度方面,为预警工作提供保证。

(6)配置了预警工作所必需的硬件设施。

7.2　建议

地质灾害气象预警是一项全新的开创性、探索性、政策性很强的工作,涉及面广,影响很大。郑州市刚刚起步,在科学技术依据、信息储备以及其他基础条件方面存在严重不足,需在机构设置、技术装备、管理体制和运行机制等方面统筹考虑,使预警事业快速、健康的发展。

(1)郑州市地质灾害资料积累较少,直接影响预警精度,建议尽快完成全市地质灾害易发区的地质灾害调查与区划,提高预警概率。

(2)市内缺乏地质灾害单体的监测数据,建议开展典型地区的地质灾害监测预警试验区建设。

(3)地质灾害预警理论研究严重滞后,郑州市尚未开展在降雨作用下不稳定斜坡变形机理及泥石流方面的研究工作,建议开展该项工作。

河南省地热资源开发利用现状及保护对策

王继华[1] 杨怀军[2]

(1. 河南省地质环境监测院 郑州 450016
2. 三门峡地质环境监测站 三门峡 472000)

摘 要：河南省地热资源分为沉积盆地传导型、断裂构造对流型及传导－对流混合型三种类型，文中计算统计了不同类型的地热可开采资源，分析了地热开发利用现状及存在的主要问题，提出了加快立法、综合高效利用、开展地热回灌及动态监测等保护对策。

关键词：地热资源 类型 利用现状 保护对策

1 地热资源概况

1.1 地热资源类型

依据地热资源的储存条件及其成因，河南省地热资源可划分为三种类型：沉积盆地传导型、断裂构造对流型、受沉积盆地和断裂构造双重作用控制的混合型。

沉积盆地传导型主要分布在黄淮海平原及洛阳、南阳、三门峡等山间盆地，为河南省主要地热资源类型。热储的形式主要是层状孔隙水或隐伏岩溶水，隔水盖层为巨厚的黏土和亚黏土层，地球内的热能通过传导方式传递到地表，自恒温带以下温度随深度的增加而升高，地温梯度值 $3.0 \sim 3.5$ ℃/100 m，区内热异常主要受其底部的热源深浅传导热水断裂位置及其基底地形起伏状况的控制。这种类型因盖层中断裂不发育，深大断裂往往构成地热田的边界。具有开发价值的热储层主要有新近系明化镇组及馆陶组热储层、古近系热储层及古生界寒武—奥陶系热储层。

断裂构造对流型主要分布在河南省西部的基岩隆起山区，地表一般以温泉的形式显示。热储介质由岩浆岩、变质岩和古生代沉积岩组成，热储呈带(脉)状，隔水盖层不发育。热水通道主要是断裂及裂隙，热源主要靠地下水深循环后沿断裂通道或溶隙裂隙对流传递，地热常以温泉的形式显示。区域活动深大断裂常常是控热构造，而深大断裂的次级断层和裂隙带往往形成导热构造。

混合型地热资源主要分布在山区和平原之间的山麓带，其特点是上部地层为中新生代沉积层，下部地层为基岩裂隙、溶隙地层，热储受沉积盆地和断裂构造双重作用控制，其地温梯度值变化较大。这种类型对于某些城市开采地下热水较理想，如南阳、鹤壁等。但由于受沉积环境和活动断裂构造作用的影响，开采条件一般变化较大。

1.2 地热可开采资源

根据初步计算(见表1)，河南省 4 000 m 以内浅地热水可开采资源量、可利用热能量分别为 55 100.64 万 m^3/a、109 478.81 × 10^{12} J/a，其中经济型地热水可开采资源量、可利用热能量分别占总量的 91.19%、86.58%。地热资源主要分布在东明断陷、开封凹陷的原阳—民权段，其次为汤阴断陷、内黄凸起的南部、通许凸起的中部、周口凹陷及菏泽凸起黄河以南段。内黄凸起的核部、潢川山前坳陷、获嘉—辉县凹陷及山麓带潜山区,地热资源贫乏,开采条件差。

表1　河南省地热可开采资源

热储类型	热储层位	可开采热水量(万 m^3/a)			可利用热能量(10^{12} J/a)		
		经济	次经济	合计	经济	次经济	合计
盆地型	N	13 985.76		13 985.76	14 483.94		14 483.94
	E	1 885.01	515.46	2 400.47	4 392.91	2 212.43	6 605.34
	∈—O	31 105.95	4 166.17	35 272.12	69 770.82	11 990.49	81 761.31
	小计	46 976.72	4 681.63	51 658.35	88 647.67	14 202.92	102 850.59
混合型	N	742.16		742.16	679.34		679.34
	E	810.79	25.57	836.36	1 393.42	105.96	1 499.38
	∈—O	1 312.18	145.8	1 457.98	3 400.66	377.85	3 778.51
	小计	2 865.13	171.37	3 036.5	5 473.42	483.81	5 957.23
对流型	裂隙带	405.79		405.79	670.99		670.99
合计		50 247.64	4 853.00	55 100.64	94 792.08	14 686.73	109 478.81

2　地热开发利用现状

2.1　地热勘查开发简史

20 世纪 60 年代,为起步阶段。60 年代初,原河南省地质局对陕县温塘温泉进行过矿水调查,原地质部水文地质工程地质研究所,对临汝温泉街温泉水质进行了水化学研究。此后,在 1:20 万水文地质调查过程中,陆续对一些温度较高的温泉做过少量工作。

20 世纪 70～80 年代,为初步发展阶段。此阶段开展了平顶山矿区热害调查。1971年,原省地质局水文地质队在郑州西郊相继施工了郑热 1[#]、郑热 2[#],在全省率先拉开了开发利用深层地热资源的序幕,此后打井取热成为河南省城市利用地热的主要方式。70 年代末期及 80 年代初期,开展了“河南省地热资源调查研究”及“河南温泉”调查工作,对全省地热进行了初步研究。同期,河南省地质工程公司在省体育馆施工了河南省第一眼超深井(井深 912 m,水温 40 ℃),标志河南省地热勘查向更深层发展迈出了重要的一步,此后全省相继凿建地热井 17 眼。此阶段地热利用主要以医疗、洗浴为主,局部开展了种植和养殖。

20 世纪 90 年代以来,为重要发展阶段。随着人们对新能源认识的提高,继郑州、开封之后,河南省新乡、濮阳、漯河、周口等十几个省辖市及部分市、县均争相开发地热资源,地热井数量逐年增加。地质、煤炭、地震等部门,在郑州、开封、洛阳、濮阳、许昌、鹤壁、三门峡、南阳等地开展了城市地热勘查工作,豫北及豫东开展了区域性地热调查工作。鲁山五大温泉、济源省庄等温泉出露带也开展了地热工作。首次在鹤壁勘探出富含有 CO_2气体的地热资源,在洛阳勘探出温度高达 98.5 ℃的地热水,地热勘查取得了丰硕的成果。

该阶段,地热利用也由早期单一的洗浴、医疗等,向休闲、康乐、饮料、养殖种植、供暖等方面拓宽,并一定程度上带动了房地产业、宾馆服务业等第三产业的发展,取得了较好的经济效益。

2.2 地热开发利用现状

2.2.1 开发范围及开采方式

河南省地热开发主要集中在郑州、开封、新乡、安阳、濮阳、周口、许昌、漯河、南阳、洛阳、三门峡等主要城市,其次为漯河—周口以北、新乡—濮阳以南的20多个县市。郑州、开封地区地热井数量占全省总井数的近50%,兰考、开封、尉氏等县,地热井数量位居各县前列。主要城市及开封、兰考等部分市县为集中开采,其余大部分县市包括山区为零星开采。

2.2.2 开发利用深度

河南省地热井成井深度在300~3 318 m之间,开采井深度多为800~1 200 m,以中、低温地热资源为主,开采深度在1 500 m以下的井点较少。近年来,随石油钻机的引入和成井工艺的不断完善,凿井深度也在不断增加,如洛阳张庄、省地调一队、省高管局、安阳电业新村、河南大学、开封县鸿雁温泉俱乐部、鹤热2#、鹤热3#等地热井深度均在1 500 m以下。鹤热3#为全省最深地热井,深达3 318 m;鹤热2#井深3 276 m,水温74 ℃,富含CO_2气体;洛阳玉隆苑地热井,井深966 m,水温高达98.5 ℃,为目前河南省地热开采温度之最。

2.2.3 开发利用程度

根据初步调查,2006年,河南省开发的地热井、泉总数量为811余眼(处),其中地热井796眼(含已开采的8处原温泉)。郑州、商丘、开封三市地热井数量位居全省前列。

目前,全省地热水开采总量为4 419.28万m^3(见表2),人均0.45 m^3。其中,松散岩类地热水开采量占全省总量的84.76%,温度在40 ℃以上的地热水开采量占总量的22.17%。

表2　河南省地热资源开采量　　　　　　　　　　　　(单位:万m^3)

温度分级	孔隙水			基岩裂隙水			合计
	新近系	古近系	小计	岩溶裂隙	其他裂隙	小计	
温水	3 166.37	3.50	3 169.87	225.02	44.77	269.79	3 439.66
温热水	520.07	42.90	562.97	148.74	51.77	200.51	763.48
热水及中温水	13.00	0.00	13.00	102.67	100.47	203.14	216.14
合计	3 699.44	46.40	3 745.84	476.43	197.01	673.44	4 419.28

注:3.0万m^3岩溶裂隙中温热水合并到热水统计栏。

从开采行政区域来看,商丘、开封、郑州三市地热水开采量位居全省前列,年开采量均在600万m^3以上。依开采温度分析,水温大于40 ℃的地热水开采量(见图1)位居全省前三名的省辖市依次是开封、平顶山、郑州,其次为三门峡、洛阳、新乡。

根据开采程度分析,三门峡市最大(125.39%),其次为商丘市(94.01%)、郑州(58.69%)及洛阳(43.28%),其他省辖市开采程度均小于40%。

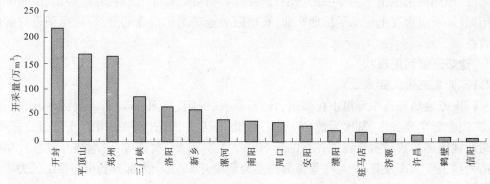

图1　省辖市地热水(大于40℃)开采量

2.2.4　开发用途

目前,河南省地热利用模式均为直接利用,开发用途为洗浴及浴疗、城市供水、种养殖、矿泉水及饮料生产、供暖等,地热水开采比例分别为56.44%、38.13%、1.64%、0.26%、0.24%,其他用途为3.29%。

3　地热开发利用存在的主要问题

3.1　管理中存在的问题

3.1.1　地热资源管理体制不顺,国土部门管理职责缺位,部分地区管理秩序混乱

由于认识不足、平衡地方各部门利益,加之增收南水北调基金,部分地方政府未能认真贯彻国务院关于地热管理的分工精神,绝大部分市(地)将地热水的管理职责全部划归水利部门,致使国土部门管理职责不到位,无法行使其管理权。由于体制不顺,部分地区存在不依法管理或未纳入管理现象,有些部门把地热资源混同于普通水资源进行管理,乱批地热井、偏重于发证和收费,造成地热资源管理秩序混乱,并带来了严重的不良后果,既浪费资源,又增加企业经济负担,制约着地热产业的发展。

3.1.2　开发准入门槛高,制约行业发展

地热属液体矿产资源,河南省国土管理部门将其等同于固体矿产进行管理。地热资源用于商业性开发的,需办理勘查证、取水许可证,完成储量评价、环境影响评价、安全评价、开发利用方案、地质灾害评估后,方可办理采矿许可证,前期涉及国土、水利、环保、安监等管理部门和地勘单位,后期一般需在卫生、工商、税务等部门办理相关证件。

地热开发准入手续办理繁琐,且花费高、时间长,条件严格,门槛高,久之造成大部分开采单位不愿办理采矿许可证。持证合法开采单位由于管理成本高,处于不利的市场竞争地位,一定程度上制约了地热行业的发展,既不利管理,也不利于行业发展。

3.2　勘查及开发中存在的问题

3.2.1　地质工作滞后,地热资源家底不清

20世纪80年代初期,全省相继完成了"河南省地热资源调查研究"和"河南温泉"调查。近年来,河南省地热井数量猛增,虽先后开展了豫北、豫东平原地热调查工作及部分城市地热地质工作,但20多年来全省系统全面的地热地质工作未曾开展,工作严重滞后,区域性地热地质条件,特别是1 500 m以下的深部热源条件不清,全省范围内的地热资源

储量、可开采量尚不明,很难正确指导河南省地热资源的勘查和合理开发利用。此外,河南省尚未建立地热动态监测网络,对地热水动态变化趋势无法进行预测预报工作。

3.2.2 地热勘查研究程度参差不齐,勘查精度较低

部分地区(如洛阳市区)多次进行了地热勘查工作,而地热直接利用量较大的周口、安阳、新乡等城市尚未开展地热工作,地热研究程度参差不齐。大多数进行地热勘查的地区,一般是收集利用已有的开采井资料分析汇编,而物探、钻探、抽水试验等实物工作量投入较少,勘查精度仍相对较低。

3.2.3 公益性、基础性地热资源勘查投入不足

河南省在公益性、基础性地热勘查方面投入较少,特别是服务于各级政府的有关地热资源的前期论证、规划、综合性开发利用、区域性地热资源评价、动态监测等投入严重不足,依靠市场不可能解决。地热勘探开发具有高风险性,如果政府不投入一定资金将基础性工作做好,就不能正确引导地热资源开发利用市场的形成,管理部门也不可能对其做到科学管理。

3.2.4 地热资源开发利用水平低,资源浪费严重

一是部分天然温泉自流水没有充分利用,白白流淌;二是由于缺乏规划和指导,地热开发用途不尽合理,开发方向不明,地热开发与城市建设和房地产业、公共服务业没有很好的结合,未形成规模开发,利用形式单一,利用率和经济效益较低。地热水未有回收,弃水量大、弃水温度高,浪费严重。不但浪费资源,且易对环境产生负面影响。

3.2.5 部分地区地热井布局不合理及过量开采,引发环境地质问题

河南省地热井主要集中在主要城市及市县城区,部分地区井点和开采层位过于集中,加之重开发、轻保护,超量开采现象严重,造成地热水位持续下降,易引发资源枯竭、地面沉降等环境地质问题。如开封市建成区 70 km² 范围内,分布约 70 眼地热井,西开发区在不到 12 km² 的范围内,分布有 35 眼热水井,井点密度高达 2.92 眼/km²,是正常允许井数的 3 倍多,造成对地热资源的掠夺性开采,地热水水位年均下降 2～3 m,已形成大面积地面沉降;郑州市现有地热井多集中在中心城区,长期的过量开采,致使水位持续下降,新近系下部热储降落漏斗影响范围北部已临近黄河,东北部最大静水位埋深已达 87 m。

4 地热开发利用保护对策

4.1 加快立法,依法行政

根据《可再生能源法》、《矿产资源法》及其配套法规,结合河南省实际,尽快制定实施《河南省地热资源管理办法》,组建专门的地热管理机构,逐步建立和完善地热井审批制度、地热井施工技术要求、地热井装置基本要求、动态监测及回灌要求等。依法行政,强化执法检查,规范和约束地热开发企业的行为,对地热开发与保护实施有效的管理。

4.2 重视地热勘查工作,提高利用水平

在加大基础性、公益性勘查投入的同时,应制定优惠政策,鼓励和引导企业、个人多元化投资于地热勘查工作,保障地热开发对地热资源的需求。加强工作质量,依靠科技进步与技术创新,开展梯级综合利用研究,提高利用水平,把河南省地热开发利用提高到新的水平。

4.3　加强宣传,提高公民资源保护意识

地热资源属热、矿、水三位一体的绿色新能源,具有清洁环保、易开采、价廉、用途广等特点,同时也是一种旅游资源。开发地热资源,既可充分利用了国土资源,又可节约能源、改善生态环境质量,效益显著,符合国家构建资源节约型、环境友好性社会的要求。因此,在开发利用地热资源的同时,应加大宣传力度,提高公众资源忧患意识和资源保护意识,合理利用,杜绝破坏浪费,做到"在保护中开发,在开发中保护"。

4.4　建立健全地热动态监测网络,优化地热开发

建立健全地热动态监测网络,可以研究地热流体动态变化规律、研究地热水开发与地面沉降的关系、研究地热开发对环境的影响,为地热开发利用与保护规划的完善和修正提供参数,为制定地热井开采强度指标提供依据。根据动态监测资料,可及时优化调整开采方案,避免持续超量开采,发生地面沉降灾害。

4.5　开展地热回灌,实施有效保护

地热回灌可减缓尾水排放对生态环境的影响;可维持或恢复热储层压力,预防地面沉降;可以改善或恢复热储产热能力。理论和实践证明,回灌是保护地热资源的最有效手段。

目前,国内地热开发先进地区,如天津、北京、西藏羊八井等,都采用回灌技术,对地热资源加以保护。河南省沉降盆地为由多个热储层叠置而成的孔隙型热田,应积极开展回灌工作,特别是郑州、开封市区,地热井密度较大,开采程度高,已处于严重超采状态,可利用已有地热井作为回灌井,开展试点,技术成熟后全省范围推广。

5　结语

地热属绿色能源,其开发符合构建资源节约型、环境友好型社会的要求,是国家大力提倡探索和发展的新能源。河南省地热资源丰富,但开发利用中还存在诸多问题,为保障地热资源的可持续利用,应加快法制建设,加强管理和勘查工作,积极推进地热回灌和动态监测工作,使其更好地造福于全省广大人民。

河南省鲁山县尧山镇石人山泥石流发育特征初探

王西平[1] 祁合伟[1] 李相晨[2]

(1. 河南省地质环境监测院 郑州 450016
2. 平顶山市国土资源局 平顶山 467000)

摘 要:石人山风景名胜所在的玉皇庙沟为一河谷型、高强度降雨激发的高容重、低黏性、大规模、危害严重的砂石流沟。本文论述了该沟泥石流的形成条件、发育特征、发展趋势及危害特征,对其流量进行了预测,为泥石流防治工程设计提供了依据。

关键词:石人山风景名胜区 泥石流 特征 发展趋势

石人山风景名胜区位于平顶山市鲁山县西部山区尧山镇境内的玉皇庙沟流域,是国家重点风景名胜区,国家 AAAA 级旅游区,其所在玉皇庙沟属河谷型、高强度降雨激发的高容重、低黏性、大规模、危害严重的砂石流沟。在进行旅游开发时,必须依据泥石流的特征,采取相应的防治措施,避免泥石流灾害造成巨大损失。

1 地质环境条件

1.1 气象水文

尧山镇处于北亚热带及南暖温带的过渡地带,属于大陆性季风气候区。尧山镇位于河南省暴雨中心笼罩区,降水充沛,多年平均降水量为979.8 mm。年际变化大,最大年降水量为 1 698.8 mm(1964 年),最小年降水量为 556.6 mm(1972 年);年内降水不均,6～9月 4 个月降水量占全年的 67.2%,7、8 月降水量占全年的 47.4%。1 h 最大降雨强度极值为83.8 mm(1957 年 7 月 10 日),3 h 最大降雨强度极值为 189.1 mm(1956 年 6 月 21日),12 h 最大降雨强度极值为 364.2 mm(1982 年 7 月 29 日),暴雨具有强度高、雨量大的特点。

受大气降水年际分配不均、年内时空变化大的影响,河流流量年际、年内变化极度不均。水文特征具有历时短,来势凶猛,水位陡涨陡落,流量及水位变幅大的特点。以尧山镇下游中汤水文站 1982 年实测量为例,最大径流量达 5 190 m³/s,最小径流量仅 0.19 m³/s。

1.2 地貌

玉皇庙沟流域位于秦岭东段伏牛山区,总的地势为北、西、南高,向东变低的漏斗状地形。玉皇顶位于伏牛山主脊地带,海拔高度 2 153.1 m,最低点位于尧山镇北东沙河河床中,海拔 347 m,相对高差达 1 806.1 m。按地貌的差异可分为中山、低山、丘陵三个地貌类型。

中山海拔高程在 1 000～1 400 m 之间,坡度一般大于 35°,局部达 60°～80°,是崩塌、滑坡活动的主要场所。沟谷多呈"V"字形,沟床纵比降多在 250‰以上。沟底多被不同时期的崩积物和泥石流堆积物充填,是泥石流粗粒物质主要补给区。

低山海拔高程在 500~1 000 m 之间,物理风化强烈,山顶多呈半浑圆状,坡度 25°~35°,沟谷多呈"V"字形,局部"U"字形,沟床平均纵比降 100‰~150‰,是泥石流中—细粒物质补给区。

丘陵区海拔高程在 500 m 以下,物理风化强烈,山体低矮浑圆,坡度一般小于 25°。沟谷开阔呈"U"字形,沟谷纵比降变小,是泥石流细粒物质补给区。

1.3　地质

1.3.1　地层

流域内主要为新生界第四系,第四系地层均分布于沟谷及河谷中,具有连续性差、厚度变化大的特点。根据沉积物宏观特征,将第四系分为更新统和全新统。第四系主要为泥石流堆积物,岩性主要为砂砾卵石及漂砾,分选差,大小混杂,是现代泥石流固体物质主要补给源之一。

1.3.2　构造

玉皇庙沟流域处于秦岭褶皱系,岩性由不同时期的花岗岩组成,断裂、节理发育,变形强烈。流域内发育六组节理:275°~285°、305°~315°、325°~335°、5°~10°、35°~45°、65°~75°。其中,NE、NW 和近 EW 向节理最发育。节理裂隙与崩塌、滑塌、陡坎、瀑布具有十分密切的关系,是控制崩塌、滑塌的主要构造因素。

新构造活动表现为断裂复活、区域性抬升及有感地震频繁等特征。

1.3.3　侵入岩

侵入岩广泛分布,由晋宁期及燕山晚期各类花岗岩组成,多以岩体形式产出。

由于组成岩石颗粒大小悬殊,易遭受风化,加之断裂的影响,裂隙密集,最大强风化带厚度可达 20 m,崩塌、滑坡、面状侵蚀极为发育,是泥石流固体物质的主要补给来源。

1.4　植被及土壤

流域内植被覆盖率较高,为 88.33%,以天然次生林为主,间有少量人工林。中、低山区以密林为主,植被覆盖率较高,部分低山区及丘陵区以蔬林和柞蚕林为主,植被覆盖率较低。土壤主要为粗骨土、褐土和水稻土。

2　泥石流特征

2.1　泥石流活动特征

2.1.1　古泥石流发育

流域内第四纪沉积物及沉积结构具有泥石流混杂堆积的特征,空间分布不连续,沉积物以粗粒相漂砾、角砾及卵石为主,表现为早、中、晚更新世及全新世不同时期的泥石流沉积。

2.1.2　近代泥石流活跃

据历史记载,自 1931~1997 年,共发生大型泥石流 8 次,发生频率为 8 年左右一次。

2.2　泥石流灾害特征

泥石流主要危害对象为村镇、交通设施、水利设施及农田。如 1943 年 8 月 3 日,玉皇庙沟及四道河同时暴发特大型泥石流,泥石流将尧山镇西寨墙冲跨 100 多丈❶,西寨门不

❶　注:3 丈 = 10 m,全书后面不再一一标注。

见踪迹,倒塌、冲毁房屋数十间,死伤29人。1956年两沟暴发泥石流,冲毁机关、学校、民房共计150多间,死伤30余人,泥石流冲毁或淤埋大量耕地,使之成为乱石滩。8次泥石流灾害损失见表1。自1985年以来,该区再没有暴发过大规模的泥石流。随着旅游的开发,流域内建设了大量的配套设施,部分地段挤占河道,造成河道过流断面不足,一旦再次暴发大规模泥石流,损失巨大。

表1 尧山镇历年泥石流灾害损失统计

年份	死伤人数(人)	倒塌房屋(间)	冲毁耕地(亩)	冲毁公路(km)	冲毁桥梁(座)	死亡大牲口(头)	冲毁树木(株)	冲毁粮食(kg)	其他
1943	45	120	600			150	12 000	8 000	冲毁寨墙100余丈
1956	62	320	750	10		220	16 000	17 000	淤积塘堰坝10处
1957	10	120	300	13	1	105	6 000	6 000	淤积塘堰坝6处
1962	7	45	120	11		60	5 500	4 000	
1975	25	140	200	15		95	5 000	7 000	淤积塘堰坝15处,冲毁水渠15 km
1982	21	160	450	28	3	270	20 000	20 000	淤积塘堰坝20处,冲毁水渠20 km
1983	6	50	100	3		50	1 500	3 000	
合计	176	955	2 520	80	4	950	66 000	65 000	

2.3 泥石流固体物质补给特征

中、低山区沟谷两侧斜坡上,矿山废渣到处堆放,崩塌、滑塌体随处可见。大部分崩、滑塌体的坡度相对较大,其下又是深切的沟谷,这样的地貌形态,潜在一种不稳定因素,一旦遇到大的降雨或强暴雨,在自重力及地表水流的冲刷作用下,成为泥石流的固体物质组成。

中、低山区斜坡上分布的残坡积物,其下垫面常为坡度较大的完整岩石,降水渗入残坡积物中,至基岩相对隔水,沿接触面之间形成润滑面,残坡积物饱水后,容重增大,在自重力和地表水的冲刷下,或崩塌滚动中的铲刮下,失稳产生滑动。在其滑动过程中不仅冲刷沿途土石、树木,至沟底自身也遭到解体,转化为泥石流("土鳖子"),并补给沟谷泥石流。

第四纪不同时期、不同成因类型的沉积物主要分布在沟道中下游两岸及较大沟谷的两岸。在强大的地表径流不断地冲刷、掏蚀作用下,河床内松散碎屑物被猛烈地掀揭、铲刮并与水体搅拌混合形成泥石流。随着泥石流的运动,沿程越来越多的固体物质被起动、翻滚和运动,成为泥石流固体物质补给源之一。

2.4 泥石流冲淤特征

从大石窑以上,沟谷呈"V"字形或"U"字形,沟床纵比降为43‰~65‰,沟床底宽10~30 m,以冲刷为主,基岩裸露,残留堆积物较少。大石窑以下,沟谷呈"U"字形,沟床纵比降小于50‰,沟床底宽20~80 m,以堆积为主,大量的泥石流堆积物堆积于沟内,形成"石海"。泥石流冲淤还受微地形影响,在河道转弯处凹岸强烈侵蚀、冲刷,凸岸淤积成"石海"。沟道展宽处,易于堆积。

　　总之,泥石流表现为大冲大淤的特征,一次泥石流淤积厚度可达2.5~6 m。1982年的泥石流,一夜之间将库容为13.9万 m^3 的画眉沟水库淤为平地,从而丧失了蓄水、拦洪作用。

3　泥石流发展趋势

3.1　近代泥石流对古泥石流具有继承性,并有加强的趋势

　　在第四纪早更新世泥石流就非常活跃。碾盘村南堆积了厚30余 m 的泥石流堆积物,任家沟、小勺把沟堆积厚度亦达5~10 m。中更新世及晚更新世,洪水及泥石流混杂堆积于沟道内和沟道两侧并延续至今。古泥石流堆积物成为现代泥石流的补给源,现代泥石流继承了古泥石流的发育特征。

　　据记载,自1538~1934年的396年间共发生泥石流15次,平均26年一次;而自1931~1997年的66年中,尧山镇共发生泥石流8次,平均8年一次。二者比较可以看出泥石流活动仍非常活跃。

3.2　沟谷相对切割深度大,泥石流处于活跃期

　　沟谷相对切割深度是衡量沟谷相对稳定的标准之一。相对切割深度越大,则泥石流活动性越活跃。玉皇庙沟主沟相对切割深度为102.62 m/km,支沟多为120~300 m/km,最大达635.9 m/km。主沟或支沟其相对切割深度值均较大,坡面物质处于不稳定状态,泥石流处于活跃期。

3.3　固体物质储备量丰富,具备暴发泥石流的物源条件

　　流域内泥石流后备物质储量达18 182万 m^3,仅沟道内就达1 895 m^3。坡面物质多以崩塌、滑坡的形式进入主沟,有的直接转化为泥石流,单位面积最大动储量可达6.34万 m^3/km^2。丰富的固体物质为再次暴发泥石流准备了物源条件。

3.4　暴雨频发,降雨强度大,有助于泥石流再次发生

　　泥石流发生与否的决定因素是降雨总量和降雨强度。该区位于暴雨中心,暴雨量集中且强度大。根据《河南省中小流域暴雨洪水图集》计算,100年一遇24 h最大降雨强度为389.9 mm,而1982年7月29日的24 h降雨强度就达411.0 mm,已超过100年一遇的雨强。在目前流域内泥石流形成的环境条件未变的情况下,坡面和沟谷侵蚀量仍然很大,一旦遭遇大或特大暴雨,泥石流发生的概率极大。

4　泥石流流量预测

　　泥石流峰值流量是进行泥石流防治工程设计的主要参数之一。由于泥石流暴发时,危害性极大,实测泥石流流量难度极大,一般采用形态调查法和雨洪法确定泥石流流量。

　　形态调查法就是在泥石流沟道中选择2~3个沟道顺直、断面变化不大、无阻塞、无回流、上下沟槽无冲淤变化,具有清晰泥痕的沟段,仔细查找泥石流过境后留下的泥位痕迹,实测断面上的泥石流流面比降、泥位高度和泥石流过流断面面积等参数,采用相应的泥石

流流速公式计算出断面泥石流平均流速,再计算泥石流峰值流量。

雨洪法是在泥石流与暴雨同频率,且同步发生,计算断面的暴雨洪水设计流量全部转变成泥石流流量的假设下建立的计算方法。其计算步骤是先按水文方法计算出断面不同频率下的小流域暴雨洪峰流量,然后选用堵塞系数,计算出泥石流峰值流量。

本次采用雨洪法计算出玉皇庙沟 50 年一遇的洪峰流量为 1 487 m^3/s,泥石流流量为 3 673 m^3/s;100 年一遇的洪峰流量为 1 746 m^3/s,泥石流流量为 4 314 m^3/s。

5　结论

(1)石人山风景名胜区所在玉皇庙沟属河谷型、高强度降雨激发的高容重、低黏性、大规模、危害严重的砂石流沟。历史上曾暴发过多次大型泥石流,对当地居民的生命财产安全造成了巨大破坏,今后在旅游开发时,应当对泥石流灾害采取一定的预防措施。

(2)玉皇庙沟泥石流现阶段处于活跃期,沟道内固体物质储备量丰富,具备暴发泥石流的物源条件,一旦遇到激发降雨量,再次暴发泥石流灾害的概率极大。

(3)采用雨洪法计算了 50 年一遇和 100 年一遇的泥石流峰值流量,为泥石流防治工程设计提供了基础数据。

南水北调中线总干渠Ⅳ段(黄河北~漳河南)泥石流沟的发育特征及防治对策探讨

马　喜

(河南省地质环境监测院　郑州　450016)

摘　要:南水北调中线一期总干渠Ⅳ段沿途经过河南 12 个县市,全长 236.378 km,本段泥石流沟隐患(焦作—淇县段)严重。历史上,该段多次暴发泥石流,给当地人民及国家财产造成重大损失。泥石流沟隐患的治理成功与否,关系着南水北调中线工程的运行安全。本文重点阐述泥石流对南水北调工程的危害及相应的防治措施。

关键词:南水北调中线　泥石流　防治

1　工程概况

兴建南水北调中线工程是党中央、国务院根据我国社会经济发展需要做出的重大决策,它与南水北调东线工程相配合,将极大地改变京津和华北地区水资源严重短缺的局面。因此,它是我国一项重大的战略性基础设施。该工程不仅经济效益巨大,而且政治意义深远。

南水北调中线一期总干渠Ⅳ段,起自黄河北,止于漳河南,沿途经过 12 个县市,全长 236.378 km,其中渠道长 219.29 km,宽度为 94~150.4 m,建筑物累计长 17.08 km。沿途穿越 112 条大小河流、13 条铁路、145 条公路和 22 条现有灌溉渠道。总干渠上建筑物除有与河流、公路、铁路、灌渠交叉的交叉建筑物外,还有分水口门、节制闸、退水闸等建筑物,共计 325 座。

工程沿线穿越丘陵和平原地貌,其中焦作东—淇县段为山前丘陵地貌,其他地段基本为冲积平原地貌。

工程沿线的地质灾害类型主要为:采沙地面塌陷(淇县段)、采煤地面塌陷(焦作段)、泥石流隐患(焦作—淇县段)。本文重点阐述泥石流对南水北调工程的危害及相应的防治措施。

历史上,该段多次暴发泥石流,给当地人民及国家财产造成重大损失,如 20 世纪 60 年代,淇县沧河—赵家渠段暴发泥石流,冲毁下游不远处的京广铁路及 107 国道,致使交通中断数天;辉县段石门河多年来多次发生泥石流,造成数百亩耕地被冲毁及部分民房被毁等。

2　地质环境条件

2.1　气象、水文

该渠段沿线属温带大陆性季风气候区,四季明显,夏秋季炎热多雨,冬春季干冷多风。降水多集中在 7~9 月 3 个月,占年降水量的 60%~70%。多年平均降水量为 550~666.8 mm。

该渠段经过区内水系发达,有大小河流 112 条,其中集流面积大于 1 000 km² 的河流有沁河、淇河、安阳河 3 条,集流面积为 20~1 000 km² 的河流有 28 条。除沁河、济河、护城河属黄河水系外,其他河流都属海河水系卫河支流。河流流量受降水控制,变化极大,大部分属季节性河流,汛期水量丰富,枯水期水量很小或断流干枯。

2.2　地形地貌

该渠段沿线地貌类型分为二类:山前丘陵岗地、山前倾斜平原及河流冲积平原。按岩性、成因可划分为6个次级地貌单元:硬岩丘陵、软岩丘陵、山前冲洪积平原、丘前坡洪积平原、丘前冲洪积平原和河流冲积平原。沿线最高点为百泉苏门山山顶,高程为134.56 m,最低点为安阳河河床,高程为75.0 m。

2.3　地层岩性

本渠段地层属华北地层区的豫东小区、太行山小区及豫北小区,地表及钻孔揭露地层有奥陶系、第三系和第四系,沿线地表出露的地层绝大部分为第四系松散沉积物,在新乡北站、淇河—洪河间有第三系出露,奥陶系灰岩仅在百泉、新乡北站一带局部出露。

2.4　地质构造

本渠段位于中朝准地台、山西断隆和华北断拗的交接部位,依据《南水北调中线一期工程总干渠Ⅳ段(黄河北~漳河南)可行性研究报告》,主要断裂有:焦作—新乡—商丘断裂、焦作断裂、汤东断裂、汤西断裂、安阳南断裂和磁县—大名断裂。其中,汤东断裂和磁县断裂为晚第四纪活动断裂。

2.5　地震

本渠段位于华北地震构造区。华北地震构造区大致以太行山东缘断裂为界分为东西两个地震带,东部为河北平原地震带,西部为山西地震带,渠线位于两地震带的交界处。河北平原地震带地震频度和强度均较高。据资料记载,发生过6~6.9级地震13次,7~7.9级地震5次,8级地震1次。它是华北本次地震期的主体活动带,近代地震活动显示密集成带分布。山西地震带近期地震活动强度频度不高。

2.6　地下水的补给、径流和排泄条件

地下水的补给、径流和排泄条件主要受地形地貌、地层岩性、地质构造、气象水文、人类活动等控制。

(1)工程沿线地下水的补给来源主要为大气降水入渗、河水入渗、灌溉水入渗、水库侧渗、地下水侧向补给等。

(2)地下水径流决定于地下水补给来源、水力坡度、地层岩性、地质构造等因素,本区地下水总体流向为由山前流向平原,即由西向东径流。

(3)地下水排泄方式有以下几种:第一种以泉的方式排泄;第二种以地下径流的方式向平原区排泄;第三种方式以蒸腾、蒸发的方式垂向排泄;第四种方式为人工开采排泄,如人类生活用水、工业用水、矿山排水等。

3　泥石流的发育特征及防治措施

3.1　泥石流的发育特征

本渠段泥石流沟14条,主要分布在焦作市—辉县之间及淇县的山前地带,均为河流型泥石流沟。渠段位于山前沟谷出口下游一般1~6 km,松散堆积物主要为卵砾石、砂,沟谷顺直,大多数沟中存在采挖河沙、堆积严重的不良现象,遇暴雨易发生水石流。沟谷都为开拓"U"形谷,地势开阔。主要泥石流沟现状见表1。

表1　主要泥石流沟现状一览

序号	野外编号	位置	坐标	沟口距干渠的距离（km）	沟口扇形地发育完整程度	沟谷堵塞程度	规模及特征	危险性
01	D01	阎河	E113°14′30″ N35°13′08″	6.0	不完整	轻微	沟宽14 m、深25 m,堆积物厚1 m左右,沟谷顺直,堆积物为卵砾石,砾径一般小于10 cm	小
02	D06	花果山河	E113°29′58″ N35°25′36″	0.5	不完整	轻微	沟宽15 m、深2.5 m,沟谷顺直,堆积物为卵砾石	小
03	D07	焦泉河	E113°31′49″ N35°27′45″	4.5	较完整	严重	松散堆积物较多,沟谷宽阔,堆积物厚1~2 m,以卵砾石为主,沟谷宽度一般在100 m以上,卵砾石砾径一般小于30 cm,个别在100 cm以上	中等
04	D08	王村河	E113°35′33″ N35°31′01″	6.0	较完整	严重	松散堆积物储量极大,河沟内厚1~3 m,沟谷平缓,宽敞,堆积物为卵砾石,砾径大的在100 cm以上,一般小于30 cm	中等
05	D09	旱生河	E113°34′12″ N35°30′25″	4.5	不完整	严重	位于山前丘陵区,沟中有泥质堆积物及卵砾石,沟谷宽,砾石砾径大的在100 cm以上,一般小于30 cm	中等
06	D10	石门河	E113°40′12″ N35°30′31″	7.0	较完整	严重	流通区平缓顺直,沟内堆积严重,位于山前平原地带,现采砂严重,堆积物为砾石,砾径大的在100 cm以上,一般小于30 cm	中等
07	D11	黄水河	E113°41′45″ N35°30′23″	9.0	较完整	轻微	上游有少量碎石,中下游有大量砂土,河谷宽度在120 m以上,堵塞轻微	小
08	D12	辉县东河	E113°49′04″ N35°28′39″	4.0	不完整	轻微	沟中堆积物为耕植层及回田的灰渣,堆积物较少	小
09	D13	沧河	E114°05′37″ N35°33′19″	5.5	较完整	严重	河道弯曲较多,堆积严重,现采砂情况严重,河谷宽阔,堆积大量卵石,砾径大小不一,大者在100 cm以上,一般在30 cm以下	中等
10	D14	小庄河	E114°07′01″ N35°35′49″	2.5	较完整	严重	沟谷内堆积严重,堆积物为卵砾石	中等

续表1

序号	野外编号	位置	坐标	沟口距干渠的距离(km)	沟口扇形地发育完整程度	沟谷堵塞程度	规模及特征	危险性
11	D15	刘庄河	E114°07′44″ N35°36′37″	2.75	不完整	轻微	沟宽50 m,深23 m,堆积区有少量砂及砾石	小
12	D16	赵家渠	E114°10′16″ N35°38′50″	4.5	不完整	轻微	沟宽120 m,深23 m,沟谷顺畅,堆积轻微	小
13	D42	纸纺河	E113°23′26″ N35°23′31″	6.5	较完整	严重	沟谷宽畅,堆积大量的卵砾石,河道堵塞严重,砾石砾径大小不一,一般在30 cm以下	中等
14	D43	峪河	E113°27′07″ N35°25′56″	5.5	较完整	严重	沟谷宽畅,堆积大量的卵砾石,河道堵塞严重,砾石砾径大小不一,一般在30 cm以下	中等

　　在以上泥石流沟中,对干渠威胁较大的主要是焦泉河、王村河、早生河、石门河、纸纺河、沧河。

　　上述泥石流沟中的焦泉河、王村河、早生河、石门河4条河流彼此间距平均不超过2 km,其共同特点是:河谷出山后扇形地比较明显,河道堵塞比较严重,几乎没有护堤,大部分为漫滩型河道,且河道在出山口后的松散堆积物厚度较大,在暴雨季节,出山口位置河道一旦堵塞,极易改变河道,使下游南水北调干渠针对该泥石流沟的防护措施形同虚设。

　　纸纺河和沧河在出山下游有护堤,但高度低,一般低于5 m,但是护堤内的河道堵塞严重,暴雨时,容易形成自然堤坝型溃坝,对南水北调干渠形成威胁。

3.2　泥石流的防治措施

　　针对南水北调中线工程Ⅳ段泥石流的发育特征及可能的危害形式,提出一些相应的防治措施。

　　(1)在泥石流沟的上游设立拦石坝,这种拦石坝的位置应选择在出山口下游形成自然护堤或者有人工护堤的地方,且拦石坝以上位置也应设置护堤,谨防河流改道。

　　(2)疏通河道,保持河道顺畅,排水顺利,特别是出山口漫滩位置,定期对河道堵塞地段进行清理。

　　(3)对一些地质条件比较理想的沟谷,可以考虑建设中小型水库。

　　(4)对沟谷上游的人类工程活动进行限制,特别是对可能形成物源的采矿、采石行业。

　　(5)建立专业的泥石流监测系统,对沟谷的中上游进行定期监测。

4　结语

　　南水北调工程是国家的重要水利工程,它的安全正常运营带来的是巨大的经济和社会效益。以上是本人对南水北调中线工程Ⅳ段可能遭受泥石流沟危害地段防治措施的一点不成熟的个人看法,欢迎同行朋友提出不同见解,共同探讨。

巩义小关铝矿主要矿山环境问题及其防治对策

陈学林

（河南省地质环境监测院　郑州　450016）

摘　要：本文在系统论述河南省巩义小关铝矿矿山环境问题及危害的基础上,分析了制约当地经济社会发展的主要矿山环境问题和这些问题产生的主要原因,进而提出了合理有效的防治对策。

关键词：小关铝矿　环境问题　防治对策

1　前言

河南省巩义小关铝矿是全省较典型的国有露天金属矿山。该矿始建于1958年,至今已有近50年的开采历史,为我国铝工业的发展做出了突出贡献。

20世纪80~90年代,随着我国经济体制的转变和有水快流的思想影响,该矿一度出现了乱采乱挖的无序局面,矿区面貌变得千疮百孔,众多矿山环境问题相应而生。这些矿山环境问题不仅越来越严重地制约了矿山企业自身的发展,同时还产生了越来越严重的社会负效应,制约了当地经济社会的和谐发展。研究矿山环境问题的防治对策,成了摆在矿山企业面前的头等大事。

2　矿区社会、经济概况

矿区位于巩义市东部约10 km,310国道北侧。西自米河镇水头村,东至大峪沟镇的钟岭,东西总长约18 km,南北宽1~2 km,东西跨米河、小关、竹林、大峪沟4个乡镇。该区是河南省最著名的乡镇工业积聚区之一;区内冶金、建材、化工、机械、采矿业等工业均异常发达,竹林镇更是全国的乡镇企业明星镇。位于矿区南部约5 km的雪花洞景区是近年开发的省级重点风景名胜旅游区,小关铝矿是通往景区的必经之道,该区的农、林等农副产业也基本实现自给自足。多种经济的迅猛发展促进了当地人口的发展,目前矿区工农业总人口预计达数十万人。良好的经济环境要求有一个和谐的自然环境作支撑,才能实现持续、健康发展。

3　矿区地质环境特征

矿区地层主要为石炭系本溪组、二叠系山西组沉积岩系和第四系上更新统黄土。含矿岩系为石炭系本溪组硬质铝土矿,矿层直接顶板为太原组燧石团块灰岩,厚层状,较完整,间接顶板为薄层状长石石英砂岩,破碎—极破碎,厚度为3~5 m,其上为 Q_3 黄土,厚度为1~30 m不等。

矿区为整体向北倾斜的单斜构造,倾角为10°~15°,断裂构造不发育。矿区内含矿层一般位于当地侵蚀基准面以上,受地形切割影响,矿层被分割成多个大小不等的不连续块段,各块段在矿区内有大量的露头分布,部分矿段含矿层直接暴露于山脊表面,根据埋藏条件大致可分为以下几种类型。

3.1　黄土覆盖型

黄土覆盖型主要分布于矿区东部水头一带。矿层顶板基岩厚度较小,多被厚度较大的黄土覆盖,黄土最大厚度达 35 m,黄土表面多为较肥沃的耕地,山顶部位多为人工乔木林。

3.2　基岩覆盖型

基岩覆盖型以火石岭、大山头、贡岭矿段为代表。矿层主要被基岩覆盖,地表黄土厚度较小或无黄土分布,植被以野生乔、灌木为主,山坡坡脚部常有村庄、工厂、公路等分布。

3.3　直接裸露型

直接裸露型以小火石岭、西贡岭、鳖盖岭等矿段为代表。矿层直接裸露于山岭岭脊,矿层下部山体为奥陶系中统马家沟组灰岩,两侧山坡表面多为天然乔、灌木林,植被一般较茂盛。

4　矿山开采概况

1958 年建矿至 20 世纪 80 年代初期,也是我国的计划经济时期。该矿主要依靠企业自身的力量开采,采用露天开采方式,开采范围主要集中在米河镇水头、小关镇一工区、二工区等部。由于企业具有严格的组织管理和技术管理,使矿藏得于集中连片开采。采矿过程中废渣或用于回填采坑,或集中填埋沟谷,区段采完后又进行了复耕治理,既使矿藏得到充分开采,又以较小的投入取得了很好的环境恢复治理效果。以上几个闭坑矿段经治理后,基本看不出有采矿的痕迹,采矿引发的地质灾害也大为减少,真正实现了经济、环境效益的高度统一。

进入 20 世纪 80 年代后,由于历史原因,矿山企业的生产管理逐步由集约型转变为松散型。加之该矿矿体埋藏浅,露头多而分散,矿区范围大,当地居民纷纷投入采矿生产,形成采点星罗棋布、开采方式因陋就简的无序局面,不仅严重浪费矿产资源,而且引发了众多的矿山环境问题。

5　主要矿山环境问题及危害

各矿段矿层埋藏条件不同,所产生的矿山环境问题也各异。

黄土覆盖型矿段主要表现为耕地、林地大量遭受破坏,黄土、块石混杂任意堆放,简单的采矿方式还形成了大量的不稳定边坡,为日后崩塌、滑坡灾害发生留下了隐患。

目前,小关铝矿可以露采的矿产已日趋枯竭,而另一方面鸡窝式的开采方式又使大量的矿产成零星矿体埋藏于地下,二次开采不仅使破坏的环境长期不能得到治理,也将大大加大采矿和环境治理的难度和成本,最后可能陷入无钱可治、无人来治的尴尬境地。

基岩覆盖型矿段环境问题主要表现为岩质不稳定边坡的大量产生和大量废石在山坡表面的随意堆放。由于矿区人口稠密,居民点、小型工厂、公路遍布,这些不稳定的岩质和松散废石边坡对这些设施和人员安全均构成很大的威胁。同时,由于岩块风化作用缓慢,被破坏的山体要自然恢复生态环境将需要非常漫长的过程,而人为治理需要的资金投入又非常大,与采矿收益相比,靠矿山企业自己治理几乎是不可能的。

直接裸露型矿段环境问题主要表现为天然植被的破坏和水土流失的加剧。同时,伴随大量的废土、废石在山坡两侧和沟谷底部的随意堆放,目前小火石岭、西贡岭、鳖盖岭沿山脊表面已成为凹凸不平的不毛之地,山坡两侧植被被大量掩埋。

不难想象,随着开采活动的继续,当地居民赖以生存的土地将会大量被毁,层层梯田将会被乱石堆所取代,昨日的遍地青山会变成不毛之地,滑坡、崩塌等地质灾害随处可见,环境恢复治理工作将举步维艰。

6 当地经济社会与矿山环境问题的制约关系

6.1 矿山环境直接破坏农、林、牧业资源

土地、植被资源与采矿破坏土地与植被若不能保持一个总量的合理动态平衡,势必影响当地农、林、牧业的发展,影响小康村建设。

6.2 生态破坏和地质灾害的大量发生将导致当地生存环境恶化

良好的生态和安全的环境是最基本的人居环境,它的恶化势必引发当地社会矛盾,影响社会稳定和投资环境。

6.3 生态环境的恶化制约当地旅游业的发展

雪花洞景区是近年巩义市开发的重点风景名胜区,小关铝矿不仅毗邻景区,也是通往景区的必经之地,矿区环境的进一步恶化,将大大降低景区的旅游品位,影响旅游经济的健康发展。

7 矿山环境问题产生的根本原因及防治对策

如前所述,小关铝矿在20世纪80年代以前在矿产开发与环境治理中已经取得了十分宝贵的经验,收到了良好的环境治理效果。从经验看,产生环境问题的根本原因在于缺少科学合理的开采方案和对生产队伍的高度集中管理。在我国实行市场经济体制以后,面对新的社会和市场环境,矿山企业应如何进行管理机制的适应性转变,则是实现矿产开发与环境保护良性循环的关键。本文在此提出一些粗浅看法与读者商榷。

(1)首先应该强化政府的管理职能,尽快实行矿山环境恢复治理保证金制度,用政策和法律来规范和约束企业的行为,增强企业的社会责任感,消除短期行为。

(2)对已闭坑矿段的矿山环境问题,采用政府和企业共同出资的方式,在规定期限内逐步予以治理。

(3)尽快制订矿山开发利用方案,分片、分段集中开采,矿山环境保护与治理作为开发方案的组成部分因地制宜地进行环境恢复治理。

(4)为适应新的形势,企业可以吸收社会力量与企业形成利益共同体,但必须接受企业在技术、安全上的统一管理,企业有责任对其进行必要的技术培训。

(5)企业与当地地矿部门应联合加大稽查力度,严禁私挖乱采继续蔓延。

(6)对采矿废土、废石应分类处理,实现边采边填,尽量避免二次运输,并适时修筑必要的拦挡工程,对不宜耕种的要实现当年回填,当年绿化。

基于 Web 的地质灾害预警信息发布与反馈系统研究

霍光杰

（河南省地质环境监测院　郑州　450016）

摘　要：以河南省地质灾害预警预报系统为研究基础，以县（市）地质灾害调查与区划成果为依据，以商城县地质灾害预警结果为实例，以河南省地质环境信息网为发布平台，通过将预警结果库、预警网格数据库，地质灾害数据库进行关联分析，建立关联模型，采用 MapGis 二次开发数据库技术及动态网页设计技术，提出基于 Web 的地质灾害预警信息发布、地质灾害隐患点查询和地质灾害反馈信息上报的互联网信息系统。

关键词：地质灾害　预报预警　信息发布

1　概述

我国地质及地质灾害专家对地质灾害发生的机理、规律、特征、诱因以及预警预测等做了大量深入的实验和研究，取得了丰硕的研究成果，在指导地方工程建设、经济发展、减灾防灾避灾等各项事业上发挥了较大作用。尤其是近几年发展起来的"汛期地质灾害气象预报预警"，以刘传正博士为代表的一大批优秀地质灾害专家相继提出了不同的理论方法，并进行了深入的研究和探索，在河南、福建、四川、浙江、湖南等省份进行了实践和应用，取得了良好的经济效益和社会效益。河南省于 2004 年 6 月份正式开通汛期地质灾害预警预报工作，该预警是在刘传正博士提出的"基于临界降雨量判据图的预警方法"，称之为"$\alpha \sim \beta$"理论方法的基础上进行了大量创新性改进和研究，提出的一套适合本省预报预警的新的机制，预警结果主要通过电视节目播报、电话传真发布、河南省地质环境信息网发布。通过近 4 年的运行，取得了较好的减灾防灾效益，但是由于该预警为区域性地质灾害等级预报（见图 1），预警结果仅描述了某区域某个时间段有可能发生地质灾害，未对该区域内的地质灾害点及隐患点分布、地质灾害发育特征以及灾害点隐患点相关信息有更加清晰的反映，对减灾防灾避灾以及巡查等工作缺乏明确的指导性。因此，有必要针对目前的预警结果发布模式，提出一套新的预警信息发布、查询与反馈模式。

预警等级
四级
三级

图 1　商城县区域性地质灾害等级预报结果

2　河南省地质灾害点及隐患点的分布

河南省地质灾害较为发育，分布广泛，时空分布与地形地貌、地质构造、岩土结构、气候等有着密切的关系。通过对县(市)地质灾害调查与区划、地质灾害评估、矿山地质环境现状调查与评价等成果资料的综合分析研究,进行信息筛选、挖掘,编制统一数据结构,从而建立河南省地质灾害数据库。根据经纬度坐标,采用 MapGis 二次开发技术,将地质灾害点和隐患点生成到河南省地势图上,可以更加清晰地反映地质灾害的分布规律以及与地势的关系(见图 2)。

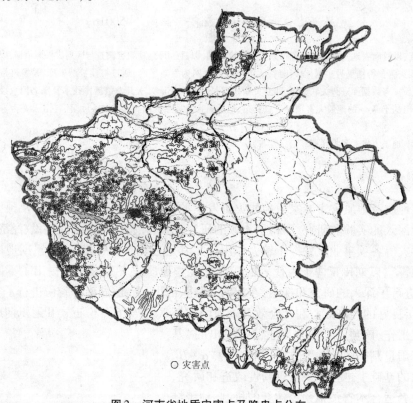

○ 灾害点

图 2　　河南省地质灾害点及隐患点分布

3　地质灾害预警结果与地质灾害点及隐患点的关联

将地质灾害预警结果与地质灾害点及隐患点进行关联,可以清晰地反映出预警结果区地质灾害点及隐患点的发育、分布规律,对于预警区的相关防灾部门和群众了解本辖区地质灾害点及隐患点相关信息,进行有的放矢的开展避灾防灾工作,具有重要意义。根据经纬度将灾害点及隐患点具体定位到相应的预警空间单元网格里,从而建立预警关联模型,将每日预警结果单元网格与该预警关联模型进行关联,即可自动生成带灾害点信息的预警结果图。

3.1　预警关联模型的建立

(1)建立地质灾害数据表,其包含字段及说明见表 1。

(2)建立预警空间单元网格表,其包含字段及说明见表 2。

(3)建立计算机处理程序,根据经纬度将灾害点隐患点定位到相应的预警网格里,生成预警关联模型数据表,其包含字段及说明见表 3。

表 1　地质灾害数据表包含字段及说明

字段编号	字段类型	字段长度	字段注释	字段编号	字段类型	字段长度	字段注释
C _ number	字符型	5	灾害点编号	C _ end _ wd	字符型	6	最大纬度
C _ type	字符型	6	灾害类型	C _ object	字符型	50	威胁对象
C _ yesno	字符型	6	是否隐患点	C _ people	整型	7	威胁人口
C _ position	字符型	100	灾害点位置	C _ property	数字型	单精度型	威胁财产
C _ star _ jd	字符型	7	最小经度	C _ level	字符型	8	危害程度
C _ end _ jd	字符型	7	最大经度	C _ jc _ person	字符型	8	监测人员
C _ star _ wd	字符型	6	最小纬度	C _ telephone	字符型	30	联系电话

表 2　预警空间单元网格表包含字段及说明

字段编号	字段类型	字段长度	字段注释	字段编号	字段类型	字段长度	字段注释
C _ order	整型	6	网格序号	C _ end _ jd	字符型	7	最大经度
C _ number	整型	6	网格编号	C _ star _ wd	字符型	6	最小纬度
C _ star _ jd	字符型	7	最小经度	C _ end _ wd	字符型	6	最大纬度

表 3　预警关联模型数据表包含字段及说明

字段编号	字段类型	字段长度	字段注释
C _ grid _ number	字符型	6	网络编号
C _ dz _ number	字符型	5	灾害点编号

3.2　预警结果图的生成

计算机处理过程将预警结果空间单元网格与预警关联模型进行关联处理,即可生成带有地质灾害点及隐患点分布的预警结果图。灾害点生成到预警结果图的处理过程类似于上述灾害点及隐患点分布图的处理过程。

4　地质灾害点及隐患点的查询

地质灾害预报预警最重要的是不仅要预测哪些地区有可能发生多大等级的地质灾害类型,而且更重要的是要能反映预警结果区地质灾害的发育、发生情况,以及存在哪些地质灾害隐患和地质灾害隐患点对人民群众生命财产安全的威胁情况。通过对这些信息的实时查询,防灾部门才能快速地更加清楚的了解预警区的地质灾害易发情况和险情等级,以及有可能发生的地质灾害点信息,如地质灾害点位置、受威胁对象、危害情况、监测责任人、联系方式等,为及时巡查、防灾避灾工作争取更多的时间。因此,预警结果区地质灾害点和隐患点的实时信息查询,对防灾部门和人民群众防灾避灾工作具有重要的指导意义。查询页面的设计可采用动态网页设计语言 ASP、JSP、C#等,通过将预警结果库与地质灾库进行关联,可实现对预警结果区的相关地质灾害信息的查询、汇总等,对预警结果区的地质灾害隐患点信息的查询结果见表4。

表4　预警结果区地质灾害隐患点信息部分查询结果

序号	编号	灾害点位置	类型	威胁对象	威胁人口	威胁财产(万元)	稳定性	危害程度	监测责任人
20	1089	三里坪乡迎山庙村八斗冲组	滑坡	居民	5	3	不稳定	一般	曾现东
21	1050	长竹园乡两河口村河东组	滑坡	居民	10	50	不稳定	较大	陈绪华
22	1127	达权店乡英窝村朱岭组	滑坡	居民	5	1.6	不稳定	一般	姜思志
23	1143	双椿铺镇梅山村千岭组	滑坡	居民	2	0.9	不稳定	一般	洪志枝
24	1085	汪桥镇东庙村	滑坡	河堤	500	135	不稳定	重大	徐维成

5　地质灾害反馈信息的上报

及时将地质灾害预警结果区和非预警结果区的地质灾害发生情况上报到相关部门和预警预报中心,对预报员及时掌握地质灾害发生情况,以及报中和漏报情况,不断修改完善预报预警模型,改进预报预警方法,提高预报准确率具有重要意义。发生地质灾害的反馈信息可包含发生时间(越具体越好)、灾害类型、灾害特征、灾情、诱发因素、地质环境条件、目前稳定性等。

6　结论

(1)对县(市)地质灾害调查与区划成果资料进行综合研究,采用 MapGis 组件开发技术、数据库技术,将地质灾害预警空间数据库与地质灾害点信息关系数据库进行关联处理,建立预警关联模型,从而生成含有地质灾害隐患点等预警目标信息的预警结果图。

(2)利用 Internet 信息更新快,预留时间长,便于查询、统计等特点,建立信息发布平台,实现预警结果的实时发布、地质灾害点及隐患点的实时查询,以及地质灾害信息的实时反馈。

(3)新的预警结果图含有更加明确的地质灾害隐患信息,防灾部门可通过网页查询页面,掌握更加详细的地质灾害隐患信息,并通过电话传达到相关的地质灾害点监测责任人和受威胁的居民,为汛期地质灾害巡查、减灾防灾避灾工作争取更多的时间和主动性。

中国银行焦作市支行办公楼基坑降水工作的几点启示

陈学林[1]　秦琬玲[2]

（1. 河南省地质环境监测院　郑州　450016
2. 河南省地矿局第二地质队　焦作　454002）

摘　要：本文通过对中国银行焦作支行综合办公楼基坑降水工作的全面总结，指出了本工程的设计思路和方法，提出了影响该工程降水成败的关键因素，笔者试图通过本文，对焦作市高新区降水工程提出指导意见。

关键词：降水　设计　影响因素

1　前言

　　中国银行焦作支行办公楼场地位于焦作市丰收路北侧，东距塔南路约 1 km。该楼基坑设计东西长 72 m，南北宽 30 m，平面形状近似矩形，开挖深度为 3~6 m。施工时地下水位埋深 0.5 m，要求施工期间地下水位高度不超过基坑底板以下 0.5 m，并不得发生潜蚀、突涌等不良工程现象。

2　区域水文地质条件

　　焦作市位于由北向南倾斜的山前洪积斜地之上，北部为太行山，主要为中低山地貌，成因属构造—侵蚀类型，地层主要为古生代奥陶系、寒武系灰岩、白云岩，构造裂隙及岩溶均较发育，为洪积扇地下水的主要补给区。焦作市区范围为洪积斜地地下水的补给—径流区，地形坡度较大，地下潜水位埋深为 10~50 m，市区南部丰收路一带为洪积斜地地下水的排泄区，地形平缓，其排泄方式以蒸发排泄为主，次为河渠排泄。该区也是洪积斜地地下水的浅埋带，水位埋深 0~0.5 m。水位受气候及人为影响明显。本工程恰位于该地下水浅埋带，施工时地下水位埋深仅 0.5 m，必须采取人工降水措施。

3　场地水文地质条件

3.1　含水层与隔水层

　　按其相对富水性强弱可分为弱、中、强三个含水层，自上而下为：①亚黏土弱含水层：分布于场地最上层，厚度约 6 m，上部 3 m 为褐、褐灰色亚黏土，黏粒含量较高，硬塑状，下部 3 m 为浅灰黄色亚黏土，粉粒含量较上部为高，含较多钙质结核，针状孔隙发育，呈可塑状，较上部含水性好，实验室测定渗透系数 $K=0.5$ m/d；②亚砂土中等富水含水层：分布于①含水层之下，厚度约 4 m，呈褐黄色，分选性较好，局部夹亚黏土或细砂薄层透境体，渗透系数 $K=2$ m/d；③中粗砂强富水含水层：分布于②含水层之下，埋深 10 m，厚度约 5 m，灰黑色，中粗粒，黏粒含量一般小于 10%，分选性较好，渗透系数 $K=25$ m/d。

　　亚黏土隔水层位于③含水层之下。顶板埋深 15 m 左右，厚度大于 10 m，为灰或黄、灰黄等杂色亚黏土,结构致密,黏粒含量较高,为该区稳定的隔水层。

天然状态下,各含水层具有统一的均衡的水头压力,但由于①含水层与②、③含水层透水性差异较大,特别是①含水层上部亚黏土表现出相对隔水层的性质,故在一定程度上,②、③含水层又表现出一定的承压性,其水头压力一般与天然状态下的①含水层中的潜水含水层水位一致。

3.2 场区地下水的补给、径流、排泄条件

场区位于洪积斜地前沿,地下水的补给来源主要为洪积斜地中上部的侧向径流补给,其次是来自市区的城市废水、河渠的垂直入渗补给和农田灌溉的入渗补给。侧向径流补给是常年性的补给源,农田灌溉、大气降水是季节性或间断性的补给源。河渠废水与地下水的补给关系是随二者的水力条件的改变而变化的,地下水位高于河渠水位时,表现为地下水补给河水,地下水位低于河渠水位时,表现为河水补给地下水。地下水的蒸发排泄是常年性的排泄途径。

3.3 疏干过程中各含水层、地表水体之间的水力特征分析

该基坑抽水前,地下水位埋深0.5 m,基坑东西部废水河水位深约1.0 m,呈现地下水补给河水的特征。同时,各含水层之间的水头压力是均衡的,其水头的变化主要受蒸发排泄、降水、灌溉水及河水入渗诸因素控制。当保持一定的涌水量降水开始后,各含水层的水头压力虽然是同时发生下降,但由于各含水层渗透能力的显著差异,导致其水头压力下降速度也具有明显不同。也就是说,抽水初期,③含水层由于渗透系数最大,水头压力迅速削减,而①、②含水层由于渗透系数相对较小,压力水头削减相对缓慢,这样上下含水层之间的水力均衡迅速打破,③含水层首先表现出承压含水层的特征,随着抽水时间的延长,②、③含水层的水头压力将渐趋稳定,①含水层的疏干作用渐趋加强,抽水又将表现出迟后给水的特征,这个过程也正是基坑被疏干的过程。可见,只要抽水设备的抽水能力足够大,使②、③含水层的水头降至①含水层底界,则①含水层将逐步被疏干,若要使基坑水位达到6 m深度,则必须使③含水层的水头降至6 m深度以下,①、②含水层的水才能逐步被疏干。

随着地下水水头压力的下降,地下水与东西两侧河流的水力条件也随之发生变化,河水水位将明显高于地下水位,补给关系将变为河水补给地下水,随着降落漏斗的稳定,这种补给关系也渐趋稳定。

4 降水工程布置与施工

4.1 降水工程设计

如前所述,本降水工程必须满足如下要求:

(1)整个基坑范围水位低于深度3.5 m,电梯井部位水位低于6.5 m。

(2)由于6 m以下为半承压含水层,且含水层为亚砂土夹细砂透镜体,故降水过程中,电梯井部位必须防止突涌的发生。

(3)因含水层有迅速补给的能力,故必须保持抽水的连续性。

(4)必须保证最低的工程成本投入。

为满足该工程对降水的上述要求,设计时首先考虑对降低②、③含水层中半承压含水

层水压的要求。降水工程必须深入到②、③含水层之中,因而确定建立三个含水层的完整井,采取混合抽水的方式,这就要求靠近电梯井部位的降水井深度达到 15 m 左右。同时,采用大井法对总涌水量做了预测,计算过程如下:

因降水稳定后,①含水层将被疏干。为满足电梯井部位 6 m 的降深要求,假设大井水位深需达到 5 m,按承压井群的裘布依公式计算:

$$Q_{总} = \frac{2\pi KMS_w}{\ln \dfrac{R}{r}} \tag{1}$$

式中　K——含水层的平均渗透系数,m/d,$K = \dfrac{K_2 M_2 + K_3 M_3}{M_2 + M_3}$,将 $K_2 = 2$ m/d、$K_3 = 25$ m/d、

　　　　$M_2 = 4$ m、$M_3 = 5$ m 代入公式得 $K = 14$ m/d;

　　　M——承压含水层总厚度,m,$M = M_2 + M_3 = 4 + 5 = 9(m)$;

　　　S_w——水位降深,m,取 $S_w = 5$ m;

　　　R——大井影响半径,m,取经验值 $R = 150$ m;

　　　r——假设的大井半径,m,$r = \dfrac{F}{\pi} = 0.565\sqrt{F}$,基坑总面积 $F = 72 \times 30 = 2\,160(m^2)$,

　　　　　代入公式得 $r \approx 26$ m。

将上面各数代入式(1)计算得:

$$Q_{总} = \frac{2 \times 3.14 \times 14 \times 9 \times 5}{\ln \dfrac{150}{26}} = 2\,260.8(m^3/d)$$

可以看出,降水井的深度和预测总涌水量均较大,采用轻型井点法降水是难以施工和达到目的的,为此选用深井井点法,井半径 r_w 拟采用 0.2 m 和 0.3 m,井壁材料采用无振捣水泥碎石井壁管,既经济实用又能就地购买。

试算布置 12 口井径为 0.2 m 的完整井,按半径为 26 m 的圆周均匀布置,近似计算单井涌水量为:

$$Q' = \frac{2\pi KMS_w}{\ln \dfrac{R^n}{nr_w r^{n-1}}} = \frac{2 \times 3.14 \times 14 \times 9 \times 5}{\ln \dfrac{150^{12}}{12 \times 0.2 \times 26^{12-1}}} = 169.0(m^3/d)$$

$$Q_{总} = nQ' = 12 \times 169.0 = 2\,028(m^3/d)$$

4.2　降水工程布置

经采用干扰井群抽水验算,水量能够满足要求。

此外,为进一步满足电梯基础部位水位降深要求,布置与该处相近的井时,一方面使井位尽量靠近该部位,另一方面采用加大井径的方式,采用直径为 0.6 m 的井壁管,其次是加大该处抽水设备的抽水能力,估计将达到预期目的。

在设计过程中,也对河渠的侧向补给做了计算,但其补给份额很小,故在该处未作考虑。

4.3　降水工程施工

由于采用深井井点降水,降水井施工采用 GQ - 12 型工程钻机,自然造浆正循环成

孔。井径为0.4 m的井采用0.6 m的直径成孔,井径为0.6 m的井采用0.8 m的直径成孔。井壁管管壁厚5 cm,滤料采用3~5 mm的碎石,滤料厚度为10 cm。井壁管采用预制混凝土垫封底,井壁管连接处采用废塑料编织袋包扎,管外用竹板捆绑导正,以防发生涌砂和潜蚀。洗井时采用离心式水泵,吸水管应尽量伸入井底。

抽水设备采用井用潜水泵,各井水经管道分别送入东西两个主排水管,集中送入离基坑较远的东西两排水沟内。

为保证抽水井连续进行,特备了60 kW发电机一台,工人、工程技术人员24 h轮流值班,保证了降水工作的顺利进行。

5　降水过程地下水动态特征分析

降水过程中地下水动态受地下水均衡要素控制。抽水初期,总涌水量维持在90~100 m³/h,地下水位迅速下降,而后渐趋稳定。地下水主要靠含水层侧向径流补给。由于2月中旬基坑外围大面积农田灌溉,使区域水位迅速抬高,漏斗水位也开始回升,回升幅度为0.5~0.8 m,总涌水量也由缓慢的下降趋势渐趋恢复至100 m³/h左右,至4月份以后地下水位方渐趋下降。由于4月至6月中旬没有明显降雨,地下水的补给主要为侧向径流和河渠入渗,后者影响较小。地下水的排泄主要为蒸发和抽水。显然,由于持续干旱,蒸发量渐趋增大,地下水位又表现为缓慢下降,总涌水量也相应减小,至5月中旬以后,涌水量和水位渐趋稳定。6月下旬以后,随着大气降水增多,总涌水量又相应回升。

6　本次降水工程中几个问题的认识

6.1　井径对单井涌水量的影响

本次降水工程采用0.4 m、0.6 m两种井径,其成孔直径分别为0.6 m、0.8 m,从实际抽水情况看,其涌水量差异十分悬殊,井径为0.6 m的7#井涌水量为22 m³/h,3#井涌水量为15 m³/h,而井径为0.4 m的井涌水量均小于10 m³/h。我们知道,一口井的出水能力受两方面因素制约,一方面为含水层的出水能力,另一方面为井管(包括过滤层)的过水能力。当含水层的透水性较好或水位降深较大时,含水层能提供较大的流量,此时井的实际出水量在一定程度内决定于井管的过水能力,而井管的过水能力又受两个因素制约,一是过水断面的大小,另一是井管的透水性或井管的孔隙度。可见,对于一定的井管来说,决定井的出水能力的因素就只有过水断面的大小了。所以,当井径增加时,水量明显增加。可见,该场地含水层条件下,要发挥单井最大的出水能力,采用直径为0.8~1.0 m的井径,可获得较大的水流量。此外,进一步改善井壁管的透水性,并注意成井工艺各环节的质量,对提高单井出水能力是十分有益的。

6.2　成井工艺对单井涌水量的影响

从相同口径的井涌水量对比看,各井出水量也有很大差距,究其原因,显然是成井工艺造成的。成井过程中,注意调整泥浆稠度,成孔后彻底冲孔换浆,下管后及时洗井,保证滤料厚度均匀,都是十分必要的。

6.3　关于水跃值

抽水时,井壁外水位与井内水位之差称为水跃值。众所周知,一般潜水含水层中的水井抽水时都存在水跃值,值得注意的是,以降水为目的的抽水井水跃值的存在与大小,对降水工程至关重要,有时甚至决定降水工程的成败。从本次降水工程看,电梯井部位的水位就受到水跃值太大的制约,在一段时间内,电梯井基坑曾一度积水,积水深度为 0.1 ~ 0.2 m。同时,距离基坑仅 4 m 的 3# 井动水位深度已达 10.8 m,此时井内水量已不能使水泵满负荷工作,说明井壁外水位已达到降深极限,其余井的水跃值也均在 5 m 左右。因此,在今后的降水工程设计中,必须充分考虑水跃值的存在,同时可以采取有效的措施使水跃值减小到最小程度。增大过滤器的透水性,减小阻力是降低水跃值的有效手段。

6.4 区域水位升降对降深的影响

本次降水工程中,除 7# 井外,各抽水井流量均达到最大限度,基坑范围的水位降深也已达到抽水能力的极限,此时,降落漏斗水位动态就呈现出与区域水位动态相一致的关系。也就是说,降水工程对水位已失去控制能力。当年 2 ~ 3 月份,由于基坑外围大面积农田灌溉,造成地下水的集中补给,使外围水位迅速抬升 0.5 ~ 0.8 m,同时漏斗中心水位也相应升高 0.5 m,造成电梯井基坑出现积水,降水工程已无力将其疏干,最后不得不采取明沟排水的方法。至 4 ~ 5 月份以后,由于灌溉停止,又无大气降水,区域水位逐步下降,漏斗水位也相应回落,电梯井基坑又出现疏干现象。

6.5 限制本次降水工程发挥更大降水能力的原因

本次降水工程已达到最大降水能力,虽满足了本次降水工程要求,但要进一步增加降深便无能为力,分析本次工程原因,对指导今后本地区大降深降水工程具有重要意义。

(1)成井工艺缺陷。成井时由于未能严格控制泥浆稠度,下管时未能充分冲孔换浆,洗井时采用离心式水泵抽水,且吸水笼头未下置到井底,造成大部分井洗井不够彻底。另外,所采用的无振捣碎石水泥管透水性相对较差,造成井壁阻力过大,水跃值相应较大,影响降深。

(2)各井均存在不同程度的淤积。如抽水一段时间后,6# 井井深仅剩 8 m,其余井井深均在 10 ~ 13 m 之间。

7 未来本地区大降深降水工程设计与施工中应注意的问题

(1)设计时必须充分考虑地下水的补给与排泄条件在降水过程中的影响与变化,必须充分考虑灌溉及大气降水对地下水的补给作用。

(2)预测降深时应充分考虑水跃值的大小与影响。

(3)必要时可采用透水性较好的过滤器,如钢筋笼骨架过滤器,尽量减少井壁阻力,降低水跃值。

(4)严格控制成井质量。

(5)准确预测单井涌水量,选择合适的抽水设备。

陇海铁路(潼关—关帝庙段)地质灾害调查研究

杨军伟　杨巧玉　赵振杰

（河南省地质环境监测院　郑州　450016）

摘　要:文章分析了陇海铁路(潼关—关帝庙段)地质灾害发生和发展的地质环境背景,对铁路沿线地质灾害易发程度进行了划分,通过实例分析研究了地质灾害成因机制。在此基础上,为地质灾害防治工作提出了防治对策和防治建议。

关键词:陇海铁路　地质灾害　调查研究

陇海铁路关帝庙至潼关段(K583+000~K935+500),全长352.5 km,处于河南省地质灾害高易发区的豫西山区及黄土丘陵区。区内地貌类型主要为黄土塬、黄土丘陵,局部为石质山体,海拔高程多在250~800 m之间。“V”字形冲沟发育,切割深度为20~50 m,常形成陡峻的边坡。该区黄土覆盖厚度大,具湿陷性,且垂直节理裂隙发育,植被稀少,流水侵蚀十分强烈,水土流失严重。汛期遇强降雨天气,常造成多种地质灾害发生,其中滑坡、崩塌最多,泥石流和地裂缝也时有发生,严重威胁铁路行车安全。如1966年5月,陇海铁路高柏附近因暴雨产生滑坡,1.0万 m³ 黄土下滑,将一列货车颠覆;2003年10月11日,因连续降雨,陇海铁路铁门站西吴庄段发生山体滑坡,造成西宁开往郑州的2010次旅客列车的机车及5节列车脱轨,致使陇海铁路交通中断13 h,直接经济损失达数千万元。

1　线路区地质环境条件

线路区属暖温带半湿润、半干旱大陆性季风气候区,年均气温14 ℃,年均降雨量600 mm。降雨多集中于每年的6~9月。线路区属黄河流域,自潼关东至渑池依次穿越向北注入黄河的羽状水系。渑池以东,铁路穿行于涧河和伊洛河阶地。

铁路自西向东依次穿越三门峡—灵宝黄土塬区、渑池—王屋山低山丘陵区、洛河河谷平原区和伊河—洛河下游黄土丘陵区。区内地形起伏较大,存在黄土台塬、黄土丘陵、河谷阶地、冲积平原及盆地等多种地貌单元。

线路区位于华北地层区,自元古界以上地层多有出露。第四系分布最为广泛,约占线路区80%以上。出露地层主要有:①中元古界长城系马家河组、蓟县系白草坪组,分布于张茅—硖石之间。②古生界寒武系中下统的砂岩、砾状白云岩等和二叠系的长石石英砂岩及砂质页岩,自硖石以东沿涧河谷地两侧出露。③中生界三叠系的长石石英砂岩、粉砂岩,出露于义马东部涧河谷地北侧。④新生界新近系洛阳组砂质页岩、砂砾岩等,分布于观音堂一带;第四系中更新统风积—洪积层,分布于黄土覆盖区,上更新统冲洪积层,分布于黄河及塬间河流二级阶地,全新统冲积层,沿宏农涧河、涧河及伊洛河河谷分布。

线路区总体上位于中朝准地台华熊台缘凹陷,近东西向及北东向构造较为发育。主要断裂包括朱阳—温塘大断裂、三门峡—义马断裂等。灵宝—三门峡一带由于华山北麓断裂与温塘断裂的强烈活动,地震活动频繁,为河南主要发震带。建于洛阳龙门深大断裂带的地震观测站,自1972年以来观测到微震65次以上。

线路区主要包括以下三类工程地质岩组:①黄土区单一土体,位于黄土塬及黄土丘陵区,垂直节理较为发育,易在雨水冲蚀作用下崩落;具湿陷性,影响路基和边坡稳定性。②冲积平原区双层土体,位于洛阳盆地区Ⅰ、Ⅱ级阶地。③碎裂状基岩岩组,位于张茅至英豪基岩裸露区,岩层破碎程度较高,直接影响到岩质边坡稳定性。

2 地质灾害易发区段划分

陇海铁路地质灾害易发区段见表1。

表1　陇海铁路地质灾害易发区段

等级	名称	里程	路段长(km)	占全程(%)
高易发段	予灵西—五原崩塌、滑坡高易发段	K935+500~K840+740	94.760	26.9
	三门峡—张茅崩塌、滑坡高易发段	K813+630~K799+444	14.186	4.0
	义马—铁门崩塌高易发段	K746+376~K733+918	12.458	3.5
	巩义—氾水东崩塌、滑坡高易发段	K639+090~K609+630	29.460	8.4
中易发段	五原—三门峡崩塌、滑坡中易发段	K840+740~K813+630	27.110	7.7
	张茅—义马崩塌、滑坡中易发段	K799+444~K746+376	53.068	15.1
	偃师—巩义崩塌、滑坡中易发段	K658+763~K639+090	19.673	5.6
低易发段	铁门—磁涧崩塌、滑坡低易发段	K733+918~K707+097	26.821	7.6
非易发段	磁涧—偃师非易发段	K707+097~K658+763	48.334	13.7
	氾水东—关帝庙非易发段	K609+630~K583+000	26.630	7.5

2.1 地质灾害高易发段

予灵西—五原崩塌、滑坡高易发段,铁路挖方或填方路段占60%以上,路堑边坡高度为10~20 m,局部达到30余m,坡度为60°~80°,挖方边坡坡脚距道轨4~10 m;路基边坡高度为8~15 m,坡度为60°~70°。边坡物质构成主要为Q₃粉土,生物孔隙、潜蚀洞穴发育,遇降雨或列车行驶振动诱发,易失稳变形。其中,K935+500~K935+200、K919+700~K918+650、K915+000~K914+000、K913+150~K911+800、K900+400~K882+380段崩、滑隐患集中,K589~K860段存在路基沉降问题。

三门峡—张茅崩塌高易发段,地貌为黄土台塬,多挖方或填方路段,主要出露粉土及粉质黏土等,土层孔隙、裂隙发育,路堑及路基边坡受降雨或振动诱发,易失稳造成崩、滑灾害。K813+630~K811+440、K802+270~K799+444段崩、滑隐患较多。

义马—铁门崩塌高易发段,处于丘陵区,出露粉土、粉质黏土及三叠系砂岩等,多路堑或路基边坡,边坡高10~20 m,坡度为50°~80°,受雨水或振动诱发,易失稳造成崩、滑灾害。K746+376~K740+300、K735+658~K733+918段崩、滑隐患较多。

巩义—氾水东崩塌、滑坡高易发段,处于黄河Ⅱ级阶地,两侧主要出露粉土、粉质黏土,结构松散,挖方或填方形成多处路堑或路基边坡,边坡高 10~20 m,坡度为50°~80°,距路基 5~10 m,受降雨或振动影响易失稳产生崩、滑灾害。巴沟等处还曾出现南北向黄土湿陷性地裂缝。K636+660~K620+350、K614+680~K610+315 段崩塌、滑坡发育,危险性较大。K630+100~K629+060 段湿陷性地裂缝较为发育。

2.2 地质灾害中易发段

五原—三门峡崩塌、滑坡中易发段,地貌为黄土塬,主要出露粉土及粉质黏土等,结构松散,孔隙、裂隙发育,部分路段存在路堑或路基边坡,灾害类型主要为崩塌、滑坡。

张茅—义马崩塌、滑坡中易发段,属低山丘陵区,沿途以元古界以上基岩出露为主,岩性为安山岩及碎屑岩类,岩层极为破碎,路基边坡存在多处隐患。

偃师—巩义崩塌、滑坡中易发段,为黄河二级阶地,主要出露粉土及粉质黏土,结构松散,K568+000~K643+200 段多人工路堑或路基边坡,边坡高度为 10~40 m,坡度为60°~80°,遇降雨及振动易失稳变形,发生崩、滑灾害,危及铁路行车安全。

2.3 地质灾害低易发段

铁门—磁涧崩塌、滑坡低易发段为黄河Ⅲ级阶地,主要出露粉土及粉质黏土等,土质结构松散,孔隙、裂隙发育,局部地段有三叠系砂泥岩出露。在挖方、填方段,局部存在崩、滑隐患。

2.4 地质灾害非易发段

磁涧—偃师非易发段为伊洛河Ⅰ、Ⅱ级阶地及黄河Ⅱ级阶地;汜水东—关帝庙非易发段为黄河Ⅱ级阶地。两段地势均较为平坦,地质灾害一般不易发生。

3 地质灾害成因机制及实例分析

综观线路区地质环境条件,其地质灾害成因主要包括以下几方面:线路区处于低山、丘陵区,地形起伏较大,铁路修建需大量切削坡体或堆填沟谷,致使大量坡体增加临空面或形成人造斜坡;区内地表多黄土或节理裂隙发育、破碎程度较高的岩体,工程地质特性较差,人为扰动后,斜坡体易失稳;区内降雨较集中,汛期暴雨、久雨现象较多,地表岩(土)体利于降水入渗,使之含水量增加而增加自重和减小崩滑面摩擦阻力;人工切削或堆填边坡坡度较大,且坡顶或坡脚距路轨距离太近,边坡缺乏支护措施,局部边坡加固措施欠合理或施工质量较差;列车行驶产生剧烈震动等。下面以 2003 年 10 月 11 日发生的陇海铁路铁门站西吴庄段山体滑坡为例,具体分析灾害成因机制。

3.1 滑坡环境条件

该滑坡位于渑池县洪阳乡吴庄村东陇海铁路北侧,K735+200 处,地处涧河中游丘陵岗地区。出露地层上部为第四系棕红色砂质黏土,厚度变化较大;下部为上三叠统谭庄组灰绿色泥岩、泥质砂岩,出露厚度 5~6 m,产状为 170°∠24°,风化程度较高。

3.2 滑坡体特征

该滑坡为土质滑坡,位于一斜坡上,坡顶标高 352 m,坡脚(铁路路基)标高 334 m。滑坡变形体宽约 40 m,长约 12 m,平均厚度 10 m 左右,总体积约 5 000 m³,滑动方向为142°,造成灾害的滑坡前缘滑塌部分体积近 200 m³。

3.3 滑坡成因机制分析

该滑坡位于豫西丘陵岗地区,修建铁路切坡形成高约 20 m 的高陡斜坡,坡度 65°~70°,坡向 140°左右。因过往列车震动影响,加之长期降雨作用,使斜坡稳定性不断降低。

滑坡区出露基岩地层为上三叠统砂岩、泥岩,层理发育,抗风化能力较弱,表层呈泥化状态,且其产状与坡向近于一致,形成顺层坡。上覆第四系砂质黏土,结构松散,稳定性差,由于前期的连续降雨,使土体含水量增加(呈饱和状,近于流塑态),重力增加,强度降低,极易发生蠕动变形。

据了解,1992 年曾对该边坡进行简易喷浆处理,但因对该处滑坡认识不足,忽视了斜坡排水问题。连续降雨使下渗雨水不断在斜坡中下部聚集,迫使坡体发生蠕动变形,当蠕动变形积累到一定程度时,其前缘即发生滑塌,淤埋路轨而致灾。

综合分析该滑坡形成的诸因素,降雨为主要诱因。豫西地区自 2003 年 8 月下旬至10 月中旬,降雨连绵不断,极有利于大气降雨向地下渗透与补给。根据区域汛期降雨量与滑坡发生概率关系的研究,该滑坡的发生与前期的连续降雨过程密切相关。

3.4 滑坡稳定性评价

经调查分析,该滑坡为一以降雨为主要诱因的土质滑坡。灾害发生后,抢修部门在组织抢险的同时,对滑坡后缘裂缝进行了简易观测。据 2003 年 10 月 11 日 16~18 时的观测结果,就在对滑坡上部进行削方减载的过程中,后缘主裂缝最大扩展速率仍达 9 mm/h。考虑到滑坡体两侧坡体喷浆坡面出现数处膨胀现象,故判定该滑坡仍处于不稳定状态。后据铁路部门反映,2004 年 5 月 21 日 21 时,该滑坡西端又发生局部滑动,滑体主要由砂泥岩组成,滑动体积 3 000 m³ 左右,因发现及抢险及时,幸未造成严重事故。

4 地质灾害防治建议

根据线路区的地质环境条件和地质灾害现状,划分出以下几个地质灾害重点防治段:予灵西—五原段(K935 +500~K840 +740)、三门峡—张茅段(K813 +630~K799 +444)、张茅—观音堂段(K799 +444~K779 +388)、义马—铁门段(K746 +376~K733 +918)、巩义—汜水东段(K639 +090~K609 +630)。

对高陡挖方段可采用削放坡、坡改梯、挡墙、抗滑桩和锚杆(索)等工程手段进行灾害防治,同时注意地表排水及坡面防护。对高填方段应对坡脚进行支护,切实维护好坡顶、坡面、坡脚的排水设施,重点防止沟谷内水流冲刷坡脚。特别是对落水洞、动物洞穴等给予足够重视,防止水流沿洞穴对斜坡内部冲刷,应加强巡查,及时治理,以防止其扩展蔓延危及路基安全。注意土、岩体接触带削方减载,并做好基岩破碎带护坡工作,并密切注意原有石砌护坡的变形情况。注意线路区道路工程对斜坡的破坏作用,培育植被,并协同做好沿线天然排水渠系的保护工作,加强对顺层坡地段的变形监测。

因铁路交通的特殊性,线路两侧一旦发生地质灾害,将对行车造成极大威胁,可能会造成较大经济损失和人员伤亡,因此建议铁路部门对地质灾害重点防治段进行及早防治和监测。尤其在汛期,要制定防治责任制,将具体路段防治监测责任落实到具体单位和具体人,对危险地段进行 24 h 不间断巡视和监测,以便及时发现险情、及时报警、及时防治,从而防止灾害事故发生。

　　另外,潼关—灵宝段南部为小秦岭金矿区,经多年开采,沟谷内堆存大量废矿石及尾矿,沟谷坡降普遍较大,且该区为河南省境内暴雨区之一,形成泥石流潜在隐患,尤其是豫灵西部南北向河道内修筑的尾矿库距铁路最近处仅 80 m,该类尾矿库坝体的稳定性对铁路安全至关重要。观音堂及义马一带为集中采煤区,义马千秋镇苏礼召村北距铁路不到 200 m 范围内分布有近十处塌陷坑,北露天矿采坑北缘距铁路最近处仅 50 m,对此类泥石流、地面塌陷、滑坡隐患是否会对铁路路基造成影响,应及早进行勘察评价,并对其监测、防治。在黄土分布区内,铁路填方段所预设的泄洪涵洞阻塞现象较多,汛期遇较大降雨可能因泄水不畅而使路基遭浸泡,又因黄土多具湿陷性,而使路基下沉或诱发崩滑等灾害,危害行车安全,亦应及早进行疏浚治理。

河南泌阳县陡岸村泥石流特征及防治

魏玉虎　杨巧玉　李满洲　李　喆　杜　丹

(河南省地质环境监测院　郑州　450016)

摘　要:河南泌阳县陡岸村泥石流沟分别于1975年8月7日和2002年6月22日发生两次较为严重的泥石流灾害,严重地威胁到了当地居民的安全。针对陡岸村泥石流具有危险度高、流量大、流速小的特点,结合受灾对象所处的位置,提出了拦渣工程、导流防护工程和漫水路工程相结合的综合治理措施。

关键词:泥石流　特征　综合治理措施

陡岸村泥石流沟位于河南省泌阳县贾楼乡北东约9 km处。该泥石流沟分别于1975年8月7日和2002年6月22日发生两次较为严重的泥石流灾害,由于当地政府防灾措施得当,两次灾害均没有造成人员伤亡,但2002年发生的灾害冲毁耕地4.4 hm²、损坏房屋11间、冲走大小牲畜百余头(只)、冲毁沟内道路2 000 m左右、堰坝200余m。目前,北湾、康庄、董庄、石头庄和贾庄等五个临沟背山而居的自然村内的130余户、500多群众的生命财产安全均面临着泥石流灾害的严重威胁,对其进行勘察并治理具有重大的意义。

1　流域的基本特征

陡岸泥石流沟整个流域面积为10.65 km²,流域内最高海拔标高为980.5 m,最低标高为135 m,相对高差为845.5 m,流域沟谷两侧山坡坡度多数位于25°~35°之间。流域内植被覆盖较好,覆盖率>80%。

流域内冲沟较发育,共发育大小冲沟33条,其中29条冲沟的长度小于1 km,4条冲沟的长度大于1 km。和家沟长度最大,长度达3 km,汇水面积为2.5 km²左右,沟内岩石破碎、沟底堆积有大量的砾石,粒径多在30~100 cm之间。沟谷形态在大龙潭村的上游以V形为主,下游则主要为U形谷。由于人类活动的影响,沟谷的自然形态被改变,多处地段由于农田开垦挤占河道,致使河道变窄;在康庄、董庄、申林等村庄附近,河道内种植了大量的树木,形成河道堵塞区段。

通过地形图上量测和部分断面实测,4 - 4′断面以上主沟的纵比降为148.8‰,3 - 3′断面以上主沟的纵比降为79.7‰,2 - 2′断面以上主沟的纵比降为48.7‰,1 - 1′断面以上整个主沟的纵比降为43.2‰。

2　泥石流特征

2.1　暴雨激发类泥石流

泌阳县属北温带大陆性气候,四季分明,气候湿润。根据县气象局降水资料统计,泥石流沟所在区域多年平均降水量为932.9 mm。年最大降水量为1 451.1 mm(1975年),最小降水量为536.1 mm(1966年),日最大降水量为1 059.5 mm(1975年8月7日林庄

雨量站),时最大降水量为 189.5 mm (1975 年 8 月 7 日老君雨量站),10 min 最大降水量
为 45.2 mm(1975 年 8 月 7 日林庄雨量站)。降雨强度是激发泥石流形成的主要因素
之一。

2.2 易发程度等级为易发

根据陡岸流域内反映泥石流活动条件的各种因素,选择地质灾害发育程度、植被发育程
度等 15 项指标进行数量化处理(见表 1),并逐一进行评分。

表 1 陡岸泥石流易发程度数量化评分

序号	影响因素	特征	量级划分	得分	综合评价得分
1	崩塌、滑坡及水土流失(自然的和人为的)严重程度	受白云山背斜和白云山断层影响,岩层扭曲,岩石较为破碎,小型岩块崩落发育,沟内冲沟共发育 33 条	中等	16	94
2	泥沙沿程补给长度比(%)	72	严重	16	
3	沟口泥石流堆积活动程度	沟口泥石流堆积使河道抬升 2 m	严重	14	
4	河沟纵坡降	整个主沟的平均纵坡降为 43.2‰	一般	1	
5	区域构造影响程度	整个流域位于地震基本烈度 Ⅴ 度区,地震动峰值加速度 <0.05g	中等	7	
6	流域植被覆盖率(%)	>80	一般	1	
7	河沟近期一次变幅(m)	1~2	中等	6	
8	岩性影响	主要为结构较为碎裂的混合岩	轻微	4	
9	沿沟松散物储量(万 m^3/km^2)	2~3	轻微	4	
10	沟岸山坡坡度(°)	一般为 25~35	中等~严重	5	
11	产沙区沟槽横截面	V 形谷、U 形谷	严重	5	
12	产沙区松散物平均厚度(m)	1~3	一般	3	
13	流域面积(km^2)	10.65	中等	4	
14	流域相对高差(m)	844.5	严重	4	
15	河沟堵塞程度	多处地段由于农田开垦和种植林木挤占和堵塞河道	严重	4	

数量化评分的依据采用《泥石流灾害防治工程勘察规范》(DZ/T 0220—2006)中提供
的"泥石流沟易发程度数量化评分表"。评价得分处于 87~115 分值段,易发程度等级划
分为易发。

2.3 高危险度

泥石流危险度的计算公式为:

$$R_d = 0.235\ 3GL_1 + 0.235\ 3GL_2 + 0.117\ 6GS_1 + 0.088\ 2GS_2 + 0.073\ 5GS_3 +$$
$$0.102\ 9GS_6 + 0.014\ 7GS_7 + 0.058\ 8GS_9 + 0.044\ 1GS_{10} + 0.029\ 4GS_{14} \quad (1)$$

式中　R_d——泥石流的危险度；

L_1——一次泥石流（可能）最大冲出量，万 m^3；

L_2——泥石流发生频率，%；

S_1——流域面积，km^2；

S_2——主沟长度，km；

S_3——流域最大相对高差，km；

S_6——流域切割密度，km/km^2；

S_7——主沟变曲系数；

S_9——泥沙补给段长度，km；

S_{10}——24 h 最大降雨量，mm；

S_{14}——流域内人口密度，人/km^2。

式（1）中各因子的赋值标准见表2。

表2　泥石流危险因子等级及其赋值新表（1994 年修订）

L_1	≤1	(1)~5	(5)~10	(10)~50	(50)~(100)	≥100	万 m^3
GL_1	0	0.2	0.4	0.6	0.8	1	
L_2	≤5	(5)~10	(10)~20	(20)~50	≥100		%
GL_2	0	0.2	0.4	0.8	1		
S_1	≥50 或≤0.5	(0.5)~2	(2)~5	(5)~10	(10)~(30)	(30)~(50)	km^2
GS_1	0	0.2	0.4	0.6	0.8	1	
S_2	≤0.5	(0.5)~1	(1)~2	(2)~5	(5)~(10)	≥10	km
GS_2	0	0.2	0.4	0.6	0.8	1	
S_3	≤0.2	(0.2)~0.5	(0.5)~0.7	(0.7)~1	(1.0)~(1.5)	≥1.5	km
GS_3	0	0.2	0.4	0.6	0.8	1	
S_6	≤2	(2)~5	(5)~10	(10)~15	(15)~(20)	≥20	km/km^2
GS_6	0	0.2	0.4	0.6	0.8	1	
S_7	≤1.1	(1.1)~1.2	(1.2)~1.3	(1.3)~5.4	(1.4)~(1.5)	≥1.5	
GS_7	0	0.2	0.4	0.6	0.8	1	
S_9	≤0.1	(0.1)~0.2	(0.2)~0.3	(0.3)~0.4	(0.4)~(0.6)	≥0.6	km
GS_9	0	0.2	0.4	0.6	0.8	1	
S_{10}	≤50	(50~70)	(75)~100	(100)~125	(125)~(150)	≥150	mm
GS_{10}	0	0.2	0.4	0.6	0.8	1	
S_{14}	≤20	(20)~50	(50)~100	(100)~150	(150)~(200)	≥200	人/km^2
GS_{14}	0	0.2	0.4	0.6	0.8	1	

注：( )表示不包括符号中的数值。

高度危险：$R_d = 0.60 \sim 0.85$。各危险因子取值较大，个别危险因子取值甚高，组合亦佳,处境严峻,潜在破坏力大,能够发生大规模和高频率的泥石流,可造成重大灾难和严重危害。

中度危险:$R_d = 0.35 \sim 0.60$。个别危险因子取值较大,组合亦可,能够间歇性发生中等规模的泥石流,较易由工程治理所控制,较少造成重大灾难和严重危害。

轻度危险:$R_d \leqslant 0.35$。各危险因子取值极小,组合欠佳,能够发生小规模低频率的泥石流或出洪,一般不会造成重大灾难和严重危害。

计算出陡岸泥石流的危险度 $R_d = 0.6549$,处于 $0.6 \sim 0.85$ 分值段,为高度危险。

2.4 泥石流固体物质来源复杂多样

2.4.1 重力侵蚀作用

受白云山背斜和白云山断层的影响,区内小型褶曲数量众多,岩层扭曲、破碎,岩石多被切割成块状,在汛期极易以崩落的形式落入沟底。

区内岩石虽然坚硬却破碎,由于风化作用较为强烈,山坡上积存一定厚度的残坡积层。由于地形较陡,在被水充分浸润条件下,常以小型滑坡或小型坡面泥石流的形式滑入沟底。

2.4.2 河沟沟槽纵向切蚀和横向切蚀

河床内存留有大量的卵、砾石,粒径一般在 $1 \sim 2$ m 左右,最大的大于 3 m。这些大颗粒物质一般年份的降雨难以起动,但当大暴雨发生时,大流量的洪水对河沟沟槽的强烈纵向切蚀作用将起动这部分物质,形成泥石流 70% 以上的物源。

汛期洪水强大的冲击力将强烈淘蚀并携带走河流凹岸或河床上方的中更新统松散堆积物和残坡积物。流域内现在仍保留有多处洪水横向切蚀的痕迹,规模较大的有 5 处,目前均表现为不稳定斜坡,长度为 $40 \sim 71$ m,高度为 $10 \sim 17$ m,坡度近直立。

2.4.3 支沟堆积物

在流域数十条支沟中,有 12 条支沟的汇水面积较大,汛期洪水将携带其沟底的卵、砾石汇流于主沟,同时对主沟的水源和物源进行补充。

2.5 流量大、流速小

泥石流流量采用雨洪法进行计算,清水流量计算公式采用《河南省中小流域设计暴雨洪水图集》中提供的推理公式,流速采用稀性泥石流流速计算公式,计算结果见表3。

表3 陡岸泥石流设计流速、流量计算

断面	设计频率	洪峰流量 (m³/s)	泥石流流量 (m³/s)	泥石流流速 (m/s)
1 – 1′	0.33	519.2	1 788.7	2.49
	3.3	311.3	1 072.5	
2 – 2′	0.33	528.7	1 821.5	2.66
	3.3	318.2	1 096.3	
3 – 3′	0.33	321.6	1 108.0	3.39
	3.3	206.0	709.7	
4 – 4′	0.33	149.1	514.7	2.35
	3.3	97.7	336.6	

3 泥石流防治工程

根据陡岸泥石流的特征及受灾对象,确定主要采取工程措施对该泥石流沟流域进行治理,治理的重点放在受灾对象比较集中的泥石流堆积区,治理的原则是坚持拦、导、防、避相结合,治理措施主要为拦渣工程、导流防护工程和漫水路工程相结合。

3.1 拦渣坝工程

流域内北湾村以上的流通区和堆积区内,泥石流的受灾对象主要为少量的农田,该区域是修建拦渣工程的良好场所。

在 4 – 4′断面处设置浆砌片石拦石坝,将直径大于 500 mm 的泥石流固体物质拦截。该拦石坝由浆砌片石坝体、格栅排水涵洞、格栅溢洪道组成,坝顶设计标高为 295 m,坝体高度在 8 m 左右,设计库容为 2 万余 m³。

在中游地段 3 – 3′断面处设置浆砌片石拦石坝,主要将直径大于 50 mm 的泥石流固体物质拦截。该拦石坝由浆砌片石坝体、格栅排水涵洞、格栅溢洪道组成,坝顶设计标高为 228 m,坝体高度在 10 m 左右,设计库容为 4 万余 m³。

3.2 导流防护工程

采用重力式护堤工程,主要布置在康庄以南 100 m 处河床东岸及泥石流沟下游贾庄、石头庄、董庄和申林地段,总长度为 2 566 m,设计高度为 2.5 ~ 4.0 m,墙顶宽度为 0.3 ~ 0.4 m,墙底宽 1.5 ~ 2.2 m。墙身采用浆砌片石,片石抗压强度不宜小于 30 MPa,砂浆为 M7.5,考虑到该河段为堆积区,护堤埋深取 0.5 m,在局部受冲刷强烈的地段设置石笼减缓泥石流对墙身和墙角的冲击,总砌方量为 10 600 m³。

3.3 漫水路工程

布置在乡镇道路与董庄(2 – 2′断面处)、贾庄与石头庄(1 – 1′断面处)之间,便于人员在遇到险情时能够及时避防。该项工程均包括漫水路管涵段和非管涵段。漫水路管涵段中间为直径 400 ~ 500 mm 的排水涵管,涵管中心间距为 1 m,上部为 40 ~ 50 cm 厚的现浇混凝土,长度为 30 m 左右,宽 4 m;非管涵段长 105 m 左右,宽 4 m。

4 结论

(1)陡岸泥石流流域范围内岩层破碎、地形陡峻、冲沟切割和堵塞均严重、降水充沛且雨量不均,为泥石流的形成提供了有利的条件。

(2)陡岸泥石流属暴雨激发型泥石流,具有危险度高、流量大、流速小的特点。

(3)针对泥石流的特征及受灾对象的位置,提出拦渣工程、导流防护工程和漫水路工程相结合的综合治理方案。

河南省汝州市滑坡地质灾害的发育特征及防治对策

马 喜

（河南省地质环境监测院 郑州 450016）

摘 要：汝州市滑坡地质灾害在区内分布广泛,特征明显,对居民的威胁较大。历史上也曾多次发生滑坡灾害,给当地人民带来了巨大的经济损失。据近年统计,汝州市发生滑坡地质灾害 11 处,造成直接经济损失 43.8 万元。通过分析汝州市滑坡地质灾害的发育特征,以降低滑坡地质灾害对当地居民的危害为目的,对不同滑坡类型的防治提出相应的防治建议。

关键词：汝州 滑坡 发育特征 防治

汝州市位于河南省中部偏西,伏牛山与嵩山之间,淮河流域上游,行政隶属于平顶山市。东与禹州市、郏县接壤,西与伊川、汝阳相连,南与宝丰、鲁山搭界,北与登封毗邻。全市辖 16 个乡（镇）,448 个行政村,1 635 个自然村,总人口 92.343 5 万,总面积 1 544.1 km²。

汝州市北距郑州 124 km,南距南阳 181 km,西北至洛阳 82 km,东南至平顶山 108 km。焦枝铁路于西北向东南斜穿而过,207 国道纵贯南北,境内有省道 20、省道 46 等公路干线。

汝州市主要地质灾害类型为：崩塌、滑坡、采煤地面塌陷。其中,滑坡地质灾害在区内分布广泛,特征明显,对居民的威胁较大。历史上也曾多次发生滑坡灾害,给当地人民带来了巨大的经济损失。如过风口滑坡：该滑坡滑坡体初现时间为 1985 年冬季,因融雪及人工开挖边坡前缘造成,其间 1991、1996 年雨季,因强降雨有过两次明显的活动迹象,现今滑坡体后缘裂缝长约 150 m,呈弧形,宽约 2 m。1996 年裂缝初现时,深约 5 m,现今裂缝已被碎石土充填,滑坡前缘及滑坡前缘南侧当时发生了两次小型次级滑坡,造成居民房屋变形破坏,毁坏房屋 3 间。该滑坡前缘现集中居住有过风口自然村村民 54 户、共 213 人,属重大级别滑坡地质灾害隐患。

据近年统计,汝州市发生滑坡地质灾害 11 处,造成直接经济损失 43.8 万元。

1 地质环境条件

1.1 地形地貌

汝州市地处河南省伏牛山前倾斜平原区中部和嵩箕山南部。北靠嵩箕山,为箕山山地横亘,部分地段海拔高度在 1 000 m 以上,地势较高,南接外方山地,山地一般海拔高度为 300 ~ 1 000 m,北汝河贯流中部,形成两山夹一川的槽状地势。全境呈周边高中间低的盆地形状,盆地的南北部为低丘陵,盆底为北汝河平川地和星罗棋布的洼地。整个地势西北高,东南低,起伏不平,沟壑纵横,岗河相间。

1.2 气象与水文特征

1.2.1 气象

汝州市属于北温带大陆性季风气候区,四季分明,多年平均降水量为 665.3 mm,年最大降水量为 1 170.9 mm(1964 年),最小降水量为 332.8 mm(1966 年),年际最大变化量为 838.1 mm。有记载最大 24 h 降雨量为 248 mm(2000 年 7 月 15 日)。全市两个降雨中心为西南的寄料镇和东北的大峪乡棉花窑,均为山区。

1.2.2　水文

本区属淮河流域,全市有大小河流 26 条,大小沟溪 1 304 条,其中常年有水的 276 条。主要河流有北汝河、洗耳河、荆河、黄涧河、炉沟河、牛家河、燕子河、蟒川河等。

1.3　地层岩性与地质构造

1.3.1　地层岩性

汝州市地层属华北地层豫西分区,横跨两个地层小区,即嵩山箕山地层小区和汝阳确山地层小区,这两个小区以三门峡—宜阳—汝州—郏县—襄城断裂为界,以南为汝阳确山小区,以北为嵩山箕山小区。

该市出露地层有太古界,元古界,下古生界寒武系,上古生界石炭系、二叠系,中生界三叠系,新生界第三系、第四系地层。缺失奥陶系、志留系泥盆、下石炭系、侏罗系、白垩系地层。

1.3.2　地质构造

汝州市所处大地构造位置为华北地台的南缘,秦岭褶皱系的东段,嵩山箕山地块和华熊地块两个Ⅱ级构造单元。其基本构造架为两隆一拗,即箕山隆起带、背孜隆起带和汝州拗陷带,构造线方向多呈北西向和近东西向。大的主要构造有韩王庙背斜、雪窑—东安窑背斜、红岭根背斜、傅家沟背斜、汝州—郏县—襄城断裂、妙水寺—水沟断裂、耿庄—龙王庙断裂等。

1.4　新构造运动

汝州市第四纪以来的新构造运动以差异性、间歇性抬升运动为基本特征。

根据地形地貌、地质构造及沉积建造反映,整个第四纪以来嵩箕山、伏牛山均以强烈的抬升运动为主,外围的低山丘陵也做较强烈的间歇性抬升运动,带动汝州拗陷盆地做缓慢的抬升而堆积风成黄土和洪积物。晚更新世以来,本区各河流水系进一步形成,各河谷地区也接受堆积,但新构造运动总是有升有降,并具有一定的间歇性,以至于在低山丘陵、盆地及其他边缘形成了夷平面多级阶地、洪积扇等地貌形态。

2　滑坡地质灾害发育特征及防治措施

2.1　滑坡的发育特征

汝州市已查明的滑坡及滑坡隐患有 26 处,其中松散土层形成的滑坡有 21 处,占总数的 81%,基岩滑坡较少,有 5 处,占总数的 19%。所有滑坡的发生均与降雨有关,部分滑坡与开挖边坡有关。发生时间集中在 6~9 月 4 个月份,其中 7、8 月份发生的滑坡最多。滑坡发生的坡度多集中在 30°~60°之间,有 20 处之多,占到总数的 77%。控滑结构面有 19 处为松散层与基岩接触,占总数的 73%,其次为强弱风化层界面,有 6 处,占总数的 23%,有 1 处为节理裂隙面。

26 处滑坡中,有 14 处滑坡的周围岩性为元古界石英岩,占总数的 54%,有 5 处分布于寒武系灰岩地区,有 3 处分布于第三系地层覆盖区,在太古界和石炭系、二叠系地层中有 2 处滑坡。其中,第三系地层区滑坡坡度小于30°。

从以上分析结果看,汝州市滑坡灾害在元古界石英砂岩地层出露区分布较广泛,在其他地层出露区零星分布;滑坡的发生与降雨和人工开挖边坡关系密切;滑坡的边坡坡度多集中在 30°~60° 范围内;滑坡体的物质成分多为松散碎石土;滑坡发生的时间集中在 6~9 月4 个月份。

汝州市滑坡基本上为松散覆盖层与基岩接触形成的滑坡,多分布于元古界石英片岩与石英岩地层区,其规模一般在数千至数万立方米不等,规模虽小,但由于该区人口较多,滑坡体威胁人口一般为几十人至上百人不等,危害级别较大。该灾害主要分布于大峪乡、寄料镇、蟒川乡等基岩山区及山前丘陵地带。

2.2 滑坡地质灾害的防治措施

该区滑坡体组成物质主要为松散碎石,滑坡体坡度较大,一般在 40° 以上,滑坡后缘裂缝及两翼剪切裂缝明显,大部分为圈椅状,宜采取的防治措施有抗滑工程、坡面修筑排水系统、后缘及两翼进行裂缝填埋。

该区第三系滑坡坡度小,一般小于30°,均为蠕滑,每次发生滑坡时一般规模不大,可采用前缘设置挡墙,后缘填埋裂缝的方法处理。

基层地质灾害防治工作存在的问题及对策

耿百鸣

（鹤壁市国土资源局　鹤壁　458000）

摘　要:近年来,河南省地质灾害防治工作取得了显著成绩,但从导致地质灾害发生的自然和经济因素以及发展趋势看,地质灾害防治面临的形势仍然比较严峻,尤其是基层地质灾害防治工作还存在不少薄弱环节,需要我们深入研究分析,有针对性地提出解决的措施。

关键词:基层　地质灾害　防治　措施

地质灾害防治关系到人民群众的生命财产安全,关系到社会稳定,是政府实现经济和社会效益统一的体现,因此加强地质灾害防治对构建和谐社会具有十分重要的意义。近年来,经过各方面的共同努力,河南省地质灾害防治工作取得了显著成绩,但从导致地质灾害发生的自然和经济因素以及发展趋势看,地质灾害防治面临的形势仍然比较严峻,尤其是基层地质灾害防治工作还存在不少薄弱环节,需要我们深入研究分析,有针对性地提出解决的措施。

1　基层地质灾害防治工作目前存在的主要问题

基层地质灾害防治工作目前存在的主要问题有以下几点:

(1)基层干部对地质灾害防治工作的重要性认识不足,广大群众对抗灾防灾知识缺乏系统了解。由于基层国土部门对贯彻落实《地质灾害防治条例》(以下简称《条例》)的宣传不够深入,使相关基层干部对《条例》规定的相关法律制度缺乏系统了解,因而在地质灾害防治工作中,存在被动处置灾情,主动防治不够的问题。另一方面,地质灾害防治没有现实的经济效益,只有看不见的社会效益和环境效益,部分基层干部急功近利,不惜牺牲社会效益和环境效益来换取短期的经济发展。地质灾害大多数发生于偏远山区,由于向广大山区群众普及地质灾害相关知识的工作不够深入,群众对抗灾防灾知识缺乏系统的认识和了解。如果群众对预防地质灾害的知识了解得多一些,就不会将自己的房子建在危险的山坡上,在地质灾害出现预兆时,就会及时撤离,避免不必要的损失。

(2)地质灾害防治资金严重不足,防治工作经费不到位,基层地质灾害防治措施得不到有效落实。虽然《条例》规定,对因自然因素造成的地质灾害,确需治理,资金纳入同级财政预算,但是由于地方财力十分有限,很难将地质灾害防治资金纳入预算,即使纳入了,也往往是杯水车薪。有的地方虽然编制并批准了地质灾害防治规划,但是由于地方财力不足,无法使规划中的治理计划得到落实。另外,由于县乡政府财力有限,大部分地方连日常的防治工作经费都得不到保证,使地质灾害防治工作缺乏必要的监督,地质灾害防治机构难以发挥组织、协调、指导和监督职责,严重制约地质灾害防治工作的深入开展。

(3)法规制度不健全,基层地质灾害防治工作法制化、规范化水平不高。《条例》只对地质灾害的规划、预防、治理、应急以及监督管理方面做了一些原则性规定,而对自然因素和人为因素造成的地质灾害的预防责任划分、预防措施具体内容以及预防措施不到位的处置等没有明确规定;对灾害治理和程序采取"一刀切",没有针对实际情况,特别是对小型规模地质灾害治理没有制定一套专门的简易操作程序,方便小型规模地质灾害的治理;对交通、水利设施建设中引发的地质灾害,目前尚未完全纳入统一管理。

(4)基层地质灾害防治机构、人员、设备与繁重的任务不相适应。在地质灾害防治机构设置上,目前大多数县级国土部门由一个矿管综合职能股承担地质灾害防治监管任务,一般没有设置专门的机构,具体工作由从事矿管的人员兼管,很多地方没有专门人员从事地质灾害防治工作;专业技术人员缺乏,动态监测缺少高科技设备,没有配备专门的应急车辆和抗灾防灾相关物资和设备;村级的监测人员无岗位津贴,也从一定程度上影响了各地防治工作的开展。

(5)对小型规模地质灾害防治措施规定不具体,导致县乡基层地质灾害防治工作责任不明确。由于目前《条例》中对小型规模地质灾害点应采取哪些预防措施尚无具体规定,造成防治责任不够明确,相当一部分乡镇领导认为地质灾害的治理责任为县级政府,组织实施单位为县级国土资源部门,与乡镇政府无关。因此,就有的乡镇在地质灾害发生后不及时排除、报告,就等待上级政府去治理。

2 加强基层地质灾害防治工作的对策

加强基层地质灾害防治工作的对策主要有以下几点:

(1)加强地质灾害防治宣传教育工作,普及地质灾害防治知识,提高全民的防灾意识。要进一步加大对地质灾害工作的宣传教育力度,使各级领导干部充分认识到搞好地质灾害防治的重要性和必要性,要教育领导干部牢固树立和认真落实科学发展观,不能以社会效益和环境效益的损失换取短期的经济发展,切实增强防治工作的自觉性和责任感、紧迫感。要充分利用电视、广播、报纸、讲座、录像片等各种形式,向广大群众深入宣传《条例》及地质灾害防治科普知识,特别是向处于易发区群众宣传地质灾害防治基本知识,努力提高群众防灾治灾意识。

(2)进一步完善地质灾害配套法规和制度,使基层地质灾害防治工作有法可依、有章可循。《条例》只对地质灾害的规划、预防、治理、应急以及监督管理方面做了一些原则性规定,省有关部门应尽快出台新的地质灾害防治管理实施办法,对有关事项和条款加以具体细化和补充,以便基层操作。如预防方面,应明确自然因素引发的地质灾害预防责任以政府为主,有关单位和个人为辅;人为因素引发的地质灾害预防则应以责任单位为主,政府为辅;对政府为主方面,又应该以乡镇政府为主,要予以明确;对预防的措施应该予以统一,明确地质灾害的责任主体应落实好的规范措施,对未落实措施的,要明确应承担的法律责任。在治理方面,对中型以上规模地质灾害和小型规模的地质灾害治理程序应有所区别,以便基层地质灾害防治工作的顺利开展;对《条例》中规定的地质灾害治理由县国土资源部门组织,建议改为由当地乡镇人民政府负责治理,县国土资源部门负责组织、协调、指导工作,以调动当地乡镇政府的积极性。

(3)加强地质灾害防治队伍建设,进一步提高依法行政意识和能力。基层国土资源部门要建立专门的地质灾害防治机构,充实地质、水文、环境、工程等专业技术人员。要建立健全县、乡、村三级群测群防体系,为村级监测人员配置监测设备,并予以一定的经济补助,调动工作积极性。国土资源部门从事地质灾害防治管理工作的人员,要进一步加强对《条例》及配套法律法规的学习,不断提高自己的管理能力和水平。

(4)进一步加大对基层地质灾害防治的投入力度,确保地质灾害防治目标的实现,保护人民群众的生命财产安全和经济建设成果。目前,我国地质灾害防治还处于以"避让为主"的阶段,许多地质灾害的隐患点、危险点还没有得到及时治理。因此,随着各级政府财政收入的逐年增长,应当逐年加大对地质灾害治理的投入力度,更好地保护人民群众的生命财产安全和经济建设成果。省以下各级政府特别是地质灾害易发地区政府要根据本地的经济社会发展水平和地质灾害现状,将自然因素引发的地质灾害防治经费列入政府财政预算,确保地质灾害防治工作的顺利开展。省国土资源部门和各级地方政府要安排一定的地质灾害防治管理专项经费,确保基层地质灾害防治机构正常开展工作,如从矿产资源补偿费和矿业权价款中抽取一定比例的资金作为同级政府地质灾害管理专项资金等。

(5)加强人为地质灾害防治管理,规范各类工程活动,从源头上避免地质灾害的发生。未来5～10年,是河南省经济和社会发展极为重要的时期,全省将继续加强基础设施建设,集中力量建设一批重点工程。随着国土资源开发强度的加大,地质环境承受的压力将进一步增强,地质灾害防治任务更加艰巨。据资料统计,人类工程活动诱发的地质灾害已超过了自然产生的地质灾害,而且危害更大,这就要求我们变事后监督为事前监督、事后救灾为事前防灾,严格执行各项管理制度,遵照自然规律办事,认真落实建设项目地质灾害危险性评估制度,从源头上避免地质灾害的发生。为了加强对人为活动引发地质灾害的管理,有效预防和治理人为活动引发的山体崩塌、滑坡、泥石流、地面塌陷、地裂缝、地面沉降等地质灾害,有关部门应尽快制定人为地质灾害防治管理办法。人为地质灾害防治工作应遵循预防为主、避让与治理相结合,谁引发谁治理、谁受益谁参与治理,何时发生何时治理,属地管理,分级负责的原则,切实规范人为地质灾害管理。

(6)推行矿山地质灾害防治保证金制度,保护和改善矿区地质环境。矿区地质灾害防治一直是地质灾害管理的重点和难点,采矿活动诱发的地面塌陷、岩溶塌陷、山体开裂、滑坡、泥石流等一系列地质灾害,严重影响了矿区人们正常的生活秩序。为了保护和改善矿区地质环境,防治地质灾害,促进矿山企业履行矿山地质环境恢复和地质灾害治理的法定义务,有关部门应根据《条例》有关规定,尽快制定矿山地质灾害防治保证金制度,加强矿区地质环境的保护,确保矿区地质灾害防治工作的长治久安。

(7)实行地质灾害预测预报制度,完善预报网络。地质灾害的发生是有先兆的,可以通过预测预报来避免或减少其造成的损失。基层地质灾害管理机构在监测和预报中,虽然没有现代化先进技术方法和手段,但可以应用最简单的设木桩观测相对位移或通过近距离观察等手段,对各地质灾害点进行监测,并结合气象信息,发布地质灾害预警预报信息。同时,各县(区)、乡(镇)都要建立健全地质灾害监测预报信息网络,对村级监测人员要选用责任心强、具有一定监测知识和分析能力的人担任。

地质灾害防治工作责任重于泰山,我们必须把做好地质灾害防治工作作为践行"三个代表"重要思想的具体行动,牢固树立和落实科学发展观,开拓创新,扎实工作,才能不断提高地质灾害防治工作水平,切实推护人民群众的根本利益。

沁阳市地质灾害发育特征及防治对策

井书文　李洪燕

（河南省地质环境监测院　郑州　450016）

摘　要：文章着重论述了沁阳市崩塌、滑坡、泥石流、地面塌陷等主要地质灾害发育现状，分析它们发生和发展的地质环境背景，包括自然地理、地形地貌、地质构造、水文地质、工程地质条件，并研究了地质灾害发生的一些基本规律，从而为地质灾害防治工作提出了防治对策和防治建议。

关键词：沁阳市　地质灾害　发育特征　防治对策

1　引言

沁阳市位于河南省西北隅太行山南麓，焦作市西南部，面积为 623.5 km²，包括 4 个办事处、6 镇 3 乡，共 329 个行政村。沁阳市东与博爱毗邻，西同济源市接壤，南与温县、孟州相连，北部与山西省晋城市交界。沁河横贯市境，将全境分为南北两部。市区东距焦作市 36 km，西距济源市 30 km，南距洛阳市 90 km，东南距省会郑州 128 km，北越太行山 79 km 至山西晋城市。焦枝铁路、焦克公路、洛常公路、郑常公路、济温公路贯穿全境。

2　地质环境条件

沁阳市属暖温带大陆性季风气候区，四季分明。多年平均气温为 14.3 ℃，最高为 42.1 ℃，最低为 -18.6 ℃，多年平均降水量为 560.7 mm，年最高降水量为 853.5 mm（2003 年），年最低降水量为 296.1 mm（1997 年）。降水时间、空间分布不均，由北向南，山区大于平原，夏季降水最多，平均降水 301.1mm，约占全年的 52.2%，冬季降水最少，平均降水 147.3 mm，约占全年的 4.9%。

境内河流均属黄河水系，主要为沁河、丹河，以及仙神河、云阳河、逍遥河等季节性河流。沁河是境内最大的河流，为黄河的主要支流之一，源于山西省沁源县霍山，经沁阳、博爱、温县至武陟流入黄河，境内河长 35 km，流域面积为 313 km²。人工渠有广济渠、永利渠、广惠渠、丹西干渠、友爱河、丰收渠等。

沁阳市位于太行山南麓，地貌类型主要为山地、丘陵和平原，以山地和平原为主，其中山地面积为 158.2 km²，丘陵面积为 54.8 km²，平原面积为 410.5 km²。地形趋于北西高南东低，北部太行山地面高程为 200～1 000 m，地形陡峭，山峰连绵，高山峡谷，怪石嶙峋，南部平原地面高程为 120～150 m，地势平坦。

沁阳市所处大地构造位置为华北地台。构造方向为东西向，向东逐渐转为北东向，岩层成单斜构造，无岩浆岩，褶皱不发育，局部构造形态以断裂为主。断裂构造发育，分为两组，以东西向断层为主，次为南北向断层。内区主要断裂有盘古寺断层、行口断层、常平断层、甘泉断层、煤窑庄断层及簸箕掌断层等，这些东西向断层均为高角度正断层，断层走向为 70°～80°，倾角为 50°～70°。在主要断层的附近常发育一些小规模的扭性断裂，断裂方向为南北向,由于构造的活动,将区内含煤地层切割成东西向的长条断块,形成地堑式构造,使地形北高南低。

据地震资料记载,区内曾发生过地震6次,最大的一次发生在1587年,震中在修武县,震级为6级。根据《中国地震动参数区划图》(GB 18306—2001),调查区基本地震烈度为Ⅵ度。

根据地下水水力特征、补径排条件及含水介质性质,可将本区地下水划分为松散岩类孔隙水、碎屑岩类裂隙水、碳酸盐岩类裂隙岩溶水和基岩裂隙水。

区内工程地质条件主要受岩性、地貌、地质构造等因素控制。根据其岩性、成因划分为岩体和土体两类共3个岩组:中厚层状稀裂状中等岩溶化硬白云岩组,中厚层具泥化夹层较软粉砂岩组,砂性、黏性多层土体。

沁阳市主要人类工程活动有矿山开采活动、交通工程、建筑工程、水利工程、旅游区建设、农业耕作等。

3 地质灾害现状

沁阳市地质环境条件较复杂,以固体矿产开采的人类工程活动强烈,形成的以崩塌(潜在崩塌)、地面塌陷、地裂缝、泥石流、滑坡(潜在滑坡)为主的地质灾害较发育。据前人对本区的研究和2006年开展的地质灾害调查,目前市境内共存在地质灾害及隐患点43处,包括崩塌(潜在崩塌)25处、地面塌陷10处、地裂缝3处、泥石流3处、滑坡(潜在滑坡)2处。主要分布在常平乡、西万镇、西向镇、紫陵镇4个山区乡镇,以常平乡最为严重,有19处。除此之外,平原区沁河沿岸各乡镇均存在不同程度的河流塌岸现象。因灾损毁房屋、窑洞共计1 226间、耕地4 656亩、道路1 000 m,造成直接经济损失3 359.575万元;地质灾害隐患威胁居民530人、房屋540间、耕地3 150亩、水库3座,预测经济损失3 801.4万元。

3.1 崩塌(潜在崩塌)

崩塌是本市最主要的地质灾害灾种,调查共发现崩塌16处,仍存隐患及潜在崩塌25处,分布在常平、王曲、王召、西向、紫陵、山王庄6个乡镇。其中,山体崩塌7处,分别位于常平乡、山王庄镇、紫陵镇;河流塌岸9处,主要位于沿沁河两岸乡镇及山王庄镇的前陈庄丹河段。因崩塌损毁道路1 000 m、耕地2 470亩,直接经济损失1 711.175万元;威胁142人的安全,预测经济损失2 425.3万元。

3.2 滑坡(潜在滑坡)

区内已发生中型滑坡1处,潜在滑坡1处。已发生滑坡位于常平乡簸箕掌村,发生时间在1945年7月,连续月余降雨而滑动,滑动后填平北面山沟,已基本稳定。潜在滑坡1处,系黏土矿开采的矿渣堆放所致,预测经济损失12万元。

3.3 泥石流

区内共确定沟谷型泥石流3处,分别位于紫陵镇仙神河、西向镇逍遥石河和山王庄丹河。3处泥石流隐患均属低易发型泥石流沟,沟谷上游形成区山势险峻,坡积物及碎石较多,汇水面积比较大,暴雨期可能形成沟谷型泥石流。直接经济损失1 112万元,泥石流隐患威胁196人,预测经济损失955万元。

3.4　地面塌陷

调查共发现地面塌陷及隐患 10 处,分布在常平和西万 2 个乡镇。塌陷区的分布与采矿活动有密切关系,造成地面塌陷的采矿活动,以历史开采煤矿和现代开采黏土矿两类为主,塌陷区多呈点状或小片状分布。造成了地面裂缝或大量房屋及其他地面构筑物裂缝,部分地区甚至因房屋倒塌而被迫搬迁。直接经济损失 276.4 万元,仍对 190 人、229.1 万元财产构成威胁。

3.5　地裂缝

区内地裂缝的产生均与人类采矿活动有关,调查共确定 3 条地裂缝,均发育在常平乡,系采矿形成,规模均为小型,直接经济损失 180 万元,仍对 180 万元财产构成威胁。

4　地质灾害发育分布规律

4.1　自然地理因素与地质灾害

地形地貌是沁阳市滑坡、崩塌、泥石流的主控因素,同时也是地面塌陷、地裂缝表现形态的约束因素。调查区山地及丘陵面积占全市面积的 34.2%,是地质灾害最为集中的区域。就区内地形地貌特征而言,自然或人为形成的自由临空面是产生崩塌及滑坡的有利地形,条形或马蹄形半封闭沟谷是泥石流产生的良好条件,复杂的地貌条件控制了地裂缝及地面塌陷的形状;而在平原区,地质灾害类型以河流塌岸为主,因地形高度变化较小,其形态多受河道主流带走向控制。

气象水文是自然因素中对区内地质灾害的发育最突出的因素。受季风的影响,区内降水的季节分配极不均匀,7~9 月份降水量占全年的 55.1%,冬季(12 月~翌年 2 月)仅占 4.6%。从空间上看,降水量自北向南由山地、丘陵至平原区渐减。降雨的时间和空间分布不均及强度的不同直接控制了地质灾害发生的时、空分布,并影响地质灾害发生的规模和范围。此外,地表水系的发育,对沟谷、坡体的切割、浸润及冲刷活动,与气象因素一起,成为滑坡、泥石流、崩塌等地质灾害发生的重要诱发因素之一。如逍遥河流域,雨季常造成洪水泛滥,并在沟侧形成多处小型滑坡及崩塌,从而在河道形成堆积物,造成泥石流隐患。

4.2　地质环境与地质灾害

沁阳市地层相对简单,岩性以灰岩为主,在北部低山区,山势陡峻,孤峰突兀,河谷深切,部分灰岩、砂岩在风化作用下,沿裂隙产生分解,形成危岩体,如在神农山等地均形成了崩塌灾害。

调查区内新构造运动活跃,具体表现为北部山区的剥蚀上升及南部平原区的下陷沉积。北部山区的强烈抬升加上风化剥蚀作用,为地质灾害的形成创造了必要条件,比较明显的表现如:北部沿河地带强烈抬升形成陡坡,山势陡峻,岩石风化崩落在河道为松散堆积物,汛期就极易形成泥石流。

区内南部沁河主要岩性为中细砂、亚砂土、亚黏土互层。粒间连接极弱,孔隙比大,透水性强,力学强度较低。在汛期,洪水来临,经常形成河流塌岸。

4.3　人类工程活动与地质灾害

沁阳市地质灾害的发生,如崩塌、地面塌陷、地裂缝等,多与采矿、交通建设等人类工程活动有关,因此地质灾害地域分布上与采矿区、交通线路的分布是一致的。区内矿产资源开发历史悠久,也是沁阳市对地质环境破坏最为强烈的人类工程活动,其形成的主要灾害有崩塌、地面塌陷、地裂缝。统计发现,区内因固体矿产开发引起的地质灾害达 17 处。边坡开挖、景区开发是区内诱发崩塌、滑坡灾害的主要人为因素,边坡开挖破坏了岩体原有稳定性,开挖后的废弃土、石堆于坡侧,还形成了人为滑坡及崩塌隐患。

5　地质灾害防治对策和建议

5.1　地质灾害防治目标

　　沁阳市地质灾害防治总体目标为:在地质灾害调查与区划的基础上,由沁阳市政府负责,结合市国土资源局等相关职能局委,建立相对完善的地质灾害防治监督管理体系,健全地质灾害监督管理机构,控制人为诱发地质灾害,分阶段、有步骤地完成对地质灾害隐患点的防治工作,将地质灾害损失减少到最低程度。

5.2　地质灾害防治对策和建议

　　(1)建立地质灾害管理机构。建立由市政府直接领导的地质灾害防治领导小组,由各相关部门和乡镇、村各级领导参加。实行行政首长负责制,层层签订责任书,建立高效灵敏负责的组织体系,使地质灾害信息的传递畅通无阻,从而达到有效的防灾减灾的效果。

　　(2)建设地质灾害监测网络。在建立完善的管理机构的基础上,选取威胁到人民生命财产且具有重大危险性的地质灾害点作为监测点。针对不同隐患点,要依据地质环境条件,采用合适的监测方法按时监测,监测责任要落实到具体单位和个人,要对参加群测群防的监测人员进行有关知识专门培训,以便使监测资料更有效、准确。

　　(3)确立地质灾害防治方案。由于沁阳市地质构造复杂,地形地貌多样,区内地质灾害隐患类型多、数量较大,逐个治理是人力、物力所不允许的,但对一些危害严重的重大地质灾隐患点,应尽早进行监测、勘察、治理。在制订治理方案时必须遵循经济原则,要建立在充分勘察论证的基础上,治理方法应有主有辅,综合治理。

　　(4)对地质灾害严重的地区,重点对神农山景区崩塌及潜在崩塌、簸箕掌地面塌陷、仙神河泥石流等严重威胁当地人民群众生命财产安全的重要地质灾害隐患点,进行勘察治理或采取避让措施。

　　(5)普及地质灾害知识宣传,加强群众的防灾意识,提高地质灾害防治效益。

注重固体矿产勘查中的水文地质工作，为矿山
建设设计提供可靠保证

李进化　张兴辽　张婉婉

（河南省地质博物馆　郑州　450016）

摘　要:固体矿产勘查中水文地质工作的质量好坏，将直接影响未来矿山建设和开发工作。但由于工作对象是固体矿产，勘查者往往会忽视其水文地质工作的重要性。笔者认为，固体矿产勘查中应注重水文地质工作:一是要"明确勘查标准和要求，客观实际地运用规范";二是要"转变观念，适应新的变革";三是要"注重矿区水文地质工作应达到勘查阶段工作要求";四是要"突出工作重点，针对主要问题进行工作部署"。以提高整体勘查报告的质量，为矿山建设设计提供可靠保证。

关健词:注重　固体矿产　勘查中　水文地质　工作

固体矿产勘查中的水文地质工作是一项重要的基础工作，也是矿产勘查中的重要组成部分，虽然提交报告时水文地质只作为勘查报告的一个章节，但其勘查程度和矿产勘查的其他工作成果一样，将直接用于矿山规划或矿山建设设计中，其勘查质量的好坏，直接影响未来的矿山建设和开发工作。由于勘查工作对象是固体矿产，而水文地质只作为开采技术条件中的一项工作，不是专门的水文地质报告，勘查中工作的重点一般都会放在矿床的控制和研究程度上，往往会忽视水文地质工作的重要性，一旦矿床、矿石特征等达到应有的查明程度，估算了资源储量，就会急于提交报告。有的水文地质工作的程度较低;有的报告提交后由于矿山水文地质条件及矿床充水因素未查清，给开采带来了困难。这些不足影响了报告的提交和评审的进度，也给未来矿山开发留下了不安全隐患。因此，固体矿产勘查中必须重视水文地质工作，不仅是矿床的控制和研究程度要满足勘查工作要求，水文地质和工程地质、环境地质等开采技术条件等也应满足相应的要求，才能为矿山建设设计提供可靠保证。笔者在审查部分固体矿产勘查报告中，接触到一些相应的实际问题，现就如何注重固体矿产勘查中的水文地质工作，结合规范谈几点初浅的认识。

1　明确勘查标准和要求,客观实际地运用规范

为加强矿产和地下水的管理，统一勘查技术要求及报告评审标准，国家和国土资源部先后发布了一系列的相应的国家和国家地质矿产行业标准规范，这些标准是勘查中的依据。但在实际工作中，由于一些历史原因和勘查者的专业、工作经历的不同，有的不甚了解矿产勘查中的水文地质工作应遵循什么统一标准，有的则不明白如何按规范去工作，为此需注意两个问题。

1.1　以规范为依据,明确标准要求

矿产勘查工作中的水文地质工作必须以规范为依据，按统一的国家和地质矿产行业标准规范的要求进行工作。对于矿产勘查中的水文地质工作，目前可依据的规范和要求

有三种,一是《矿区水文地质工程地质勘探规范》(GB 12719—91)中相应勘查阶段的规定和规范要求,二是《固体矿产地质勘查规范总则》(GB/T 13908—2002)中相应勘查阶段、开采技术条件勘查类型划分及工作规定和规范要求,三是《各矿种勘查规范》的相关规定和规范要求。前二者是国家标准,是各矿种勘查中水文地质、工程地质、环境地质调查评价工作的基本准则和要求,而后者是国家地质矿产行业标准规范,是依据各矿种特点,配套使用的规范要求。

在当今新形势下值得注意的是,由于企业和矿山的出发点及目的不同,在委托勘查单位工作时会提出一些特殊要求,也有的为节省经费,提出不投或少投工作量,当这些要求在国家标准中未包括或要求偏低时,可以按委托单位的要求实施,但不能与规范的要求相矛盾。应强调执行统一的国家标准,如在国家和企业基本要求相一致的情况下,不排斥使用企业和行业要求。

1.2 客观实际地运用规范

固体矿产勘查中各矿区的水文地质条件千差万别,在工作中要结合矿区的情况客观实际地运用规范。因为规范是一个时期的勘查工作的总结,是反映矿产勘查中水文地质工作的基本技术要求,随着科技进步和勘查工作的发展以及新技术、新方法在勘查工作中的应用,规范也需要根据勘查工作的新经验不断地修订和完善,如《矿区水文地质工程地质勘探规范》已发布实施了十多年,按常规,国家以后会总结勘查经验修订,并和《固体矿产地质勘查规范总则》有关要求相对应。故执行规范时,不应将规范看成一成不变的东西,应本着满足规范基本要求的原则,依据客观实际灵活应用。工作中应不断总结经验,引进和推广水文地质勘查新技术,以提高整体勘查工作质量。

2 转变观念,适应新的变革

2.1 转变观念,提高对矿床水文地质工作的认识

矿床的水文地质和工程地质、环境地质现统称为矿床开采技术条件,是矿山建设重要的参考依据。在最早的地质勘查规范中,矿床的水文地质、工程地质与开采地质条件是并列的,环境地质不是很重视。矿产勘查中的水文地质、工程地质的勘查类型分开确定,如原有的规范只将水文地质单列,而将工程地质等列为其他开采技术条件,没有全盘考虑,影响了矿床开采技术条件的评价工作。现行的规范将矿床的水文地质和工程地质、环境地质综合考虑,既按水文地质、工程地质、环境地质各自的条件考虑,又综合考虑了主要的影响因素。因此,矿床的水文地质和工程地质、环境地质的调查评价,应与矿产勘查紧密结合,将三者作为一个整体,运用先进和综合手段进行调查评价,达到应有的勘查程度。

2.2 适应开采技术条件勘查类型划分的变革

《固体矿产地质勘查规范总则》遵循水文地质和工程地质、环境地质相统一、突出重点的原则,将三者在勘查工作中有机联合起来统盘考虑,统一部署工作。工作中不再分别确定矿区水文地质和工程地质、环境地质类型,而是将它们分别作为确定开采技术条件的因素之一,综合考虑,将固体矿产开采技术条件勘查类型划分为简单、中等、复杂 3 类,再据三个因素中以哪个为主或是复合因素划分为 9 型。在勘查类型划分和工作要求表中,列出了各类型中水文地质特征,也提出了各类型综合勘查工作要求,突出了针对主要问题

开展工作的目的和要求。《各矿种勘查规范》对水文地质问题也提出了专门工作要求。在实际工作中应根据不同的开采技术条件勘查类型进行水文工程布置和水文地质工作。但在《煤、泥炭地质勘查规范》中,由于其矿种的特殊性,规范中仍保留着水文勘查类型的划分,应引起注意。

3　根据勘查工作阶段,注重矿区水文地质工作达到要求

矿床水文地质和工程地质、环境地质调查评价均应与矿产勘查阶段相适应,其普查、详查、勘探三个阶段划分是与矿产勘查阶段相互吻合的。《矿区水文地质工程地质勘探规范》中对各阶段应达到的工作程度要求如下:

普查阶段:对已进行过区域水文地质工程地质普查的地区,其资料可直接利用或只进行针对性的补充调查,大致查明工作区的开采技术条件。

详查阶段:基本查明工作区的开采技术条件,为矿床初步经济评价、矿山总体建设规划和矿区勘探设计提供依据。

勘探阶段:详细查明工作区的开采技术条件,为矿床技术经济评价、矿山建设可行性研究和设计提供依据。

对各勘查阶段的水文地质勘查程度一般要求主要是对矿区水文条件,含隔水层特征、矿床主要含水层特征,对矿坑有较大影响的构造破碎带特征、突水地段,对矿床有影响的地表水特征,对开采的影响矿层顶底板含水层特征,深部有强含水层时主要含水层从底部获得补给途径和部位等方面的查明程度。并要调查老窿、采空区位置、范围和积水量,提出以上各影响因素的防治水的建议等要求。在《固体矿产地质勘查规范总则》中是按开采技术条件的类型提出了综合勘查工作要求,对以水文地质问题为主的各矿床也提出了具体勘查工作部署及采用手段和达到的要求。

在勘查工作中对于水文地质条件简单的矿区,勘查阶段可简化或合并。但提供矿山建设设计依据的地质勘查报告,均应达到勘探阶段的要求。如详查阶段后不再进行勘探直接进行矿山建设设计的,水文地质工作应达到可供矿山建设设计要求。

4　突出工作重点,针对主要问题进行工作部署

在矿产勘查中水文地质方面有两大基本任务:一是要达到各勘查阶段矿区水文地质条件及矿床充水因素查明程度,预测矿坑涌水量;二是对矿床水资源综合利用进行评价,指出供水水源方向。《矿区水文地质工程地质勘探规范》确定勘查工程布置的基本原则是"应结合矿区的实际条件,针对主要水文地质问题做到有的放矢,从区域着眼,立足矿区,把矿区和区域的地下水、地表水和大气降水作为统一系统进行研究。应重视水文地质测绘和钻孔简易水文地质观测与编录基础工作,配合地面和井中物探,因地制宜地进行适当规模的抽水试验,运用多种勘探手段,加强综合分析研究,从而查明矿区水文条件及主要充水因素"。因此,勘查中水文地质工作应突出工作重点,针对主要问题进行工作部署。

在勘查工作中,水文地质等开采技术条件调查评价的目的是要满足矿山建设的实际需要。这里要注意的是水文地质工作是对于全区(或一个水文地质单元)的工作,不是某

一块段的要求，是全矿区内要达到相应勘查程度的要求。由于这些工作布置不存在工程间距和求水量的问题，只求涌水量的大小，往往得不到勘查者的重视，认为工作可有可无，报告能通过评审就可以了。如有的矿区勘查工作量不够，没有查清其水文地质条件；有的只利用区域资料，而忽视区内工作；有的矿区内有水库，查不清影响矿床的充水因素；有的煤矿区存在大量老空区，而对老空水赋存情况缺乏分析研究；有的铝土矿虽然是露采但由于地下水压高，有造成突水的可能，但没有进行应有的水文工作。造成少数报告因水文地质达不到工作要求，直接影响了矿山建设设计利用，在报告编写结束后又重新补充水文工作，延误了报告提交和评审时间。因此，应按《矿区水文地质工程地质勘探规范》的要求，结合矿山实际，针对矿区存在的主要问题部署工作，应将重点放在影响设计和开采的主要方面上。水文地质条件复杂的矿区，当用于矿山建设设计，而又难以满足要求时，应根据实际需要，针对主要问题进行专门性的勘探。扩大延深勘探矿区，应充分利用已有勘探报告和矿山生产中的资料对其条件进行评价，当不能满足要求时，应根据实际需要，有针对性地进行补充勘探。

矿区开采技术条件方面的勘查，应从社会的综合效益出发，既要研究保障矿山安全，连续生产，又要研究将不利因素转变为有利因素，如矿山排水的综合利用因素等。有的地下水较大的矿区应考虑地下水作为矿山供水利用，化害为利。

矿区水文地质工作为矿山建设规划或设计提供可靠的依据，为未来矿山提供安全开采的保证，决不可忽视。本文的目的是希望能引起固体矿产勘查者对水文地质工作的重视，不要忽视水文地质工作的地位，更好地提高整体勘查报告的质量，为矿山建设设计提供可靠保证。

小秦岭金矿区矿渣泥石流灾害防治方法探讨

王永良

（灵宝市地质矿产局　灵宝　472500）

摘　要:本文针对豫西小秦岭金矿区的主要地质灾害——矿渣泥石流,分析了其形成条件和发生情况,指出了造成矿渣泥石流灾害的主要原因及防治工作中存在的问题,并根据多年来的实践,对矿渣泥石流灾害的防治方法进行了探讨。

关键词:小秦岭金矿区　矿渣泥石流灾害　防治方法

小秦岭金矿区位于河南省西部边陲的灵宝市境内,是闻名全国的第二大黄金生产基地,自1984年以来,连续黄金产量稳居全国县级第二位,累计生产黄金约250 t,为国家经济建设做出了巨大贡献。但是,由于历史的原因,在"有水快流"和"快速发展"思潮的影响下,国家、地方一轰而上,在矿产开发的同时,忽视了地质环境的保护,引发了一系列的矿山地质环境问题,矿山地质环境遭受了极大的破坏,尤其是矿渣泥石流灾害不断发生,给当地人民群众的生命财产和矿山企业正常生产构成了严重威胁,被列为灵宝市乃至河南省地质灾害重点防治区域。

1　矿渣泥石流形成条件和发生情况

泥石流的形成必须同时具备以下三个条件:陡峻的便于集水、集物的地形地貌,丰富的松散物质,短时间内有大量的水源。

1.1　地形地貌

小秦岭矿区山势陡峻,地貌类型属侵蚀的中山地貌,海拔在1 200～2 413.8 m之间,相对高度为800～1 500 m,属深切割型,山坡陡峭,多悬崖及深切沟谷,坡度大多在50°以上,平均自然坡降达34.4‰。

1.2　丰富的矿渣、尾矿

小秦岭金矿区通过多年来开发,不仅毁坏了植被,降低了水、土涵养能力,而且大量废弃的矿渣堆积在沟谷、山坡甚至河道内。截至2004年底,矿区废石累计堆放量2 480.47万t,排放尾矿2 062.05万t。尤其是文峪金矿五工区、西路将,秦岭金矿槽桐沟、庙南沟、杨寨峪,金渠金矿大南沟、小桐沟,安底金矿白杨沟、乱石沟、黑峪子沟,老鸦岔金矿长安岔,黄金股份公司藏珠峪等区域,大量矿渣堆积已经使河道堵塞,水、路合一,给泥石流的形成创造了丰富的物质条件。

1.3　气象

小秦岭金矿区属于暖温带半干旱大陆性季风气候区,四季分明,降水量、蒸发量、气温等气象要素年际、年内变化明显。据灵宝市气象站1956～1998年气象资料,多年平均气温为13.6 ℃,多年平均降水量为645.8 mm,年最大降水量为984.7 mm(1958年),最小降水量为318.7 mm(1997年),年内降水量多集中在7～9月3个月,占全年降水量的50.8%,并多暴雨,最大日降水量为84.9 mm(1960年7月15日)。

1994年7月1日,位于豫陕交界处的大西峪区域突降暴雨,山洪暴发形成强大的水石流,致使 52 人丧生,数百人失踪,经济损失惨重,社会影响极大;1996 年 8 月,小秦岭地区连降暴雨,大西峪、文峪发生泥石流,冲毁公路 13 km、通讯线路 3 km,直接经济损失 690 万元;1998 年7～8 月,小秦岭地区多次降大到暴雨,洪水夹杂采矿废石将矿区公路冲毁,个别尾矿库被冲毁。据不完全统计,近年来区内地质灾害已造成上百人伤亡或失踪,经济损失 5 000 余万元。

2004 年,《灵宝市地质灾害防治规划》中确定小秦岭金矿区有 22 条泥石流沟处于中等易发、低易发状态,时刻威胁着矿山生产和人员的生命安全,已成为制约灵宝市矿业经济持续发展的主要因素之一,亟需采取治理措施。

2 造成矿渣泥石流灾害的主要原因及防治工作中存在的问题

随着《地质灾害防治条例》的实施,通过我们的大力宣传,各级政府和矿业权人对泥石流地质灾害的认识逐步提高,防灾避险意识进一步加强,治理力度逐渐加大,但是隐患并没用得到根本消除,防治工作中仍然存在以下问题需要解决。

(1)灵宝市矿业开发时间长,区内矿山地质环境遭受了严重破坏,山体千疮百孔,矿渣乱堆乱放,挤占行洪河道,破坏植被等诱发地质灾害现象非常突出。一旦出现较强的大范围降雨,这些隐患势必引发大规模的泥石流灾害,造成严重后果。

(2)《矿产资源法》及其配套法规对矿业权人治理矿山地质环境的义务规定得非常明确,但是缺乏制约矿业权人积极治理矿山地质环境的手段。由于矿业权人矿山地质环境治理意识淡薄,一味追求经济利益,忽视了泥石流地质灾害的严重后果,进一步加大了灵宝市地质灾害防治工作的压力。调查情况显示,多数矿业权人对废石堆放场地没有合理规划,矿渣已无处堆放,个别采矿坑道故意堵塞河道,等待雨季来临将矿渣冲走;另有一些采矿坑口矿渣堆放已经超越坑口开口高度,已到了非治理不可的地步。

(3)小秦岭金矿区一些国有矿山企业在为国家经济建设做出巨大贡献的同时,也给矿区地质环境造成了极大的破坏,但随着这些企业由强到弱、由盛到衰,资金缺乏已成为制约地质灾害治理工作的主要问题。从目前来看,全部让企业投入资金治理是不现实的。

3 防治方法探讨

3.1 加大《地质灾害防治条例》的宣传力度

目前,灵宝市矿区泥石流地质灾害隐患区范围大、威胁人员和财产数量多,现有经济和技术条件难以在短时间内消除所有的隐患,强化防灾意识是当前我们的重要手段。因此,我们建议要充分利用报刊、电台、电视等各种媒体,向社会公众宣传地质灾害基本知识以及《地质灾害防治条例》,大力开展地质灾害科普教育,唤起全社会对地质灾害防治工作的重视,做到地质灾害有法有章可依,向受灾害威胁的群众发放地质灾害防灾避险明白卡,不断提高群众应急反应和临灾自救互救能力,尽最大可能避免泥石流灾害造成人员伤亡和重大财产损失。

3.2 强化各部门地质灾害防治工作职责

地质灾害牵涉千家万户的利益,关系到国计民生,需要全社会的支持,需要发挥政府有关部门的优势和作用。比如气象部门在汛期及时掌握雨量情况,及时与地矿部门沟通,做好地质灾害预报;水利部门加强对行洪河道的监督管理,确保洪水畅通。各部门要强化沟通与合作,建立地质灾害调查、地质灾害预警预报、地质灾害防治方案编制等方面的联系机制,充分发挥各自的优势,形成整体合力,增强地质灾害防治能力,真正形成政府牵头、地矿主管、各部门协作的地质灾害防治大形势,全面促进全市地质灾害防治工作上台阶,维护人民群众的生命财产安全。

3.3 高度重视地质灾害应急救援工作

矿区泥石流地质灾害突发性强,应急抢险工作尤为重要。我们虽然建立了全市的应急抢险体系,编制了应急抢险预案,各矿区乡镇、矿山企业都成立了抢险队伍,准备了防汛抢险物资,但均局限于各自的矿区范围和行政区域防范,大规模的抢险救援指挥还缺乏演练。今后,我们要强化抢险人员的培训以及实际演练,进一步提高应急抢险效能,做到"招之能来,来之能战",做好防范,尽可能避免人员伤亡和重大财产损失。

3.4 积极编制矿山地质环境恢复治理规划

矿产资源勘查、开发排弃矿渣造成的矿山地质环境破坏,是诱发泥石流地质灾害的主要原因。矿山地质环境的恢复治理是消除泥石流地质灾害的根本途径。矿渣泥石流灾害是一种由人类采矿活动与罕遇暴雨因素而组合形成的突发性地质灾害,主要特点是突发性强、破坏力大,再就是矿渣、尾矿堆的分布散乱,物源区、流通区、堆积区相互穿插,可预见性差,与自然泥石流灾害有较大区别。因此,对矿渣泥石流灾害的治理只能是以矿渣堆、尾矿堆为重点治理对象,以疏通沟道、改善排洪条件为手段,以采矿坑口、矿山设备、人口居住地为重点预防对象。由于小秦岭金矿区面积大,需要治理的范围广,投资数额巨大,因此要实现矿渣泥石流灾害的有效治理,就必须制定出切实可行的矿山地质环境恢复治理规划,积极治理,逐步恢复,尽快消除泥石流地质灾害隐患。

3.5 建立泥石流地质灾害治理资金保障机制

国务院《关于全面整顿和规范矿产资源开发秩序的通知》(国发[2005]28号)要求,各地探索建立矿山生态恢复补偿机制,尽快制定矿山生态环境恢复政策。这些都为我们加强矿山地质环境恢复治理工作指明了方向。小秦岭金矿区矿山地质环境恢复治理欠账多,需要的治理经费至今缺口很大。一方面我们要尝试建立矿山地质环境恢复治理备用金制度,督促矿业权人积极履行恢复治理义务,尽快遏制矿山地质环境进一步恶化的局势,逐步进行恢复治理;另一方面我们要积极向上申请探矿权、采矿权使用费及其价款项目,申请国家或者省财政资金来治理矿山地质环境,确保治理资金到位,尽快制定矿山地质环境保护方面的法律法规,从政策上明确治理的责任单位、资金投入、监督管理、处罚措施等,促使矿山地质环境治理工作制度化、规范化。努力创造一个"在开发中保护,在保护中开发"的和谐局面。

3.6 加大执法力度,确保泥石流灾害隐患得到治理

国务院《地质灾害防治条例》规定了地质灾害"谁引发,谁治理",并且由隐患所在地县级以上国土资源主管部门对责任单位进行认定,把地质灾害责任单位认定工作明确为一项具体行政行为。为此,我们制定了《人为造成地质灾害责任单位认定及相关问题的规定》,并按照有关规定对小秦岭金矿区两处采矿造成的泥石流地质灾害隐患进行了责任单位认定,并向两家责任单位下达了限期治理通知书,取得了明显的效果。今后,在工作中,我们应继续加大执法力度,对那些不积极履行治理责任的单位,采取法律手段,确保隐患治理责任得到落实。

焦作市岩溶地下水污染状况及防治措施

杨 涛 王 让 司 莉 罗雪贵

（河南省地球物理工程勘察院 郑州 450000）

摘 要：岩溶地下水是焦作市城市生活和工业用水的主要来源，水危机将成为制约焦作市社会经济可持续发展的重要因素。笔者在对焦作市岩溶地下水形成的地质环境条件调查研究的基础上，充分利用现有数据资料对岩溶水的污染现状进行了分析，找到了岩溶地下水的主要污染源，并提出了相应的地下水污染防治措施。

关键词：焦作 岩溶水 地下水污染 防治措施

1 概况

焦作市位于河南省西北部，是一座因煤而兴的矿业城市，地理坐标为东经 $112°34'$ ~ $113°47'$、北纬 $34°53'$ ~ $35°28'$，辖区总面积为 4 071 km^2，人口 330.67 万。

焦作市全市供水总量为 10.8 亿 m^3，其中取用地下水达 7.8 亿 m^3，占供水总量的72%。平原地带孔隙地下水较贫乏，加之连年超采量达 2 亿 m^3，近 20 年来，地下水位平均下降了 0.3 m，并形成了两个地下水漏斗，其中的温、孟清风岭地下水漏斗区总面积达730 km^2，成为了全省的第二大地下水漏斗区。据预测，至 2010 年，焦作市缺水量将达6.97 亿 m^3，潜伏着极大的"水资源危机"和"水质危机"。因此，地下水特别是岩溶地下水作为焦作市工农业和生活用水的主体，在地表水遭受普遍污染的情况下，它的战略意义显得尤为重要。

2 岩溶地下水形成的地质环境背景

2.1 地质条件

本区出露地层较齐全，有太古界，中元古界，下古生界寒武—奥陶系，上古生界石炭—二叠系，中生界三叠系、侏罗系，新生界新近系、第四系。太古界构成基底，元古界、下生界至新生界构成盖层。

2.2 构造

本区大地构造位于新华夏构造体系太行山隆起的南段与晋东南山字形构造东翼反射弧的前缘和东秦岭纬向构造带的北缘相交联合弧地带，其构造特征以断裂构造为主要形态。根据构造形迹及其生成关系和空间展布特征大致又可分为东西向构造体系、山字形构造体系、新华夏构造体系以及近南北向、东西向构造。

2.2.1 东西向构造体系

东西向构造体系是本区形成最早，又是挽近期活动较强的构造。由于受多期构造的破坏、干扰及改造，其结构面多具复杂的结构特征，对本区的地下水流场具有重要的控制作用。主要的断裂构造有凤凰岭断层、朱村断层、黑龙王庙断层、董村断层和墙南向斜。

朱村断层断距较大,形成南盘阻水、北盘导水的特征,构成了九里山泉岩溶水系统的南部阻水边界,是逍遥河、丹河子系统岩溶水向焦北子系统径流排泄的通道。断层北盘北东向次级断层密集发育,岩石破碎,溶洞、溶蚀裂隙发育,富水性极强。

凤凰岭断层为多期活动性断层,力学性质表现为先压扭后张扭,使得断层在各段表现出不同的水文地质特征,断层的东段和西段,由于落差较小,两侧灰岩对接,特别是在东段与九里山断层的复合部位,岩石破碎,断层两侧形成统一的径流场。断层中段,断距大于300 m,使得北盘 O_2 灰岩与南盘 C – P 砂页岩对接,形成相对隔水。北盘 O_2 灰岩岩石破碎,溶蚀裂隙及溶洞发育,使得焦北子系统得岩溶水主要在此富集,形成极强富水段。

2.2.2 山字形构造体系

本区山字形构造体系有两种:晋东南山字形构造和丹河拟山字形构造。

2.2.2.1 晋东南山字形构造

本区展布的山字形构造体系主要为晋东南山字形构造东翼反射弧的一部分,由一系列的北东向压扭性断裂组成。其中,对本区水文地质条件起控制作用的断裂构造有朱岭断层、赵庄断层和许河地垒。

赵庄断层北西侧地层抬升,主要径流层为 $\in_2^2$ 灰岩,导水性较差,加之断层相对阻水,岩溶水位高,而南东侧主要为 O_2 灰岩,含水、导水性好,水位低,与低水位区形成统一的径流场。

2.2.2.2 丹河拟山字形构造

丹河拟山字形构造位于焦作市西北部山区,前弧展布于大箕、晋庙口、张路口等地,呈向南突出的弧形断裂,脊柱在丹河北断。主要的控水构造有柳树口—夺火背斜、张路口断层。

2.2.3 新华夏构造体系

新华夏构造体系在区内主要表现有两组断层:长治褶断带和九里山断层。

2.2.3.1 长治褶断带

展布于晋城的石盘—峪口—五门山口—陈家沟—高平的尧头一带,区内长约40 km。北端以开阔的不对称褶皱为主,向南逐渐变为紧密褶皱,并伴有北北东向压扭性断层和北西西向张扭性断层。受晋东南山字形构造干扰影响,其主要压性结构面走向由20°方向逐渐偏转为220°方向。

2.2.3.2 九里山断层

西起东于村与朱村断层相交,至小墙北被凤凰岭断层截接,断距为300 ~ 1 000 m,致使断层南东盘奥陶系灰岩裸露地表,岩溶极为发育,导富水性强,在天然状态下,岩溶水在断层南侧赵屯一带成泉排泄。

3 岩溶水水质及污染状况

3.1 概述

区内碳酸盐岩包括灰岩、白云质灰岩、灰质白云岩、白云岩等,岩石化学成分主要是 $CaCO_3$ 和 $MgCO_3$,因此区内岩溶水水化学类型主要为 HCO_3—Ca · Mg 型。此外,石炭—二叠系地层在西部山区常常覆盖在中奥陶统碳酸盐岩之上,在山前倾斜平原地带则埋藏于第四系地层之下,经大气降水淋滤后,硫化物溶于水中,并入渗补给岩溶水,形成 $HCO_3 \cdot SO_4$—$Ca \cdot Mg$ 型。

岩溶水除原始地下水之外,接受大气降水入渗和河流渗漏补给。焦作市岩溶水补给区在北部山区,原本没有污染,水质良好。但20世纪80年代以来,一些企业在近山地带顺沟筑坝,建设工业废弃物堆放场,排放工业废渣和废液。由于近山地带是凤凰岭断层通过的区域,次级断层和构造裂隙极为发育,岩石破碎,渗透性强,而这些堆放场大多未采取严格的防渗措施,废渣废液中的各种有害组分下渗,直接或间接污染岩溶水。

3.2 岩溶水污染状况

根据1994年检测的29个岩溶水水样数据,区内岩溶水水质良好。但是近年来岩溶水水质污染势头加快。从2004年以来对焦作市主要的几个水厂的水质分析资料来看,检测的24项指标中,总硬度、氯化物、总大肠杆菌、高锰酸盐指数、六价铬、氟化物等指标均超标或者上升很快,已接近超标的态势。

3.2.1 总硬度

焦作市岩溶地下水主要赋存于灰岩中,在长期的水-岩作用下,钙镁离子向地下水中溶出,水的总硬度背景值稍高是正常的。但是自1995年以来,主要水厂的总硬度普遍上升的趋势明显(见表1),第三水厂因总硬度过高于1999年停用。

表1　焦作市主要水厂近年来总硬度变化

水厂名称	1995年	1996年	1997年	1998年	1999年	2002年	2003年	2004年
第二水厂	303	284	325			384.5	400.3	429.3
第三水厂		487	565	548	539			
第四水厂						317.9	331.8	364.3
第六水厂	431					382.6	395.8	401.3
第七水厂						444.4	460.3	457.8

3.2.2 氯化物

补给区岩溶水 Cl 含量背景值为 3.2 ~ 14.6 mg/L,平均值不到 9.2 mg/L。区内第二水厂的氯化物含量从1991年的18 mg/L上升到了2004年的121.4 mg/L,是1991年的6.7倍,第七水厂的氯化物含量从1991年的35 mg/L上升到156.5 mg/L,是1991年的4.5倍。其他水厂氯化物含量也不同程度的大幅上升。

部分深井也出现了氯化物污染的趋势,1989年监测的平广厂、工学院和岗庄水源地的深井中,均小于20 mg/L,至2001年工学院井已经超过250 mg/L,2002年矿务局水文队井氯化物含量高达2 135 mg/L,是1992年的142倍,2003年又上升至2 840 mg/L,该井报废。

3.2.3 总大肠杆菌

自1996年以来,第五水厂的总大肠杆菌群含量一直超标,超出地下水三级标准20倍以上。

3.2.4 高锰酸盐指数

2000 年以来,第五水厂的高锰酸盐指数持续上升,特别是 2003～2004 年上升幅度加大,上升幅度大于 30%。

3.2.5 铬离子

2001 年以来,第六水厂中的 Cr^{6+} 含量突然大幅上升,上升幅度达到 325%。

4 岩溶地下水污染源

焦作市岩溶水补给区在凤凰岭断层以北的基岩裸露山区,而主要水源地均分布在凤凰岭断层两侧。在朱村断层以南,新生界厚度达 1 000～2 000 m,奥陶系灰岩埋藏深。因此,岩溶水的污染源主要分布在北部山区和凤凰岭断层带附近。

由于历史的原因和认识上的局限性,以及特定的地理条件,焦作市工业固液废弃物堆放场大多选择在北部山区与山前冲洪积平原过渡带的沟口拦沟筑坝,建成了较多的堆放场,堆放场未做底部和边坝的防渗处理。

4.1 粉煤灰堆放场

粉煤灰堆放场主要集中在北部山区,堆放粉煤灰的单位主要有焦作电厂、焦作市热电厂、焦作市化电集团热电厂、焦煤集团热电厂、中州铝厂自备电厂等企业,年产粉煤灰约 90 万 t,年储存量为 37 万 t。

这些灰场多建在凤凰岭断层之上或以北,而北部山区地下水径流方向是由北向南。粉煤灰水中含有许多的污染物,如氟化物(1.7～56.5 mg/L)、总硬度(343～1 900 mg/L)、硫酸盐(57～1 500 mg/L)及六价铬(0.205 mg/L)等,均与岩溶水水质变化的趋势相一致,因此是岩溶水的主要污染源。

4.2 焦作市鑫安碱渣尾矿库

此尾矿库位于北部山区,洪河村附近,凤凰岭断层的北侧。尾矿库直接建在基岩上,底部通过两条共轭的"X"形断层,而库区底部和边坝均未做防渗处理。

该尾矿库 1989 年建成投入使用,2001 年之前均采用湿法排灰,排放的碱渣废水中总硬度、硫酸盐、氯化物、高锰酸盐指数、氨氮、亚硝酸盐氮、溶解性总固体等均超标。

2001 年后采用干法排灰,干法堆放后经天然降水的淋滤,污染物同样入渗地下,污染地下水。

该尾矿库是导致岩溶地下水氯离子和总硬度升高的主要污染源。

4.3 中州铝厂的赤泥堆放场

此堆放场位于修武县方庄镇沙强村西北,堆放场沟谷底部及两侧为裸露灰岩,其附近有走向 NE 的断层通过,其破碎带是岩溶地下水的强径流带。

该堆放场自 1992 年投入使用以来,累计堆存赤泥约 790 万 t。赤泥附液和冲灰水中的主要污染因子有氟化物、总碱度、碱和硫酸盐等。附近居民饮用水井已经受到了一定程度的污染,是深层岩溶地下水的潜在污染源。

4.4 煤矸石堆

焦作的煤炭开采历史已达百余年,目前有 8 对矿井还在进行着生产,此外还有十余座报废的矿井。除演马电厂、演马砖厂、冯营电厂和金科尔集团等利用少量煤矸石发电和制砖外,绝大多数煤矸石在地表堆存,对大气、土壤和浅层地下水质量造成威胁。

5　岩溶地下水污染防治措施

5.1　设立岩溶水保护区

　　焦作市北部凤凰岭断层以北的山区为岩溶地下水的补给区,应严格执行《中华人民共和国水污染防治法》的有关规定,以地方法规的形式,将焦作市北部岩溶水补给区列为地下水源保护区。具体范围是东界为纸坊沟与峪河的地表分水岭,西界为逍遥河与仙神河的地表分水岭,南界为山区与平原的自然分界线,北到山西省界。在这个保护区内,还可以根据地质条件细分为成一级和二级保护区。

5.2　岩溶地下水污染防治措施

5.2.1　地下水保护区污染防治措施

　　(1)在保护区内禁止新建、扩建与供水设施和保护水源无关的建设项目,禁止向水域排放污水,禁止堆放工业废渣废液、城市垃圾和其他废弃物。

　　(2)对于由于历史原因已经形成的工业废渣废液堆放场、城市生活垃圾填埋场、焚烧场或堆放场,由于是焦作市岩溶地下水的主要污染源,从长远考虑,应有计划地逐步予以清除。同时,加强对边坝的防渗处理,特别是对张性断层带和裂隙发育地带;建设和强化堆放场废水上清液回用系统,提高其利用率;并杜绝在此区内建设新的工业固废排放场。

　　(3)逐步恢复和优化保护区的蓄水生态环境,防止生态破坏和水土流失。

　　(4)开展对碱渣、赤泥、粉煤灰、煤矸石等资源化利用的研究,利用本区固废弃物开发新的产品或作为别厂的原材料加以利用。

　　(5)对于停排堆放场,在资源化技术条件还不成熟之前,可以采用覆土造田的临时性措施,以达到减少淋滤的目的。

　　(6)相关企业加强技术革新,减少工业固废排放量。

5.2.2　管理措施

　　(1)分级划分岩溶地下水保护区,按分级防治的要求,做好饮用水水源地的污染防治工作,并根据政府的要求制定和颁布各级水源保护区污染防治管理规定。

　　(2)明确要求在保护区内建设水源地或建井开采岩溶水的单位,按照相关技术规范要求进行生产作业。因突发性事故或可能造成饮用水水源污染时,事故责任者必须立即采取措施消除污染。

前游子庄地面塌陷形成原因及防治

罗志吉　杨　涛　王　让　程继峰

（河南省地球物理工程勘察院　郑州　450000）

摘　要：采用综合勘察手段查明了清丰县前游子庄地面塌陷的分布规律及特征，对村庄所处的地质环境条件及所遭受的地质灾害进行了分析，找出了地面塌陷的原因，并对防治地面塌陷提出了建议。

关键词：地面塌陷　形成原因　防治

2005 年 7 月 23 日，河南省濮阳市发生特大暴雨，日降水量达 150.1 mm，造成前游子庄低洼处大面积积水，发生了数起地面塌陷，对当地群众的生产生活造成了极大的破坏。针对前游子庄地面塌陷，2006 年 4 月，通过采用地质调查、钻探、物探（高密度电法和静力触探）等手段，查明了其分布特征及规律，结合村庄所处的地质环境条件对地面塌陷的成因进行论证分析，找到了塌陷产生的原因，并对其整治措施提出建议。

1　地理地质及环境条件

1.1　地理位置

前游子庄位于清丰县南部，南距濮阳市区约 10 km，村庄濒临马庄桥镇，交通非常便利，地理坐标为东经 115°05′、北纬 35°49′。

1.2　气象条件

本区属暖温带半湿润大陆性季风气候，年平均气温为 13.5 ℃，年平均降水量为 592 mm，降雨主要集中在 7～9 月份，占全年降雨量的 70% 左右。

1.3　水文条件

地下水以第四系松散孔隙水为主，含水层多为冲积松散粉细砂层，浅部含水层顶板埋藏深度为 21 m，上层为潜水，下层为微承压水，导水性和富水性良好。

前游子庄中心大街在历史期间为九干河河床，九干河为一地上河，呈东西走向，于 1964 年废弃。现在中心大街是一条相对低洼地带，每逢暴雨期则积水过膝。

2　地面塌陷现状及特征

2.1　地面塌陷现状

前游子庄共发生 60 余处地面塌陷，中心大街易发程度较高，向两侧逐渐减小，村中地势低洼处为易发育区。大量积水呈漩涡状灌入塌陷处，迅速加快地面塌陷的发育程度。村中街巷及居民庭院时常出现塌陷，部分居民房屋的墙体产生不同程度的裂缝，给人民群众的生命财产安全带来了严重的危胁，更在村民心中投下恐慌的阴影。

2.2　地面塌陷特征

（1）地面塌陷在地面处多表现为不规则的椭圆状、浑圆状，直径多在 0.4～1 m 之间，大者直径可达数米,最大达 6 m。

(2)地面塌陷在近地表部分多为直立状或缓倾斜状。

(3)地面塌陷下部可呈树枝状,填充或半填充状,断面成几何不规则形的渗流通道,且有相互贯通的现象。

3 运用的工作手段

3.1 水文地质环境调查

3.1.1 九干河的影响

九干河特点如下:

(1)九干河为非深挖无衬砌渠道,开挖深度在 1 m 左右,河堤为人工堆积而成,高有 4 m 左右。

(2)渠道带土体为新黄泛土,以厚层粉土为主。

(3)渠底深于地面以下 1 m,引黄运行水位高于地面 2 m,底宽 10 m,水深 3 m,水面宽约 20 m。

(4)每年两次引黄灌溉,均呈高水位运行,灌溉时间为 1 ~ 3 个月,其他时间为干涸期,5 年期间 10 次引黄,10 次停灌干涸。

九干河在运行期间,对浅部土体产生了很大的影响,是潜蚀作用发育较为强烈的时期,为目前地面塌陷的发生积累了条件。根据引水过程和其与地下水的关系可以将其发展分为以下四个阶段:

(1)自由入渗阶段。引水起始阶段,渠水位为 3 m,地下水位埋深为 4 ~ 6 m。引水开始,形成高为 6 ~ 8 m 的水头差。根据前面对土体发生潜蚀作用条件的判断,可以分析得出,在河道带及其两侧 30 ~ 50 m 的狭长地带的浅部土体产生强烈的自由入渗现象,在渗透路径上水力比降可达 1.0,潜蚀作用初步发展,下部土体的微孔隙通道初具规模。自由入渗阶段可以延续 5 ~ 15 d,并向第二阶段过渡。

(2)第二阶段为大比降侧渗径流阶段。河道及沿河地带两侧高比降入渗而使局部地下水位抬高,在沿河地带两侧形成宽约 50 m 的高比降径流地带,其比降值可达 0.5 ~ 0.1,并向远处逐渐降低到 0.05 ~ 0.03,但仍为较高值。因此,在第一阶段的基础上能够继续产生潜蚀作用,此时发展比较缓慢,地下水力坡降在临界水力坡降上下活动。

(3)第三阶段为侧渗径流持续阶段。河道及沿河地带两侧地下水位普遍上升,水力坡降已进一步降低,潜蚀现象趋于平稳。

(4)第四阶段为停止引水、地下水位恢复阶段。漫灌季节过后,九干河停止引灌,地下水位逐渐下降,最后接近于引灌前的原始地下水位,此时浅部土体因引灌活动而遭受的较强烈的渗透破坏停止,等下一个引灌时期到来,继续重复上述过程。

上述是每一个引灌周期浅部土体发生潜蚀现象的四个发展和积累阶段,其活动范围是九干河及两侧较窄的沿河地带、支渠等引水工程所影响的范围。每年两次引水灌溉使影响区域遭受高水位、强入渗的渗透,引水 5 年期间将反复重复 10 次。

3.1.2 压水井的影响

前游子庄村大部分庄户内,具有大量的压水井,深度在 40 ~ 50 m 之间,对上下土层起到了贯通作用,这是前游子庄村所特有的,为入渗水流提供了新的通道,对潜蚀作用起到了协同作用。

3.2　工程勘察

为了查明场地地层结构以及各层土的类别、结构、厚度及工程特性,提供设计所需的各层土的物理力学性质指标等参数,进行工程勘察。

根据钻探揭露、原位测试和土工试验结果,判定本场地地层为第四纪冲积地层,地层主要以杂填土、粉土及粉砂、粉质黏土为主。按野外描述和物理力学性质,将勘探深度范围内的地基土划分为14个工程地质单元层,依次为杂填土、粉土、粉质黏土、粉土、粉质黏土、粉砂、粉质黏土、粉砂、粉质黏土夹粉土、粉土、粉砂夹粉土、粉质黏土、粉土、粉质黏土。

根据钻探结果,本区域主要为黄河冲积层,尤其是浅部松散冲积层以粉土层为主,夹粉细砂层和黏土夹层,近地表部分以粉土为主,黏结性差,土质较疏松,固结程度低,孔隙比高,渗透性强,属于疏松且强度低的土层。

第②层粉土在第③层粉质黏土滞水层的作用下最易形成流土,是形成塌陷的主要土层。第③层由于水位下降使本层土出现干燥龟裂,给塌陷提供条件,使流土向下部土层发展,此现象分析属九干河河水管涌所引起的老洞穴、裂隙及树根朽木洞穴,由于近年来下大暴雨,就引起了塌陷现象。

3.3　高密度电法

前游子庄地表主要为干燥灰黄色粉土,其视电阻率一般大于25 Ω·m,细砂与黏土互层视电阻率一般为10~30 Ω·m,黏土视电阻率一般为10 Ω·m左右,砂层视电阻率一般为30~100 Ω·m,砾石层视电阻率一般为100~250 Ω·m。各地层有明显的电性差异,因此利用电测深可以了解区内的含水层位及厚度。

共完成高密度电法测线16条,合计3.72 km。其中,东西向6条,大极距(5 m)1条长900 m,小极距(1 m)5条每条长60 m;南北向10条,大极距(5 m)8条每条长300 m,小极距(1 m)2条每条长60 m。在野外作业时,采用两种极距重叠测量,以确保在有效区内达到预定的勘测效果。

通过分析区内高密度断面反演图及浅部钻孔得出如下结论,在地下3~3.5 m位置有20~30 cm为一层软塑粉质黏土,反演断面图上显示为封闭低阻异常,该层内部含水量大,有空隙发育且大小不一(3~40 cm),整体连续性及沟通性较好,推测该层有空洞发育,内部填充为黏土及砂质物。

4　地面塌陷原因

根据以上勘察综合分析得出地面塌陷的原因:

(1)该区为黄河冲积平原,地表土体为粉土,密实度较低,透水性较好,在一定的地表水入渗条件下,可部分达到高水力坡度的水利环境条件,并在一定程度上发生潜蚀作用,微孔隙通道逐渐发展。

(2)九干河在运行期间,使浅部土体产生了很大的潜蚀作用,为地面塌陷的发生创造了条件。

(3)村中存在大量的压水井,对上下土层起到了贯通作用,为入渗水流提供新的通道。

(4)暴雨发生时,在低洼处能够大量积水,迅速入渗到土体,并逐渐由微孔隙入渗扩展到渗流,诱发和加剧了地面塌陷的发展和发育。

5　地面塌陷的防治

地面塌陷的治理应采取预防和治理相结合的综合治理方式。预防措施是在查明塌陷成因、影响因素的基础上,为了消除或消减塌陷发生发展主导因素的作用而采取的措施。针对本塌陷区的具体特征,建议进行以下几方面工作:

(1)防治地面积水。在现阶段,地面积水是引发地面塌陷发生的一个重要的因素,应建立起通畅的排水系统,使积水快速流出,减少积水面积及时间。

(2)减少人类活动的影响。减少村中压水井的数量,建立集中供水设施,减少渗流通道。

(3)降低地表渗透性。对于已经发生过地面塌陷地质灾害的地点要进一步填埋、夯实,根据《建筑地基处理技术规范》(JGJ 79—2002)第6.2条,应选择单击夯能在1 000 ~ 2 000 kN·m之间,可有效加固深度4.0~6.0 m。

(4)地质灾害监测。加强地面塌陷监测,当地面塌陷地质灾害出现险情时,要及时预警,并迅速采取有效的措施防止塌陷的进一步扩大,如及时的填埋,修建临时排水沟疏导水流等措施。

6　结语

(1)根据上述分析,前游子庄地面塌陷的根本原因是地面土体疏松,易发生侵蚀作用,在长期的水力作用下,产生水流下渗通道。

(2)人为工程活动是加剧地质灾害产生的重要因素之一。因此,应采取相应措施,减少地面塌陷诱发因素。

浅谈河南省辉县市吴村煤矿沉陷区治理与环境恢复工程

罗志吉　王　让　杨　涛　司　莉

（河南省地球物理工程勘察院　郑州　450000）

摘　要: 针对河南省辉县市吴村煤矿沉陷区的基本自然环境、矿区破坏程度、对环境造成的危害现状,提出具体的有针对性的治理措施。通过治理,消除了地裂缝、地面塌陷等灾害的影响,恢复了沉陷区生态环境,促进了经济发展。

关键词: 沉陷区　环境恢复　治理措施

新中国成立 50 多年来,我国的矿业发展很快,矿产开发总规模居世界第三位,已成为世界上的矿业大国之一。但是,矿产资源的开发,已对矿山及其周围环境造成破坏、污染并引发多种地质灾害,破坏了生态环境。

辉县市吴村煤矿建于 1969 年,属于焦作煤田古汉山井田。井田位于太行山东南麓,焦作煤田东北端,行政区划隶属辉县市管辖,地理坐标为东经 113°25′ ~ 113°33′、北纬 35°19′ ~ 35°24′。

根据河南省煤炭工业局文件(豫煤规[2003]650 号),矿井自 2003 年 11 月 1 日起报废,开始回收二水平运输大巷煤柱,回采不留煤柱,2004 年 10 月,西翼回采结束,2005 年底东翼回采结束。

吴村煤矿在闭坑后,对采煤沉陷区进行过生态环境恢复治理,由于恢复治理不够彻底,近年来,自然环境破坏严重。通过利用 2004 年省两权价款项目资金对沉陷区进行了治理,达到了预期效果。

1　主要地质环境问题

1.1　矿山开采引发采空区地面塌陷

矿山开采引发地面出现了不同程度的塌陷,塌陷深度为 5.5 m 左右,地裂缝、塌陷坑到处可见。

1.2　对地下水的影响

煤矿开采使地下水赋存状态发生改变,矿床疏干排水改变了地下水的天然径流和排泄条件,使附近的浅层地下水疏干,导致地下水资源的巨大浪费,使区域地下水位大幅度下降,据吴村煤矿抽水试验资料,多年来因煤矿排水导致地下水位下降约 20 m。

1.3　地表水受到污染

吴村煤矿为疏干排水,加上选煤废水的排放,排放的废水直接或间接的污染地表水,使地下水受到污染,农田灌溉使土壤物理性质变坏,农作物生长受到抑制、农作物受到污染,直接影响到人民群众的身体健康。

1.4 煤矸石的污染

煤矸石中含大量的有机成分,同时富含金属、碱土金属和硫化物等无机盐类污染源。由于长期风化,风化物在大风天气可随风飘荡,污染空气;在降雨季节,随降水渗入煤矸石后,少量直接渗入矸石堆,大部分形成地表径流,向地势低洼处积聚排泄。大量的可溶性无机盐溶于水中直接渗入补给地下水,造成地下水污染,使土壤盐分升高而导致土壤盐碱化,使农作物生长受到影响,甚至导致农田耕地荒废。

2 对环境造成的危害

2.1 耕地破坏,农业生产受到影响

耕地中存在大量的地裂缝,耕地高低不平,导致土地耕种不便,浇地困难,原有的灌溉管道受地面变形而破裂,不能使用。同时,由于地下水位的急剧下降,原有机井已干枯,农业生产无法进行。

2.2 居民生命财产安全受到威胁

由于采煤引发地面沉陷对矿区内村庄和工厂已造成了危害,300 余间房屋出现裂缝,部分已倒塌,已危害到村民的生命财产安全。

2.3 经济发展受到影响

沉陷区内的农民经济来源主要依靠农业生产,由于耕地破坏严重和环境恶化,已经影响到了当地经济发展。

3 治理措施

(1)旧村址房屋拆迁的治理。对搬迁后的旧村址房屋基础进行清理整治,恢复耕地,植树造林,绿化矿区。

(2)土地平整。塌陷的耕地和旧村址进行平整,恢复耕种。

(3)塌陷豁治理。对塌陷豁的治理主要采取填方,利用拆迁旧房屋部分废石、砖瓦等残渣进行填方,然后在上边铺耕地土。

(4)灌溉设施的完善。由于水位的下降,新建深水机井。受沉陷区地裂缝的影响,耕地经梯田治理,以及充填地裂缝,沉陷区已趋于稳定,不再发展。但用满灌浇地,水还有可能顺地裂缝流失,为了节约用水,节省浇地费用,应铺设灌溉钢管,建立完善的灌溉管道。

(5)恢复生态、植树种草。在废矿渣堆积区的平台上种植乔木、草本,改善环境质量。

4 结语

(1)通过对吴村煤矿沉陷区的治理,改善了生态环境,提高经济效益,使采煤沉陷区旧貌换新颜,生态环境和群众生活质量得以极大改善。土地利用率和土地产出率有较大提高,不仅保护了人类赖以生存的土地资源,保证了农业的稳定和可持续发展,增加了经济收入,还保证了人民安居乐业,维护了社会稳定。经济效益、生态效益、社会效益显著,意义重大。

(2)体现了党和政府"以人为本"的思想,增强了人民群众对党和政府的信任。

新乡市地质灾害成因及防治浅见

王让　杨涛　罗志吉　尚凡

（河南省地球物理工程勘察院　郑州　450000）

摘　要：新乡市北部山区是河南省地质灾害高发区之一，主要地质灾害有崩塌、滑坡、泥石流、地面塌陷、地裂缝等，其发生除受地质环境条件控制外，还受到降雨、人类工程活动的影响。本文在分析了新乡市地质灾害的类型、分布特点、成因后，对全市的地质灾害防治提出了具体措施和意见。

关键词：地质灾害　成因　防治　规划　新乡市

1　引言

新乡市位于河南省北部，北依太行，南濒黄河，是中原地区重要重工业基地和旅游城市。总面积 8 049.45 km²，总人口 540.36 万，国民生产总值 461.2 亿元，采矿业、旅游业和制造业都很发达，是豫北工业经济重镇，同时其北部山区也是地质灾害多发区，严重威胁居民生命财产安全和旅游业的发展。为此，新乡市人民政府在 2005 年进行了市级地质灾害防治规划，并在 2006 年 2 月通过了专家组评审。笔者有幸承担了此规划的编制，对新乡市地质灾害的发生发展有一定的了解，现总结如下，以供探讨。

2　地质环境条件

新乡市属暖温带大陆性季风气候，四季分明，年平均气温为 14 ℃，多年平均年降雨量为 619.7 mm。降雨量时空分布不均，主要集中在 7、8 月份。在地域分布上，北部山区相对多雨，且受地形影响形成多个降雨中心，偶发大雨、暴雨等强对流灾害性天气，2 h 最大降雨量达 457 mm，6 h 最大降雨量达 800 mm。

新乡市属于华北板块，横跨新华夏系北北东向构造第二沉降带中段的华北坳陷与第三隆起中段的太行隆起两个一级构造体系单元，从西北到东南成阶梯状下降，依次分布有山地、丘陵、山间盆地和平原等地貌类型，呈北东－南西向带状分布，地形地貌复杂。

西北部山地占全市面积的 23%，主要出露岩石类型为太古界片麻岩、元古界石英砂岩和古生界海相碳酸盐岩，岩石软硬相间，工程地质条件较差；受地形地貌和岩组的影响，富水性一般较差。南部冲洪积平原区约占全市面积的 77%，主要为冲洪积松散堆积物覆盖，多为砾石混合成层或砂质土、黏性土互层，工程地质条件一般；因有较好的含水层，赋存有较丰富的地下水。

区内构造活动强烈，以北北东向断裂构造为主，主要分布于市境的东部和西部，既是断裂带，又是地震带。东部的聊城—兰考断裂带内有东濮坳陷，西部的太行山前断裂内有汤阴地堑，二者之间为华北坳陷沉降区内地震活动微弱的内黄隆起；北西向断裂次之，主要有新乡—商丘断裂和峪河—新乡断裂；此外还有东西向的盘古寺—新乡断裂。

受构造活动的影响，京广铁路以西及北部山区处于地震活动较微弱的地带；山前广大平原区属于华北坳陷,处于华北地震区河北平原地震带的南端,地震活动较为频繁和强烈。据国家地震局 2000 年编制及颁发的《中国地震动参数区划图》,新乡市基本地震烈度为 7~8 度。

3 地质灾害类型及分布特征

新乡市内地质灾害主要有崩塌、滑坡、泥石流、地面塌陷、地裂缝等。其中,崩塌、滑坡、泥石流是造成人员伤亡和经济损失的主要地质灾害,约占灾害发生数的 85%。

3.1 崩塌

崩塌是区内常见的地质灾害,调查共发现 43 起。规模不大,但突发性强,危害程度较大。主要为岩体崩塌,多分布在西北部山区斜坡陡峭、岩(土)体垂直裂隙发育地段,部分发生在人工采石形成的陡崖上。一般崩落范围数米到数十米,体积数十立方米到数百立方米。崩落方式以坠落与翻落为主。

3.2 滑坡

滑坡是区内主要地质灾害,调查共发现 33 起,主要分布在西北部山区沟谷的山坡上,包括岩体滑坡和土体滑坡。滑坡规模在几百到几万立方米之间。其平面形态大部分呈圈椅状,后缘发育弧形拉裂缝和剪切裂缝。

岩体滑坡常发生在坡度为 15°~35° 的边坡上,由于岩层产状平缓,单纯顺层面滑动的滑坡较少见,多是断裂构造裂隙与层间软弱岩层相结合组成滑动面。

土体滑坡多发生在山体缓坡处及沟谷缓坡地带,滑坡体多为坡洪积松散堆积物,由于人类工程活动开挖坡脚破坏其稳定状态,在暴雨诱发作用下形成。

3.3 泥石流

泥石流在历史上是区内危害最大的地质灾害,在区内共发现 13 条泥石流沟,主要分布在山区和丘陵区。发生频率低,但规模大、危害大。在山区和丘陵区其上游沟谷有一定的集水面积和较大的水力比降,并有坡洪积残坡积松散土层和碎石层等物源条件,具有发生泥石流地质灾害的危险性,广阔的山前平原区成为其危害区。

3.4 地面塌陷、地裂缝

地面塌陷主要是由采矿和其他地下工程活动所引起的,其中地下采煤活动引起的地面塌陷规模最大,损失也最大。主要分布在吴村煤矿、张村煤矿和东陈召煤矿开采区,并常伴随地裂缝发生。区内共发现地面塌陷 4 处,沉降量最大达 5.5 m;伴随地裂缝 7 条,呈平行状分布,损坏农田、房屋、道路和其他设施。

4 地质灾害的形成条件及影响因素

区内地质灾害是在地形地貌、地层岩性、岩(土)体工程地质特征等内在成因和降雨、人类工程活动等外在因素综合作用下产生的。内在因素是地质灾害形成的原始条件,而外在因素是地质灾害形成的推动力,二者相辅相成,缺一不能形成地质灾害。

4.1 形成条件

4.1.1 地形地貌

地形地貌是孕育地质灾害的母体。区内崩塌、滑坡、泥石流地质灾害主要分布在西北部山区和丘陵区。在山区和丘陵区,地形起伏较大,地质条件复杂,谷深壁陡,多呈"V"字形,风化剥蚀和侵蚀作用明显,容易形成崩塌、滑坡。根据理论分析,自然坡度在 25° ~ 45°的斜坡容易发生滑坡,坡度大于 50°时易形成崩塌。实际调查资料显示,区内滑坡多发生在 15°以上的坡度,崩塌体则多发生在 70°以上斜坡上。

由于山区和丘陵区沟谷及其边坡坡度较大,谷底和边坡有松散的残坡积物堆积,且有较大汇水面积,是泥石流易发地区。资料调查显示,崩塌、滑坡、泥石流主要集中在山区和丘陵区。

4.1.2 岩(土)体类型

岩(土)体是崩塌、滑坡发生的内在因素,它的性质和结构组合在一定程度上对崩塌、滑坡的产生具有决定性作用。本区崩塌、滑坡主要发生在北部山区、丘陵区,因为北部山区主要岩体为片麻状稀裂坚硬、半坚硬片麻岩组、厚层状稀裂坚硬石英砂岩岩组、层状稀裂岩溶化坚硬碳酸岩岩组,片麻岩、石英砂岩和碳酸盐岩抗剪性强度比较低,特别是石英砂岩性脆,易风化裂隙,随着风化加剧形成崩塌地质灾害。土体滑坡多发生在第四系坡积物与基岩的基础面上,通常和人工开挖坡角共同作用下发生。由于第四系残坡积物渗透性比较强,下伏基岩渗透性比较差,因此入渗的地表水在其接触面上滞留,易形成滑动面,产生滑坡。本地区岩层产状比较平缓,岩体滑坡是以断裂构造裂隙与层间软弱岩层相结合组成的滑动面共同作用所至。

4.1.3 构造运动

构造运动是地质灾害形成的又一个重要内因,其内蕴力的急剧释放造成的地表崩塌、滑坡地质灾害的发生,往往具有突发性、规模大、面积广、危害力强的特点。喜马拉雅新构造运动在以前构造运动的基础上成就了新乡市现在的地形地貌,也形成了新乡市范围内断裂构造的骨架。断裂带内近代地震活动频繁,自公元前 247 年 ~ 公元 1737 年间,曾先后发生 5 次 5 ~ 6 级地震。

4.2 影响因素

4.2.1 降雨

地质灾害发生的高峰期与降雨量高峰期一致,大规模地质灾害发生的时间都在丰水年份。大规模的突发性强降雨一般容易同时引发滑坡、泥石流地质灾害,而持续的降雨则容易引发滑坡地质灾害。地质灾害的发生与持续降雨量的多少有直接关系,而和降雨的强度关系不明显。

降雨,尤其是连续降雨,大量雨水通过入渗进入土体,土体含水量增加,降低了土体的抗剪强度,同时增加了斜坡的土体重量,增加了下滑力,使土体沿软弱面下滑形成了滑坡。大规模的突发性强降雨则在瞬间汇集起大量的水流,形成极大的搬运力,携带着泥土沙石顺着斜坡奔涌而下,形成泥石流地质灾害。

本区北部山区降雨相对较多,大雨、暴雨等强对流灾害性天气偶发,滑坡、泥石流地质灾害多发生在这个时期。

4.2.2 风化作用

风化作用是岩体崩塌和危岩形成的重要影响因素,风化造成岩体的原生结构面和构造裂隙、卸荷裂隙的进一步扩张,从而削弱了岩块与母岩的联结,直到完全分离,形成危岩和崩塌。因此,本区出露的石英砂岩易发生崩塌。

4.2.3 人类工程活动

人类工程活动是本区域地质灾害发生的重要影响因素之一。地面塌陷、地裂缝地质灾害主要是地下采矿工程引发的,而不合理的坡上加载和削坡加大了斜坡土体下滑力度,减小了土体下滑的阻力,改变了斜坡的应力分布和稳定性,容易诱发滑坡、崩塌地质灾害。山区部分地段由于道路工程采挖坡脚,破坏边坡的自然状态和相对稳定性,成为发生土体滑坡地质灾害的潜在危险地带。同时,现代人类工程活动改变地貌形态,破坏植被,并产生大量的弃石弃渣等,在暴雨的诱发下易催生泥石流的发生。

5 地质灾害易发区的划定

为了更好地总结新乡市地质灾害发育特点,有针对性地进行地质灾害防治,参照《县(市)级地质灾害调查与区划基本要求》实施细则中的要求,根据新乡市地质灾害发育发生现状和地质灾害发生形成的基础条件、影响因素,本区地质灾害易发性分区共划分4级14个区,即5个高易发区、5个中易发区、3个低易发区和1个不易发区。地质灾害高易发区主要分步在新乡市北部山区、丘陵区和山前接触地带的地下采煤区;中易发区主要分布在山间断陷盆地和新乡市北部低缓丘陵区。

6 地质灾害的防治

6.1 地质灾害防治原则

地质灾害的防治应从实际出发,因地制宜,将地质灾害的防治与地方社会经济的发展协调一致,处理好当前利益和长远利益、整体利益和局部利益的关系。应以人为本,坚持预防为主、避让与治理相结合和全面规划、突出重点的原则。遵循地质灾害发生的客观规律,合理布局、综合治理、分步实施,确保地质灾害防治工作取得实效。

6.2 地质灾害防治总体部署

依据新乡市地质环境条件、地质灾害类型及发育状况,特别是地质环境问题对人居环境、工农业生产和区域经济发展造成的影响,结合社会经济发展状况、国民经济规划和重点工程布局,地质灾害防治规划分区划分为重点防治区6个、次重点防治区3个、一般防治区1个。重点防治区和次重点防治区主要分布在北部山区、丘陵区和山前地带煤炭开采区、将要开采区。

6.3 地质灾害防治任务

(1)加强地质灾害调查研究工作,特别是人类工程活动与地质环境相互作用研究,掌握地质灾害发生发展规律,并对地质环境进一步做综合利用、保护等方面的调研工作,做到因地制宜,提高地质灾害防治效益。

(2)根据地质灾害的危险程度逐步完成地质灾害危险点的治理工作,消除地质灾害隐患,恢复地质环境。

(3)分不同阶段逐步完善地质灾害预报预警体系和地质灾害空间信息系统,建立群测群防监测网络,加大地质灾害防治的宣传力度,建立地质灾害应急反应系统。

(4)完善地质灾害防治规章制度建设,认真贯彻执行地质灾害危险性评估制度和汛期地质灾害防治方案制度,把地质灾害消灭在源头。建立多渠道立体式的投入保障制度,保证地质灾害防治的顺利贯彻落实。

注水采油对中原油田生态环境的影响分析

赵修军　赵东力　宋红伟　余郑生

（河南省地球物理工程勘察院　郑州　450000）

摘　要：注水采油对中原油田生态环境的影响是多方面的，本文通过地下水位下降，地下漏斗面积增大，地面沉降，地裂缝，土壤、水体污染五个方面阐述了注水采油带来的诸多生态环境问题。

关键词：注水采油　生态环境

注水采油即在石油开采过程中，为了提高油井产量和原油采收率，注入大量水资源而驱油的一种方法。该方法已被国内各大油田使用，主要用清水作为注水，采油废水中主要污染物为石油类，若直接外排将对环境造成很大影响。中原油田自 1979 年正式投产以来，经过多年的开发建设，油田和地方经济有了高速发展，一方面油田开发过程中需要加大采油用水供给量以保证油田产量，另一方面工农业的发展也使取水量大幅度增加。近年来，油田为缓解水资源供需矛盾而过度开采地下水，破坏了地下水的天然平衡状态，导致区域性地下水位逐年下降，出现大面积地下水降落漏斗，带来诸多生态环境问题。

1　研究区概况

中原油田是中国石油化工集团公司所属的从事石油天然气勘探开发、石油化工和石油工程技术的特大型国有企业，是中国东部地区一个重要的石油、天然气生产基地。主要开发区域东濮凹陷横跨河南、山东两省的 6 地市 12 个县区，面积为 5 300 km^2，累计探明石油地质储量 5.97 亿 t、天然气地质储量 1 347 亿 m^3。生产原油 1.15 亿 t、天然气 356 亿 m^3，是我国东部重要的石油、天然气生产基地。

2　注水采油引发的生态环境问题

随着近 30 年来中原油田高强度、大面积的石油开采，高强度注水采油和超采地下水造成的负面效应日益凸现，主要表现为地下水位下降、地面沉降、地裂缝和水土污染等一系列生态环境问题。

2.1　地下水位持续下降，地下漏斗面积增大

20 世纪 80 年代以来，随着社会经济的发展，工农业生产需水量逐渐增大，地下水开采加剧，超采严重。由于大量、无序地开采地下水，使其流场特征、动态特征发生了很大变化，引起地下水位持续下降，形成了以濮阳市农机公司一带为中心的水位降落漏斗。据统计，2002 年漏斗中心地下水位埋深为 26.04 m，漏斗面积为 183.33 km^2，较 1996 年水位下降 4.94 m，漏斗面积扩大 58.33 km^2，地下水位平均下降 0.82 m/a。据地质资料，市区浅层地下水第一含水层（Q_4）底板埋深为 24～30 m。在市区，第一含水层基本被疏干。目前，金堤河以北 30 m 左右处的浅机井有 80% 出现出水效率下降、吊泵，20% 干涸，部分开

采井因吊泵而更换了新泵,造成较大的经济损失。据调查,浅层地下水开采量已达 19 302 万 m³/a,开采模数为 27.2 万 m³/(a・km²),市区开采强度已达 50.8 万 m³/(a・km²)。

濮阳市 8 年的地下水动态监测数据表明,由于过量开采导致地下水资源日趋枯竭,若不加限制,势必引起地下水位的持续下降,降落漏斗面积不断扩大,并带来其他更加严重的环境地质问题。

2.2 地面沉降

地面沉降是一种可由多种因素引起的地面标高缓慢降低的环境地质现象,严重时成为一种地质灾害。人类活动和地质作用是造成地面沉降的主要原因,尤其是近几十年来,人类过度开采石油、天然气、固体矿产、地下水等地下资源,使贮存这些固体、液体和气体的沉积层孔隙压力发生趋势性的降低,有效应力增大,从而导致地层的压密,出现地面沉降。人为的地面沉降广泛见于一些大量开采地下水的大城市和石油或天然气开采区,同时也与软土层的厚度、地壳下沉,以及高层建筑等因素密切相关。

中原油田地处黄河冲积平原,地层结构为砂层、粉土、黏性土交错叠置。由于注水采油大量开采地下水,地下水水位持续下降,土层孔隙水压力减小,有效应力增大,松散土体压缩,导致区内发生不同程度的地面沉降。根据监测资料,濮阳市区西起胡村,东至油田局某地,南起濮阳县城北关,北至市区北外环的范围内,自 1997 年 8 月 ~ 2000 年 4 月,平均沉降 24 mm,最大 49 mm(市政府综合办公楼前)。从空间分布上看,各测点沉降量与地下水位降落漏斗的位置具有明显的一致性,即漏斗中心区沉降量大,外围沉降量小,说明地下水超量开采是引起地面沉降的主要原因。

地面沉降的危害是多方面的,由于地面不均匀沉降,常导致深井井管抬升受损、脱裂,甚至倾斜,部分建筑墙体开裂、建筑被毁,防洪工程功能降低、国家测量标志失效、下水道排水不畅、桥梁净空减少、水质恶化等方面的影响。事实证明,控制地下水开采,或者人工回灌地下水是防治地面沉降的有效途径;反之,如不控制地下水开采,地面沉降也必将继续发展,其后果不堪设想。

2.3 地裂缝

地裂缝是指岩体或土体中直达地表的线状开裂,它可以是构造活动在地面产生的地表破裂,也可以是人类活动对地质环境强烈影响的一种反应,如人工开采地下水等。1997 年 7 月下旬 ~ 8 月下旬,濮阳县胡状乡大柳寨—冯寨—中郭集一带及文留乡等地相继出现地面裂缝,裂缝共三条,总长约 2 570 m,最宽处 5 cm,可测深度为 1.75 m,影响范围约 6 km,所经之处房裂墙开,人民群众生命财产安全受到威胁,由于该裂缝发生的位置恰恰处于弧状断阶带之上,同时该地区也是中原油田的主要开采区,当地大量开采地下水,地下水大幅下降,致使土体失水收缩而形成地面开裂。

地裂缝毁坏农田、公路、水利设施,使房屋开裂、地下管道受损等,造成数以千万元的经济损失。限制地下水的开采强度,保持地下水储量动态平衡,使水位不再下降,能减缓地裂缝的活动。

2.4 土壤污染

在石油开采过程中,试油、洗井、油井大修、堵水、松泵、下泵等井下作业和油气集输,都会使原油洒落于地面。除此之外,还会产生大量含油废水、有害的废泥浆以及其他一些污染物,如果处理不好就会污染周边土壤,同时石油本身就含有对人和动物有害的物质,一旦发生井喷或泄漏,将对生活在油气田附近的人和动物构成致命威胁。许多研究表明,一些石油烃类进入动物体内后,对哺乳类动物及人类有致癌、致畸、致突变的作用。土壤的严重污染会导致石油烃的某些成分在粮食中积累,影响粮食的品质,并通过食物链,危害人类健康。

2.5　水体污染

注水采油过程中,注入水水源的选取,多选用地表水或浅层地下水,由于采油污水处理难度大,常规处理方法达不到注入水水质标准,大部分含油污水只能简单处理后就地排放,造成了严重的环境污染。

采油废水中的主要污染物有各种烃类化合物、盐类、悬浮物、原油、有害气体、有机物、微生物等。该类废水水温高、矿化度大、pH 高、含腐生菌和硫酸还原菌、溶解氧低、油质及有机物含量高,还有悬浮物及泥沙。如果直接外排或循环处理不当将造成了严重的水质污染,不仅污染地表水,而且对地表土体造成破坏,加剧当地的水资源供需矛盾。

3　结论

注水采油对中原油田生态环境的影响是多方面的,地下水位下降,地下漏斗面积增大,地面沉降,地裂缝,土壤、水体污染等诸多生态环境问题成为中原油田可持续发展的负面问题,如何采取措施降低采油注水对生态环境的破坏,成为首要解决的问题。解决的途径在于从水资源、生态环境和社会经济的特点出发,以科学发展观为指导,综合治理,将废水资源化再利用,积极利用采油废水回注的先进生产技术,保证采油废水不外排,实现中原油田可持续发展。

河南省巩义市铁生沟滑坡特征及防治措施研究

田东升 董伟

（河南省地质环境监测院 郑州 450016）

摘 要:巩义市地质环境条件较复杂,是河南省地质灾害的多发区。铁生沟滑坡位于巩义市夹津口镇铁生沟村黄土丘陵区。通过勘查和监测,该滑坡为一大型滑坡,滑坡变形是地质因素、降雨和人为因素共同作用的结果,目前仍处于不稳定状态,危害较大。结合滑坡体实际情况对滑坡治理进行初步研究,提出了采用削坡减载、地表地下排水措施及设置抗滑桩挡土墙支挡工程等综合治理措施,为黄土丘陵区相同类型的滑坡治理提供借鉴。

关键词:铁生沟滑坡 地质特征 成因分析 防治措施 巩义市

1 引言

河南省巩义市铁生沟滑坡(以下简称铁生沟滑坡)位于河南省巩义市夹津口镇铁生沟村,滑坡中心点坐标为东经113°01′52″、北纬34°37′28″。其北部为平顶山,南临省道S31。1988年建设S31公路时对平顶山南坡进行削坡,附近厂矿建设开挖坡脚,这两级开挖段形成的陡坎相距仅10余m,并在坡体下部形成高达20m的高陡临空面,存在滑坡隐患。自1992年以来,该滑坡处于缓慢变形中。1994年对该滑坡进行了工程治理,相对稳定近10年时间。2003年汛期降雨量达674.1mm,至当年10月份以后,该滑坡体滑动变形速度加快。2006年7月,滑坡前缘公路北侧的临空面出现3处以上的崩落现象。临空面下部公路鼓胀带长度增加38m,隆起高度增加0.5m左右。2006年12月18日,沿滑坡前缘西侧原监狱入口处公路原隆起带出现3道垂直于公路方向的地面裂缝,平均间距3m,平均裂缝宽度为1.5cm,长度为2.5m左右。

由于该滑坡持续变形,造成原巩义监狱于2004年初整体搬迁,原铁生沟煤矿停产半年以上;原巩义监狱四号监舍楼墙体严重开裂变成危楼而被迫拆除,一号监舍楼变为危楼被封死入口;铁生沟煤矿办公区,原巩义监狱生活区北侧挡土墙、围墙,扬帆花园地面;原武警支队院内围墙等多处出现鼓胀、裂缝、错动等变形现象;S31公路约180m长的路面出现鼓胀及公路北侧坡面严重坍塌,至今只能半幅通车。这些迹象表明该滑坡随时都有可能发生。该滑坡直接威胁着铁生沟煤矿干部职工2000余人的生命财产和数亿元国家资产的安全,同时也严重威胁着S31公路的安全运营及煤矿南侧夹津口村和铁生沟村部分居民计2000余人的生命财产安全。本文从滑坡形成的地质环境入手,分析滑坡成因,结合滑坡体滑动变形特征对滑坡防治进行了初步研究,提出了治理滑坡的工程措施,以达到防灾减灾的目的。

2 滑坡区地质环境

2.1 气象、水文

工作区属暖温带大陆性季风气候,光热充足,降水偏少,四季分明。多年平均气温为

14.6 ℃,多年平均降水量为 587.3 mm,降水时间分布不均,多年月平均降水量以 7～9 月最高,占全年降水总量的 61.7% 。日最大降水量为 100.0 mm,多年平均蒸发量为 1 950 mm。

滑坡区南部为涉村河,现基本为一季节性河流,流量较小。

2.2 地形地貌

滑坡区地处嵩山西北侧山前丘陵区,滑坡体北侧紧邻平顶山,地势北高南低,地面标高为 365～410 m,滑坡区地面坡度约 20°,属剥蚀丘陵地貌,冲沟较为发育。

2.3 地层岩性及构造

地层属华北地层区嵩箕小区。滑坡区及周围出露基岩为上古生界二叠系上石盒子组黄绿、灰、紫红色页岩、泥岩、粉砂岩、长石石英砂岩等组成的湖泊 – 河流相沉积层,出露于低山丘陵区中上部及沟谷内,产状为 $10°∠15°$,累计厚度为 400～600 m。

第四系分为坡积物和黄土类地层。前者分布于低山丘陵区中下部,组成成分为碎块石、粉质黏土等,厚度为 0～40 m;后者则形成河谷阶地,厚度大于 20 m,与上述坡积物呈过渡关系。

铁生沟滑坡在区域构造位置上位于上庄向斜核部,受五指岭断层影响,呈一箕形褶皱,向斜轴部出露二叠系地层。

根据《中国地震动参数区划图》(GB 18306—2001),该区地震动峰值加速度(g)为 0.10,相当于地震基本烈度Ⅶ度区。据历史资料记载,本区未发生中强以上地震,1966 年以来,2.2～3.7 之间的弱震发生过 4 次,地震活动具有强震少、弱震频的特点。

2.4 水文地质、工程地质条件

滑坡区位于山前剥蚀丘陵区,因煤矿开采影响,下部基岩裂隙水多已疏干。浅层地下水为松散堆积层孔隙、裂隙水,受岩性控制,富水性差。受大气降水补给后,转化为地下孔隙、裂隙水向南部涉村河径流。地下水对滑坡体的影响分为两个方面:一部分孔隙水赋存于岩(土)体孔隙中,增加了滑坡体的自重;少量赋存于滑带,加重了对滑带的浸润和贯通。

滑坡区内岩(土)体类型较单一,属松散土体类黏性土多层结构土体,岩性主要为粉质黏土、粉土夹碎块石,土质松散,粒间联结极弱,孔隙比大,透水性好,力学强度低。

2.5 人类工程活动

滑坡区内主要人类工程活动为边坡开挖、矿产开采和坡地耕作。其中,厂矿建设用地所形成的坡脚开挖,以原监狱场地北侧较为强烈,次为 S31 公路建设削坡;铁生沟煤矿开采活动因其开采深度较大,其对滑坡的直接作用尚不明显;随着退耕还林措施的实施,现滑坡体表面仅剩少量坡耕地。

滑坡区位于铁生沟煤矿矿区范围。该矿 1997 年 10 月投产,主要开采二叠系二₁煤,开采深度为 320～420 m。年产煤量从最初的数万吨逐步增加到目前近 100 万 t,累计动用储量 600 万 t。该矿区主要开采矿区南部的下山方向煤层,根据 2006 第四季度开采区范围图,其北部开采边界北距 S31 公路 900 m 左右 。地下采煤活动目前尚未构成该滑坡活动的影响因素。

3　滑坡物质组成和滑坡特征

3.1　滑坡物质组成

该滑坡体岩性以坡积物为主,可大致分为两个岩性段。其中,上部岩性段由粉土和粉质黏土组成,厚度一般小于 10 m;下部为碎块石夹黏土,由滑坡体中下部以碎块石为主向上过渡为碎块石与黏土互层。据滑坡勘查资料和监测结果,滑坡区内东南部覆盖层厚度较大,达 40 m,东北部和西部厚度较小,厚度仅 12~15 m,反映滑坡区域古地貌形态为一东南—西北方向的堆积洼地。

3.2　滑坡特征

3.2.1　形态特征

滑坡在平面上呈一圈椅状,滑坡前缘标高为 365 m,后缘标高为 400 m,相对高差约为 35 m。滑体平均长约 340 m,宽约 330 m,面积近 10 万 m²,滑坡体平均厚度约 15 m,滑坡体体积约 168 万 m³,为一大型滑坡,主滑方向在 170°左右。

3.2.2　变形破坏特征

3.2.2.1　滑坡后缘变形特征

滑坡后缘分布 3 条拉张裂缝,其中主裂缝走向在 93°左右,缝宽 0.4~0.6 m,长度大于 150 m,缝两侧垂直位移为 1.6~1.9 m;其余两条裂缝,缝宽 0.4 m,长 15~20 m,缝两侧垂直位移为 0.6 m 左右。

3.2.2.2　滑坡前缘变形特征

出现多处鼓丘和裂缝,如 S31 公路,在 60 m 长度范围内出现严重变形隆起,高达 70 cm,隆起带宽度为 2~4 m,且有数条宽度在 5 cm 以上的裂缝;监狱北侧挡土墙出现多处裂缝和变形,2003 年 10 月初以来 20 多天时间内墙体最大相对位移量近 20 cm;监狱巡逻道地面鼓丘高达 50 cm;监狱围墙多处出现 5 cm 以上的裂缝,且严重变形,最大位移量近 15 cm,围墙沉降缝两侧相对位移量近 15 cm;监狱围墙内多处出现高度大于 50 cm 的鼓丘,地面裂缝宽度为 12~15 cm。

3.2.2.3　滑坡两翼变形特征

滑坡东翼武警支队院内石砌陡坎壁外突 0.5 m,西南侧的围墙因受滑坡体挤压出现了许多裂缝,且已严重变形,院内地面有数条小型羽状裂缝;西翼变形裂缝,缝宽 0.3 m,走向为 254°,长度 80 m 左右。

4　滑坡成因分析

根据野外调查及监测资料,滑坡自 1992 年发生滑动变形以来,特别是 2003 年的强降雨,加速了该滑坡变形,地面位移增大,危害较大。总体上,该滑坡是在特定的自然地质环境条件下经过漫长复杂的发展演变过程形成的,是较陡的地形、松软的土层、强度较大的降雨和人为因素等综合作用的结果。

4.1　有利于滑坡发生的地形地貌

铁生沟滑坡体整体坡度约 20°,标高为 365~400 m,滑坡体表面因开垦农田已形成多级台阶,极有利于降水入渗;因修公路和建设煤矿,山坡坡脚被开挖,改变了原有山坡的地应力状态。

4.2　特殊的物质结构组成

根据钻探资料,该滑坡体主要发生在第四系坡积层中,下伏二叠系泥岩、砂岩。

坡积层主要由粉土和碎石土组成,孔隙较大,有利于地表水的下渗。而下伏的泥岩渗透性较差,成为相对隔水层,有利于地下水在泥岩表面动移,为滑坡面(带)充当润滑剂,泥岩则构成滑床。滑坡体后缘接触带岩性为粉土,力学性质差,地表水易沿接触带下渗,有利于地下水活动。特殊的物质结构是滑坡发生发展的内在因素。

4.3　较强的降水

滑坡区处于暖温带大陆性季风气候,降水偏少,多年平均降水量为587.3 mm。但降水年际年内变化不均,特别是2003年降雨总量达982.4 mm,其中主汛期(6～9月)降雨量达674.1 mm。由于边坡土体孔隙较大,汛期降雨量较大时有大量地表水下渗,导致滑坡体内地下水位居高不下;地下水位升高,使滑坡土体重度及孔隙水压力增大,力学强度降低,同时地下水渗流产生动水压力,这些都使得滑坡体抗滑力减小,下滑力增加,从而诱发和加剧滑坡体变形、滑动。这从2003年汛期降雨后滑坡加速变形得到证明,降水是滑坡发生的主要诱发因素。

4.4　人类工程经济活动

S31公路正通过该滑坡体,1988年公路建设削坡导致滑坡体下滑力增大,于1992年开始出现斜坡变形现象。当地政府为发展经济建立了铁生沟煤矿,其工业广场设在滑坡前缘,工程建设导致在滑坡前缘开挖,更进一步增大滑坡体下滑力,加速滑坡变形。

5　滑坡防治措施研究

滑坡治理措施的选择应结合滑坡基本地质特征,分析滑坡发生与发展的主要原因,广泛吸取其他工程的实践经验,选取适当的工程治理措施。根据宏观监测、滑坡地表位移监测(GPS监测)和深部位移监测结果,结合工程地质分析理论认为,铁生沟滑坡安全储备不高,目前处于潜在不稳定状态。考虑其威胁对象,应对该滑坡及时采取措施防止灾害发生。针对铁生沟滑坡地质特征和滑坡变形情况,考虑治理措施的适宜性、技术性、经济性和安全性,本文认为可从以下几个方面进行。

5.1　削方减载工程

该滑坡体属牵引—推移复合式滑坡,可在滑坡体上部削方减载,以减小滑坡体的下滑推力,同时按一定坡度削方便于地表水迅速径流,减少地表水向滑坡体下渗,提高滑坡体组成物质的内聚力。

5.2　排水工程

排水措施包括地表排水和地下排水措施。

地表排水措施主要是在滑坡体外缘周围修建截排水沟,以拦截滑坡体外部的地表水径流到滑坡体上。同时,在滑坡体上修建树枝状的地表排水沟,汇集地表水流并排除滑坡上的地表水,尽量减少降水、地表水下渗到滑坡体内部。

地下排水措施主要是在滑坡体内布置一定数量的水平排水孔来排泄滑坡体内的地下水。在滑坡前缘S31公路陡坎(第一级陡坎)和铁生沟煤矿工业广场北侧陡坎(第二级陡坎)下部布置一定数量的水平排水孔,排水孔出口位于地表排水沟。

5.3 支挡工程

为了保证滑坡前缘 S31 公路的畅通和铁生沟煤矿工业广场周围设施及居民生命财产的安全,在滑坡体中部设置一排抗滑桩,在第二级陡坎处设置一排抗滑桩,桩端均应深入滑带以下 10～15 m。同时,在第一级陡坎处采用重力式挡土墙。

6 结论

综上所述,铁生沟滑坡由第四系坡积物构成,组成物质结构较松散,力学强度低。滑坡后缘、前缘均出现拉张裂缝,滑坡两翼出现剪切裂缝,缝宽 0.05～0.60 m。该滑坡是一大型滑坡,目前处于不稳定状态,危害较大,主要威胁 S31 公路上车辆及行人、铁生沟煤矿设施及人员生命财产、夹津口村和铁生沟村部分居民的生命财产安全。该滑坡的发生发展是受多种因素相互影响的结果。

从滑坡特征及形成原因分析,综合考虑治理工程的适宜性、技术性、经济性和安全性,铁生沟滑坡治理宜采用削坡减载、地表地下排水措施及设置抗滑桩挡土墙支挡工程等综合治理手段。

河南矿业开发对地下水环境影响分析

赵承勇[1]　杨怀军[2]

(1. 河南省地质环境监测院　郑州　450016
2. 三门峡地质环境监测站　三门峡　472000)

摘　要：通过对河南省各类矿区地下水的调查分析,基本摸清了采矿活动对地下水的影响现状,依据我国地下水生活饮用水、工农业用水水质要求,对矿区地下水质进行了评价分区,并对各区的污染情况和程度进行了详细论述。

关键词：矿业开发　地下水

目前,河南省开发利用的矿产主要为煤、金、铝土矿、钼矿、铁矿、铜、铅矿等,但由于金、铝土矿、钼矿、铁矿的开采面积和深度、规模等远不及煤矿,因而对水资源和水环境的影响要比煤矿的影响小得多,所以下面重点就煤矿开采对水资源的影响进行分析。

根据对全省矿山企业的调查,得出全省矿坑排水年产出总量为 41 575.92 万 m^3,年排放量为 36 072.01 万 m^3。其中,15% 用于生产、生活用水,大部分都排出地表流失了,造成水资源的大量浪费。

1　煤层与含水层组合特征

根据河南煤田地质构造、沉积环境和区域水文地质条件特征分析,煤层与含水层、隔水层组合有以下特征:煤层、含水层与隔水层三者共同赋存于一个地质体中,一般为同期沉积;三者具有独立的成层特征,但又有互层关系;同时受沉淀环境影响,在层厚上有厚薄和尖灭的变化规律;三者都受后期构造的影响,被断层切割成块状或被褶皱挤压成厚薄不一的特征。

煤层、含水层、隔水层、弱含水层均为交互相沉积,共存于同一系统中。其中,煤层夹于含水层中,其顶底板均有含水层和隔水层,因此煤层开采时,在采区范围内,含水层要受到影响,地下水天然条件下的补、径、排关系也要发生变化。

2　矿业开发对地下水资源的破坏

煤矿开采直接影响的地下水是煤系地层裂隙水、岩溶水。根据河南省煤层与含水层组合特点,采煤过程中排水量变化规律及影响矿坑排水量的因素等条件,煤层开采后由于顶板的冒落,使采空区上覆含水层遭到破坏,原来储存于含水层的水在短时间内排空,在开采深部煤层时,煤系地层下伏含水层遭到破坏后,特别是奥灰含水层,矿井涌水量迅速增大,然后随着时间的延长,排水量逐渐趋于相对稳定,其破坏是永久性的。矿井涌水量与降水及地表水体关系密切,随着深度的加大,矿井涌水量与煤系本身所含含水层与下伏含水层的富水性有关。如焦作、鹤壁、新密煤田,矿井涌水量与下伏奥陶系灰岩水关系十分密切。

煤矿开采对水资源的破坏除了可计量的直接损失外,更为重要的是对生态环境的扰动,而这种扰动所产生的影响更具广泛和深远性。

(1)改变了地下水自然流场及补、径、排条件。由于煤、水资源共存于一个地质体中,在天然条件下,各有自身赋存条件及变化规律,煤矿开采打破了地下水原有的自然平衡,局部由承压转为无压,导致煤系地层以上裂隙水受到明显的破坏,使原有的含水层变为透水层,原有的水井干枯,泉水断流。

(2)改变了"三水"转化关系。在自然状态下,降水、地表水与地下水存在一定的补排关系。由于矿坑排水在浅部地段,导致"三带"连通,使地表水转化为地下水,涌入矿坑再排出,在下游转化为地下水,地表水、地下水互相转化,相互补给,改变了原有状态下的循环过程。

(3)地下水质恶化。

(4)形成大面积水位下降漏斗区。

(5)引起地面地质灾害,进一步破坏了水资源。由于采空区的形成及其顶板塌陷,在地面引起较为严重的地质灾害,主要有地裂缝、塌陷、滑坡、崩塌。一系列的地质灾害,破坏浅部隔水层和储水构造,改变径流路线,枯竭了浅层水资源,并影响了侧向补给量。

3 矿区地下水环境质量评价

3.1 评价标准

(1)本次评价的方法参照《地下水质量标准》(GB/T 14848—93)的水质评价原则制定。该标准依据我国地下水水质现状,参照生活饮用水、工农业用水水质要求,将地下水质量划分为五类:

Ⅰ类:主要反映地下水化学组分的低天然背景含量,适用于各种用途。

Ⅱ类:主要反映地下水化学组分的天然背景含量,适用于各种用途。

Ⅲ类:以人体健康基准为依据,主要适用于集中式生活饮用水水源及工农业用水。

Ⅳ类:以农业和工业用水要求为依据,除适用于农业和部分工业用水外,适当处理可作生活用水。

Ⅴ类:不宜饮用,其他用水可根据使用目的再进行专门评价。

(2)污染评价标准。地下水污染是指在人类活动影响下,地下水质量发生明显恶化的现象。地下水污染评价采用单项参数评价与多项参数综合评价相结合的原则进行,将地下水受污染的程度划分为四级:

Ⅰ级:主要反映地下水化学组分的天然背景值含量或无明显可辩识的污染源存在,且水质的变化未超过《生活饮用水卫生标准》(GB 5749—85)时,定为未污染(主要为标准的一、二类水)。

Ⅱ级:仅有单项参数超背景值,且有可辩识的污染源存在,但污染水未超《生活饮用水卫生标准》或单项超《生活饮用水卫生标准》污染超标强度在10%以内时,定为轻度污染,适当处理后可供饮用。

Ⅲ级:有多于一项参数超背景值或超《生活饮用水卫生标准》且污染超标强度在10%

以内时,定为中度污染,不宜饮用,适用于农业和部分工业用水,适当处理后可供饮用。

　　Ⅳ级:有多于一项参数超背景值或超《生活饮用水卫生标准》且污染超标强度大于10%时,定为重度污染,不宜饮用,适当处理后适用于农业和部分工业用水。

3.2　评价方法

　　地下水质量评价以地下水调查的水质分析资料及水质监测资料为基础,分为单项参数评价和多项参数综合评判的方法进行。单项参数评价按本标准分类指标划分为五类,不同类别标准相同时,从优不从劣。然后,综合对比各项指标的评价结果,采用就高不就低的原则判定地下水类别。也就是说,当有某一参数含量较高时,就按它所属的类确定该地下水的类别,最后的归类取决于各单项参数评价的最高者。

3.3　评价参数

　　本次评价选择 pH 值、氨氮、硝酸盐氮、亚硝酸盐氮、挥发性酚类、氯化物、砷、汞、铬、总硬度、铅、氟、锌、铜、铁、锰、硒、硫酸盐、氯化物等 30 余项作为评价参数。

3.4　地下水环境背景值

　　地下水环境背景值是确定地下水是否受污染的标准。本次背景值的选取参照《黄河冲积平原(河南省开封市)地下水环境背景值调查研究》和《地下水质量标准》(GB/T 14848—93)共同确定。

4　矿区地下水质量评价分区

　　矿区地下水水质现状主要反映岩溶水、裂隙水和孔隙水,现根据收集资料和矿区地下水资源的水质分析成果分述如下。

4.1　平顶山矿区

4.1.1　松散岩类孔隙水

　　松散岩类孔隙水主要分布在沙河冲积平原、汝河冲积平原、山前倾斜平原区。根据其埋藏深度可划分为浅层水和中深层水。中深层地下水由于其埋藏较深,不易受到污染,故仅对浅层地下水污染现状作如下分析:

　　该区水化学类型主要为 $HCO_3 \cdot SO_4$—Ca 型水,在七矿、西市场、西高皇一带为 SO_4Cl—Ca 型水,东高皇、黄台徐一带为 HCO_3—Ca 型水。该区东部主要超标因子为 Cu、Mn、NO_2 及硬度水质较差,北部山区为 HCO_3—Ca 型水,据分析结果,基本上满足生活饮用水标准,没有分析出超标项目,水质较好。

4.1.2　碎屑岩类裂隙水

　　碎屑岩类裂隙水主要赋存于上石盒子组“平顶山砂岩”及石千峰组石英砂岩中,水量较小,泉流流量为 0.03 ~ 2.63 L/s,一般为 0.1 ~ 0.3 L/s,季节性变化明显,浅部已基本被疏干,水化学类型为 HCO_3—Ca 型水,矿化度小于 0.4 g/L,水质良好,没受到污染,基本上满足生活饮用水标准。

4.1.3　碳酸盐岩类岩溶裂隙水

　　沿锅底山断层将整个平顶山岩溶水系统分为东西两部分,西部的十一矿、五矿和七矿靠近岩溶水补给区,径流条件好,水质较好,为 HCO_3—Ca 型水,矿化度为 0.2 ~ 0.4 g/L,水温相对较低,一般在 18 ℃左右。

东部情况有所不同,郭庄背斜以西的三矿、四矿、六矿、一矿、二矿、十矿和十二矿由于锅底山断层的阻隔,地下水径流变弱,水质不如西部,水化学类型复杂,主要为 HCO_3—$Na·HCO_3·SO_4$—Na、HCO_3—$Ca·Mg$ 型水。矿化度较西部普遍增高,一般为 0.5 g/L,水温升高。

郭庄背斜以东的八矿距岩溶地下水补给区最远、最深,地下水活动最弱,水质更差,为 HCO_3—SO_4—Na—Ca 型水,矿化度一般大于 0.5 g/L,水温更高,最高达 40 ℃以上。

总而言之,平顶山煤田岩溶地下水水化学分布规律是沿着地下水总的流向,自十一矿至八矿,地下水径流逐渐变弱,水质变差,地温渐高,水化学类型逐步由 HCO_3—Ca 型转变为 HCO_3—SO_4—Na—Ca 型。

平顶山根据矿区地下水监测资料,本区岩溶地下水的污染程度可分为中等污染、轻污染和未污染三个级别。

中等污染区:分布在西区的韩庄,岩溶水中挥发酚、汞和总硬度 3 个项目超标。挥发酚含量为 0.002 mg/L,汞含量为 0.001 2 mg/L,总硬度为 28.46,综合评价指标数为 3.330。

轻污染区:分布在平顶山市的西部及南部和西区的韩庄、大庄一带,有 1~2 个超标项目。挥发酚含量为 0.001 6~0.002 4 mg/L,汞含量为 0.000 1~0.001 68 mg/L,总硬度为 4.94~25.26,综合评价指数为 1~2.3。

未污染区:分布在平顶山市的北部、东部等,碳酸盐岩含水层上覆较厚的二叠系泥岩或第四系的黏土、亚黏土层,岩石的透水性弱,地面污染物质不易直接渗入,下伏岩溶水未受污染,未出现超标项目,综合评价指数等于零。

4.2 新密矿区
4.2.1 松散岩类孔隙水
该区未做专门的污染分析,根据现有资料,其污染程度较岩溶水和裂隙水严重,尤其是浅层孔隙水,受地面污染源的影响更易污染。
4.2.2 裂隙水
该区常量组分:硫酸根含量为 2.4~49.5 mg/L,氯化物为 11~53.5 mg/L,硝酸根含量为 1.4~8.0 mg/L,氨离子含量为 0.06 mg/L,亚硝酸根只有 1 个点检出含量为 0.006 mg/L。矿化度为 265~693 mg/L,pH 值为 6.8~7.65。均未超出生活饮用水水质标准。

微量元素:挥发酚最高含量为 0.002 mg/L,达到生活饮用水限量的最高允许标准。氟化物各点均有检出,含量为 0.2~0.36 mg/L,未超过生活饮用水水质限量标准。其他离子如铁、汞、银、铜、锌、砷、硒等,仅在 1~2 个点中检出,含量很低,未超过生活饮用水标准。六价铬和镉未检出。
4.2.3 岩溶水、微量元素
该区岩溶水中汞、硒、银、六价铬、锌、铁、砷、铜、铅、氰化物均有检出,除阴离子合成洗涤剂检出含量为 0.65 mg/L,超过生活饮用水含量 0.3 mg/L 的限量要求外,其他均未超标。

常规组分中,硫酸盐、氯化物、硝酸盐氮全部检出,氨氮和亚硝酸氮部分检出,总硬度为 15.25 ~ 21.34,矿化度为 3.15 ~ 447 mg/L,pH 值为 7.05 ~ 7.8,均符合生活饮用水水质标准。

　　挥发酚的含量为 0.000 07 ~ 0.004 692 mg/L,新密煤田东风矿岩溶液水的含量为 0.004 692 mg/L,超过生活饮用水质标准,其他点均未超标。

　　该区岩溶地下水的污染程度分为轻度污染和未污染两个级别。轻度污染水分布在东风矿附近,挥发酚一项超标,综合评价指数为 2.35。其他广大地区岩溶水未受污染,未出现超标污染项目,综合评价指数等于零。

4.3　焦作矿区

4.3.1　孔隙水

　　该区水化学特证为 $HCO_3 \cdot SO_4—Ca \cdot Mg$、$HCO_3—Ca \cdot Mg$ 和 $HCO_3 \cdot SO_4—Na \cdot Mg$ 型。其中,焦作市区南、东部地区第四系孔隙水水质较差。

4.3.2　岩溶水

　　本区岩溶水有五种类型,即 $HCO_3—Ca$、$HCO_3—Ca \cdot Mg$、$HCO_3 \cdot SO_4—Ca$、$HCO_3 \cdot SO_4—Ca \cdot Mg$ 及 $SO_4 \cdot HCO_3—Ca \cdot Mg$ 型,其分布总的规律由补给区经径流区至排泄区水化学类型由单一到复杂过渡型。

　　总的来看,区内岩溶水是一种低矿化、低硬度的淡水,矿化度为 0.2 ~ 0.5 g/L,硬度为 10 ~ 20。pH 值为 7 ~ 8,其化学成分以 Ca^{2+}、HCO_3^- 含量为主,其他离子次之。Ca^{2+} 的含量一般为 50 ~ 100 mg/L;HCO_3^- 含量一般为 200 ~ 300 mg/L;Mg^{2+} 含量一般为 10 ~ 30 mg/L;Na^+ 含量小于 20 mg/L;SO_4^{2-} 含量东部一般为 20 ~ 40 mg/L,西部、南部大于 100 mg/L;Cl^- 含量小于 20 mg/L。游离 CO_2 含量略高,一般为 5 ~ 10 mg/L,局部达 30 mg/L 左右。

　　本区微量元素中,总铁、F^-、酚、氰、阴离子洗涤剂全部被检出,且铁、F^- 和酚有超标现象;Cu^{2+}、Pb^{2+}、Cr^{6+}、As^{3+}、Hg^{2+} 部分被检出,且有 Cu^{2+}、Pb^{2+}、Mn^{2+} 出现超标现象。

　　总之,本区岩溶水综合污染指数为 0 ~ 35.4,大部分地区岩溶水未受污染,污染指数大于 3 者皆为本底值超标所致,岩溶水污染程度属轻污染。

4.4　其他矿区

　　其他矿区未做深入研究,但金属矿山绝大多数情况下具有明显的环境污染特性,其造成的地下水污染也是不可避免的,如小秦金矿区、栾川钼矿区以及零星分布的铝土矿和硫铁矿区,地下水中一般会出现氰化物、硫酸根和氟离子超标现象。

连霍高速公路河南段地质灾害发育特征

王现国[1]　邱金波[2]　刘　涛[1]　王新让[3]

(1.河南省地矿局水文地质二队　郑州　450053
2.河南省地质调查院　郑州　450003
3.巩义市水利局　巩义　451200)

摘　要: 本文介绍国道连霍高速公路(河南段)沿线地质灾害发育分布特征,主要灾害类型包括滑坡、崩塌、黄土湿陷、沙土液化、地面沉降、松软土、地裂缝、地面塌陷,在总结公路及相关行业对整治地质灾害的经验教训基础上,针对连霍高速公路(河南段)的地质灾害提出相应的处理原则,即针对公路大型地质灾害和地质灾害集中发育地段,采取绕避的方法;无法绕避地段,则采用相应的工程措施。并建议对连霍高速公路(河南段)进行地质灾害危险性后评估,确保公路安全畅通。

关键词: 连霍高速公路　地质灾害　防治

连霍高速公路是中国正在实施的西部开发战略中有关交通干线的重要组成部分,自商丘市东边界开始,经开封、郑州、洛阳至三门峡西边界终止,总计约563 km。国道连霍高速公路(河南段)基本与陇海铁路平行,全线已建成通车,成为连接郑、汴、洛、三等城镇的黄金通道,也是通往我国西北最重要的国家级干线公路。

1　地质环境条件

1.1　地形、地貌特征

线路东起商丘东部边界至郑州市,地形平坦,地貌为黄河冲积平原;郑州以西沿黄河而上,穿越嵩山余脉北端,经巩义,跨伊洛河水,翻邙山、崤山至三门峡进入灵宝—三门峡盆地,向西抵达陕西省的潼关市,沿线地形起伏大,穿越了邙山黄土丘陵区、伊洛河河谷区、新安至渑池基岩低山区、三门峡黄土台塬丘陵区、黄河阶地区。尤其是新安至渑池基岩低山区、三门峡黄土台塬丘陵区地段地形极为困难,或山高坡陡、峡谷深切、悬崖峭壁,或山岭连绵、峰峦叠嶂、沟深壑险。

1.2　地层岩性

沿线地层分布有寒武系、奥陶系、石炭系、二叠系、三叠系、侏罗系、第三系、第四系,以碎屑岩、可溶岩、黄土及黄土状土、粉土、黏性土、淤泥质土为主。

1.3　地质构造

连霍高速公路(河南段)位于华北地台区,跨越鲁西中台隆、华北坳陷、华熊沉降带等二级构造单元,区内构造作用强烈,褶皱、断层发育。构造线多为EW向,部分为NW、NE向。线路穿越的主要活动性断裂有聊城—兰考断裂、老鸦陈断裂、首阳山断裂、新安—平顶山断裂、灵宝—三门峡断裂等。

2　地质灾害类型及特征

沿线地形地质条件复杂,地质灾害发育,尤其在黄土丘陵和基岩低山丘陵区,地质灾害集中且规模较大。对于大型地质灾害,公路上均采用绕避为主的原则,因此在初测阶段线路作了大量的绕避,定测中又进行了局部方案优化,对于处理工程量较大、施工难度大、可能遗留隐患的地段作了进一步的绕避。线路区已发生的各种地质灾害综述如下。

2.1 滑坡

沿线滑坡主要发育分布在黄土丘陵区和基岩低山丘陵区。按滑坡体的岩性可分为黄土滑坡、基岩滑坡。基岩滑坡大多发育于软质基岩地区,因其岩性软弱,受各种内外地质应力的作用,岩层破碎,风化剥落、崩塌作用强烈,在其坡脚堆积了大量的坡崩积层。这种堆积体稳定性较差,在一定的条件下,特别是暴雨的诱发,极易沿基岩面发生滑坡。该类滑坡因其具有多期性和继承性,对线路的危害较为严重,是公路重点防治的对象。区内基岩滑坡主要发育在新安到三门峡段二叠系、三叠系、侏罗系泥、页岩、砂岩地层中,滑坡一般规模较小,多为小型滑坡,滑体物质为碎、块石土夹黏性土、基岩块石。如 2003 年 10 月 11 日连霍高速公路新安—义马段路堑边坡发生滑坡,并伴有路基塌陷,导致交通中断。渑池英豪滑坡群由 4 个滑坡组成,滑体岩性为泥岩、砂岩、第四系碎石土等,规模为 56.6 万 m^3。黄土滑坡多发育于巩义、荥阳、三门峡以东黄土丘陵沟谷地段,如 2003 年 10 月 11 日 7:40 左右,因连续降雨,陇海铁路铁门站西吴庄段发生山体滑坡,造成西宁开往郑州的 2010 次旅客列车机车和机车后 5 节车厢脱轨,致使陇海线中断 13 个多小时,该滑坡为土质滑坡,滑坡体宽 40 m,长约 12 m,平均厚度在 10 m 左右,总体积约 5 000 m^3,滑面为上覆第四系黄土状土与下覆上三叠统接触面,滑动方向为 142°。造成灾害的滑坡前缘滑体体积近 200 m^3。1998 年夏季,因降雨巩义路段某处发生黄土滑坡,造成高速公路半幅路面被压,中断交通数小时。三门峡市青龙涧河交口路段,因高速公路穿过黄土滑坡群,切坡造成滑坡复活,直接危害公路,多次治理造成了很大的经济损失。2000 年 4 月 24 日灵宝市豫灵镇段因高速公路施工诱发黄土滑坡,滑坡体积约 6 万 m^3,造成 2 人死亡、6 人重伤、8 辆卡车被埋,经济损失 90 余万元,切层坡悬崖高度达 100 余米。

2.2 崩塌、危岩落石

沿线崩塌、危岩落石主要分布于基岩低山丘陵区段等陡崖脚与软、硬质岩接触带附近,黄土丘陵路段黄土崩塌也比较发育。崩塌形成机理大多为第四系新构造使地壳大面积抬升,河谷强烈下切后形成临空面,受各种地质应力作用,沿构造裂隙、风化裂隙、卸荷裂隙发生失稳、坍塌、剥落,堆积于坡脚,形成现在各种形态的岩堆和坡、崩积层。特别是在软硬岩相间的地段,因差异风化,更易形成大规模的岩堆和坡、崩积层。岩堆的物质成分取决于母岩岩性,一般为硬质岩,如灰岩、白云岩、砂岩等。块石含量大都在 70% ~ 80% 之间,粒径为 0.5 ~ 1 m,最大可达 2 ~ 3 m。由于岩堆形成的时期久远,具有多期性,岩堆体物质大小混杂,无明显层次,无连续性较好的软弱结构面,分选差,松散。岩堆与坡、崩积层对线路的影响主要表现为:路堑通过时,路堑边坡的稳定性较差,大量的路堑开挖甚至导致整个岩堆体失稳,形成工程滑坡;路堤通过,则因岩堆体物质松散和应注意岩堆体内部的软弱透镜体,造成路堤不均匀沉降和局部失稳。

基岩丘陵区地形陡峻,有危岩落石分布,主要分布于义马、渑池地段,在软、硬质岩接触带附近。软质岩因差异风化后内陷,硬质岩形成倒悬,在构造裂隙和卸荷裂隙切割后形成危岩。沿线的危岩落石有以下几种地层组合:侏罗系厚层砂岩和下伏软质岩接触带;二叠系砂岩和泥页岩接触带;寒武系、奥陶系灰岩与软质岩接触带。如2000年川管公路发生崩塌4处,堵塞63 h,塌方量累计1.2万 m^3。

2.3 地面塌陷

连霍高速公路(河南段)陕县、渑池地段穿越煤矿开采区,公路有遭受采空区地面塌陷灾害的可能性。如310国道陕县观音堂路段曾多次遭受煤矿开采塌陷灾害,阻断交通,公路被迫重建。

2.4 松软土

郑州市以东路段分布于黄河冲积平原区,沿线分布有软土。据钻探揭示主要为淤泥、淤泥质土、软黏土和泥炭质土,呈褐黄~灰黑色,软塑~流塑,天然含水量在液限附近,孔隙率一般大于1,属中~高压缩性土,强度参数值较低。软土对线路的危害除引起路堤沉降、剪切破坏外,更多的是路堤填筑后沿具有一定横向坡度的软土层发生横向滑动,在软土厚度分布差异大的地段发生不均匀沉陷。

2.5 湿陷性黄土

郑州市以西至三门峡市路段沿线分布有湿陷性黄土及黄土状土,其分布范围广。如三门峡市黄河阶地路段黄土状土均具有不同程度的湿陷性,具弱~强湿陷性,属Ⅱ~Ⅲ级自重湿陷性黄土状土,湿陷系数为0.015~0.134;交口路段为上更新统风成黄土,湿陷性较大,为中~强湿陷性,平均湿陷系数为0.063,为Ⅲ级自重湿陷性黄土。湿陷性黄土及黄土状土体湿陷引起不均匀沉陷危害公路安全。2003年9月1日,因连续降雨,310国道巩义至大峪沟段(K676+400)处发生地面不均匀沉陷,长近1 km,导致交通中断;陇海铁路郑州段发生地面沉陷,沉陷量达6~20 cm,导致路基悬空,致使列车限速5 km/h。

2.6 地裂缝

三门峡以西路段位于汾渭地堑东延部分,地质构造比较复杂,断裂构造发育,尤其是活动性断裂比较发育,如灵宝—三门峡断裂等。如20世纪80年代中期,陕县大营村和供电所附近发生数条地裂缝,横切公路、民房,造成公路和民房开裂。2003年10月7日8:30左右,灵宝市尹庄镇管庄村发生4条地裂缝,主裂缝长约250 m,宽3~5 cm,走向在15°左右,贯通全村,裂缝两侧形成高低错位达4 cm,造成路面、房屋、窑洞开裂,经济损失约500万元。由此可见,高速公路有遭受地裂缝灾害的危险性。

2.7 沙土液化

据区域工程地质资料知,郑州以东路段分布有粉土、砂性土等,地下水位浅,依据现行《建筑抗震设计规范》(GB 50011—2001)、《岩土工程勘察规范》(GB 50021—2001)和《饱和轻亚黏土液化判别暂行规定(试行)》对饱水沙土进行的地震液化判别,区内具备发生地震液化的环境条件。区内目前了解的古地震、历史地震情况,1977年大河村遗址挖掘时,考古人员发现有古地震喷沙包体,经国家地震局物探大队考察,确定为古地震遗迹,地震烈度在8度左右,郑州市地震烈度区划现为Ⅶ度。因此,高速公路可能会遭受沙土液化灾害。

3 地质灾害成因分析

沿线地质灾害的发生和发展是自然条件、人为活动、公路工程等诸多因素共同作用的结果。其中,地形、地貌、地质构造是各类灾害形成的内在因素,气象水文条件和地震是各类灾害的激发因素,人类不合理的工程活动则加剧灾害活动进程,现有公路承灾能力不足,使灾害的发展趋势难以得到进一步遏制。沿线灾害类型多样,成因复杂。复杂的地形、地貌,地形起伏高差悬殊;褶皱断裂发育,基岩破碎,新构造运动强烈,如三门峡路段位于汾渭地震带,该区地震活动的特点是频度高,强度大,震源浅,分布广;降雨量集中且多发暴雨,暴雨是诱发各类灾害发生的主要因素;人类不合理的工程建设活动不仅破坏公路周边的山地生态环境,导致环境恶化,同时也诱发新的灾害,如边坡开挖不当引起的黄土滑坡,截排水工程不合理会造成坡面泥石流、坡面水毁、路面过水,路区通过的义马—渑池煤矿区,已发生多次地面塌陷灾害。不良的土体,如湿陷性黄土、松软土体,易造成不均匀沉陷灾害。

4　地质灾害防治原则

对于大型地质灾害和地质灾害集中发育的地段,都采用绕避的方法,对于处理困难或处理后可能遗留隐患的地质灾害仍采用绕避。应通过对公路地质灾害分布特征的研究,交口线路段应绕避地质灾害集中发育的一岸。如线路于交口滑坡群,采用隧道绕避。对于单一地质灾害,线路绕避工程量大,在查明其发育特征后设置有针对性的整治措施,同时调整线路平、纵面,使其在最有利的部位通过,如于滑坡后缘挖方或前缘填方通过。滑坡整治主要采用抗滑桩、锚索桩等主动措施,同时辅以地表、地下排水措施。堆积层路堑、软质岩高边坡等边坡工程,为避免开挖后引起大规模的地表开裂甚至于出现工程滑坡,采用坡脚预加固桩、坡面锚索、土钉墙等。顺层地段按下列原则处理:长大的顺层地段均采用绕避(如基岩低山丘陵区顺层),尽量控制顺层地段的挖方高度,必要时以延长桥跨和增设路基下挡换取降低挖方高度;无法避免的顺层路堑尽可能采用顺层清方。清方量过大的工点采用抗滑桩、锚索桩、钢管桩、坡面锚索等措施。软土地段在设计中对浅部的薄层软土采取清除、换填;厚层软土采用反压护道、土工材料、固结排水、复合地基等处理措施;对于斜坡软土以侧向约束为主。湿陷性黄土及黄土状土路堑段,以放缓边坡、必要时增设渗沟、基床换填等为主要处理措施;一般不采用湿陷性土作路堤填料,必要时经改良方可作为填料。

5　防灾对策及建议

全线地质复杂,地形困难,地质灾害发育,主要灾害类型包括滑坡、崩塌、黄土湿陷、沙土液化、地面沉降、松软土、地裂缝、地面塌陷。全线地质灾害的发生对公路工程安全的影响很大。对于重大地质灾害、处理工程较大或处理后可能留有隐患的地段以线路绕避为主。大型地质灾害的形成机理较复杂,其过程有时是不可逆的,人为的治理往往事倍而功半,并且给公路运营带来较多的隐患,增加运营成本。一般的地质灾害以一次根治、不留后患为原则。公路工程呈线性带状分布,长度较大,跨越不同的地貌单元和地质构造单元,所涉及的地质灾害较多,目前对沿线灾害的研究仅限于初步调查和考察,深入的研究和勘察远未涉及,尚难以制订切实可行、行之有效的防治方案。所以,应加强施工地质工作,对于出现的地质灾害要及时整治,避免发生大范围的地质灾害,增加整治工程的难度和数量。

　　因连霍高速公路(河南段)在工程建设前没有进行专门的地质灾害危险性评估,建议尽快开展此项工作,查明路区地质灾害的分布特征、危害程度及对公路的影响,结合公路灾害的特点,作出沿线地质灾害危险性评价和分区,制订具体的灾害勘测和研究方案,尽量减少或避免地质灾害发生。建议建立专门的公路地质灾害监测机构,对路区所发生的地质灾害建立监测网络,获取防灾工程设计所需的参数,为地质灾害治理提供科学依据。

　　加强各类灾害相互作用规律的研究,各类灾害成因机制虽不尽相同,但在发育背景、形成条件、成灾方式等方面还是相互关联、互为因果,通过其相互作用规律的研究,将沿线灾害作为一个整体来考虑,寻求最佳治理途径和方法,达到多害同治、综合防治的目的。

　　开展各类灾害防治实验示范工程研究,对典型灾害类型,在深入勘察的基础上,先行实施防治工程设计与施工,并跟踪检测不断完善设计,形成较为成熟的防灾工程模式,作为示范向全线推广,这样可以极大地减少因盲目铺开全线防治工程可能导致的工程失败和隐患。

方城县地质灾害分布及发育特征

于松晖

（河南省地质环境监测院　郑州　450016）

摘　要：文章着重论述了方城县崩塌、滑坡、泥石流、地面塌陷等主要地质灾害发育现状,分析它们发生和发展的地质环境背景,包括自然地理、地形地貌、地质构造、水文地质、工程地质条件,并研究了地质灾害发生的一些基本规律,为地质灾害防治工作提出了防治对策和防治建议。

关键词：地质灾害　分布　发育特征

方城县位于河南省西南部,行政属南阳市管辖。处于北亚热带南温带、长江流域与淮河流域、南阳盆地与黄淮平原、伏牛山脉与桐柏山脉、华北地台与秦岭地槽的分界线。东西宽 72 km,南北长 61 km,总面积为 2 542 km²,人口 100.66 万。辖城关镇、券桥乡、赵河镇、博望镇、广阳镇、袁店乡、杨楼乡、清河乡、杨集乡、柳河乡、二郎庙乡、古庄店乡、独树镇、拐河镇、四里店乡、小史店镇等 16 个乡(镇),565 个村民委员会(含街道居民委员会),5 032 个村(居)民小组。

方城县地形地貌较复杂,断裂构造发育,地质环境条件复杂,区内人类工程活动较强烈,自然环境破坏较严重,地质灾害经常发生。主要集中分布于北部低山丘陵区和东南部低山丘陵区,主要地质灾害类型为崩塌、滑坡、泥石流、地面塌陷等。区内确定各类地质灾害点 55 处,其中崩塌 14 处、滑坡 15 处、泥石流沟 3 条、地面塌陷 15 处、不稳定斜坡 8 处。方城县的地质灾害存在以下分布及发育特征:

(1)崩塌。本次调查崩塌 14 处,全为土质崩塌,主要是河流塌岸,分布在杨集乡 1 处、独树镇 1 处、广阳镇 1 处、柳河乡 1 处、拐河镇 1 处、清河乡 1 处、博望镇 1 处、小史店镇 4 处、杨楼乡 1 处、券桥乡 1 处、二郎庙乡 1 处。

河岸在河水侧向侵蚀下,河岸以坠落方式破坏农田,堵塞河道,威胁村庄。发生时间多集中在 7、8 月。崩塌体组成物质多为粉质黏土、砂土,其平面形态为矩形或不规则形,剖面形态为直线,崩塌体结构零乱。

(2)滑坡。本次野外调查滑坡 15 处,其中土质滑坡 13 处,岩质滑坡 2 处。其中,分布在广阳镇 1 处、柳河乡 1 处、四里店乡 8 处、拐河镇 1 处、清河乡 2 处、二郎庙乡 1 处、袁店乡 1 处,全部为于低山丘陵地区。

滑坡体平面形态不一,有半圆形、矩形、不规则形,剖面多呈凸形或凹形,滑体结构零乱,物质组成多为松散碎石土及粉质黏土。体积在 140 ~ 180 000 m³ 之间,滑面呈线形,埋深 1 ~ 5 m。这些滑坡主要位于居民建筑物后面和公路沿线。滑坡的发生主要与降雨有关,大部分滑坡与开挖坡角有关。

(3)泥石流。方城县野外调查共发现泥石流沟 3 条,其中独树镇 2 处,小史店镇 1 处。小史店贾沟村泥石流为中型,其余两条均属小型泥石流。各泥石流流域面积在 0.8 ~

4.5 km² 之间。松散物储量在 0.4 万 ~ 2.0 万 m³/ km² 之间,物质成分多为卵砾石、砂土、分选性差,散布在沟谷内的流通区及堆积区。泥石流的平面形态呈喇叭形、长条形,剖面形态多呈阶梯形,沟谷形态呈"V"形谷。主沟纵坡在 134‰ ~ 228‰ 之间。方城县的北部及南部山区地形起伏大,降水量较大,水系发育,人类工程活动较强烈,植被覆盖率一般。特殊的水动力条件使得泥石流沟以洪冲为主,淤积次之。沟口扇形地完整性均较差。泥石流发生时间一般集中在 6 ~ 8 月 3 个月,危害对象主要为居民、农田、公路。

(4)地面塌陷。本次调查共发现 15 处地面塌陷,均为采矿诱发,采掘矿种主要为萤石矿、铁矿。其中,拐河镇 6 处、四里店乡 2 处、清河乡 1 处、杨楼乡 1 处、独树镇 4 处、杨集乡 1 处。

塌陷区面积在 19.6 ~ 500 000 m² 之间,15 处地面塌陷中,有 3 处为中型,其余 12 处均属小型规模塌陷,造成房屋、农田、山坡植被毁坏。地面塌陷平面形态不一,有圆形、椭圆形及不规则形。采空区上覆岩层多为坚硬、中硬、较软岩层或其互层,厚度在 30 ~ 200 m 不等,地面塌陷的出现形式多为陷坑出现,局部有裂缝。该种形式的塌陷具有一定的突发性,危害较大。

(5)不稳定斜坡。调查发现不稳定斜坡 8 处,其中四里店乡 4 处,独树镇 1 处,拐河镇 1 处,杨集乡 2 处。

上述 8 处不稳定斜坡都是因为建房、修公路进行切坡而造成斜坡不稳定。其中,2 处为潜在黄土崩塌,6 处为潜在基岩崩塌;稳定性差的为 4 处,稳定性较差的为 4 处。不稳定斜坡都位于低山丘陵区,降水量较大,人类活动较强烈。组成斜坡的物质有主要为残坡积粉质黏土、花岗岩等。土层疏松 ~ 稍密,基岩风化强烈,呈破碎状。

随着方城县社会经济建设的不断发展,矿业开采、建筑业、旅游业等为主的人类工程活动都依然是诱发地质灾害的主要因素。大气降水为主要诱发因素。构造发育、岩体破碎风化及暴雨的不利组合造成低山丘陵区滑坡、崩塌频发。人为因素主要包括筑路、建房、采矿活动、陡坡耕作及其他人类工程活动。筑路过程中切坡形成的高陡边坡,构成多处地质灾害隐患。尤其在鲁姚公路两侧,筑路切坡情况较为普遍,构成多处崩塌、滑坡隐患,对交通安全构成较大威胁。未来燕山水库建成后,由于库区蓄水的影响,造成库区沿岸大量的崩滑、滑坡隐患,直接威胁居民生命财产安全。拐河镇、独树镇、四里店乡、小史店镇等地采矿活动强烈,造成多处地面塌陷,目前仍有较大隐患。白河沿岸在汛期发生的塌岸如不治理,也将继续发展。中南机械厂桥东家属区滑坡,如不及时治理,将继续发展,严重威胁坡下居民的生命、财产的安全。

因此,减少人为的破坏地质环境,减少地质灾害的发生,是当前十分迫切的任务。

河南省鲁山县段店铝土矿床底板突水预测

曾文青[1]　任鸿飞[2]　黄志强[2]　睢栋超[2]　胡书礼[2]

(1. 河南省地矿局第一地质工程院　驻马店　463000
2. 河南省有色金属地质矿产局第六地质大队　洛阳　471002)

摘　要:通过对矿区有关资料的统计分析,掌握了底板岩性、厚度变化规律,了解到矿区内底板隔水层岩石强度指标,利用"下三带"理论和相关资料预测底板隔水层突水的可能性;经过综合分析,根据有效隔水层厚度和突水系数进行突水危险性分区;结合矿区实际,提出底板突水防治措施,为矿山生产设计提供依据。
关键词:铝土矿床　底板突水　"下三带"

段店铝土矿床在大地构造上位于中朝准地台南缘华熊台隆凹陷渑池—确山褶断束中部,鲁山梁洼向斜东南翼,倾角为 10° ~ 25°。矿区出露地层岩性有寒武系中统张夏组和上统崮山组(白云质)灰岩,石炭系中统本溪组铝质黏土岩和石炭—二叠系太原组石灰岩、砂页岩,二叠系下统山西组炭质页岩、粉砂岩和下石盒子组石英长石砂岩,古近系角闪粗面岩,第四系黄土、粉质黏土及砂砾石等。其中,以第四系、石炭系和寒武系崮山组分布较广,而二叠系仅零星出露。矿体赋存于古生界石炭系上统本溪组一套铝铁黏土岩系中,寒武系上统崮山组灰岩岩溶裂隙含水层向上与铝土矿层底板毗邻。矿体埋深 0 ~ 210 m,赋存标高 -50 ~ 150 m,平均厚度为 2.10 m,主要为Ⅳ号矿体,分布在段店至桂营横 46 ~ 57 勘探线之间,全部矿体位于地下水位以下。

本文利用煤矿方面经常采用的"下三带"理论对矿床底板突水进行分析预测,力图为矿山开采设计提供科学依据,为矿山安全生产提供技术支撑。

1　矿床水文地质与工程地质概况

1.1　自然地理

本区地形北西高、南东低,属低山丘陵地貌。多年(1996 ~ 2006 年)最高气温 41.0 ℃,最低气温 -13.5 ℃,平均气温 15.0 ℃,多年平均降雨量为 856.6 mm,年最大降雨量为 1 419.4 mm。石龙河流量为 0.4 ~ 6.4 m³/s,最大流速为 2.6 m/s,属长年性流水,从矿区中部流过,与矿区地下水联系不大。

1.2　水文地质条件

矿区位于梁洼向斜水文地质单元的补给径流区,接受大气降水的直接补给,地下水流向由南东至北西。主要含水岩组水文地质特征如下(见表1):

(1)寒武系崮山组岩溶裂隙承压含水层(组):由灰岩、白云质灰岩、泥质灰岩组成,厚度为 40 ~ 130 m,矿区最大揭露厚度为 53.53 m。上部裂隙较为发育,多被方解石类充填,局部可见岩溶现象,下部裂隙不发育。据矿层下部抽水试验资料,本层(组)平均渗透系数为 27.380 m/d,单井单位涌水量为 11.230 L/(s·m),属极强富水性含水层。

（2）石炭系太原组灰岩溶洞裂隙承压含水层（组）：由灰岩、燧石灰岩组成，揭露厚度为0.65～38.47 m。本含水层（组）裂隙岩溶比较发育，主要表现形式岩溶裂隙、溶孔或溶洞，但分布不均匀，变化较大。据矿层上部抽水试验资料，本组两含水层混合抽水的单井单位涌水量为5.587 L/(s·m)，渗透系数为13.970 m/d，属极强富水性含水层。

表1 含水层参数

序号	含水层代号	平均厚度 H(m)	最高水位 (m)	最低水位 (m)	平均水位 (m)	变幅 (m)	导水系数 T (m²/d)	渗透系数 k (m/d)	导压系数 a (m²/d)
1	C～P	14.26	142.372	128.112	133.576	4.90～9.06	199.24	13.97	4 086
2	∈	13.40	144.367	129.323	135.966	4.70～12.97	366.86	27.38	4 920

本区主要工业矿体位于当地侵蚀基准面（高程120 m）以下，地表无具影响的水体，构造简单，断裂影响局限，灰岩含水层是矿体的直接顶板，白云质灰岩含水层是矿体的间接底板，两者具有极强富水性，补给条件好，对矿床开采影响较大。矿区属以裂隙岩溶含水层充水为主、顶板直接进水、底板间接进水、水文地质条件复杂的矿床。

1.3 矿区工程地质条件

矿区地层岩性较复杂，地质构造简单，岩溶较发育，岩体结构以层状结构为主，有弱软夹层及局部破碎带，风化作用中等，局部地段有工程地质问题。矿区属半坚硬岩层为主的层状矿床、工程地质条件中等类型区。

2 底板突水预测

底板突水的研究方法很多，有模拟试验研究、现场观测研究、理论研究等，理论研究有突水系数法、岩～水应力关系法、"下三带"理论、原位张裂与零位破坏理论、板模型理论、KS理论和泛决策分析理论等。其中，"下三带"理论在煤矿实际工作中应用较为广泛，本文仅利用此理论对矿区底板突水进行分析。

2.1 矿层底板隔水层岩性及厚度变化规律

底板隔水层作为带压开采的防护层，其阻抗突水的能力与隔水层岩性、厚度及物理力学性质有着密切关系。因此，在研究底板突水过程中首先对此进行分析。

2.1.1 隔水层岩性及厚度变化规律

据段店矿区详查资料，铝土矿底板多为黏土岩和铁质黏土岩，据统计的92个钻孔中有81个钻孔见有底板隔水层，厚0.05～7.80 m，平均厚度为4.16 m，大部分矿层达90%与其下的寒武系崮山组灰岩含水层没有直接接触，局部具有隔水意义。

2.1.2 底板隔水层岩石物理力学性质

在研究矿层底板突水时，底板隔水层物理力学性质也是一个重要的参数。当隔水层厚度、岩性组合、水压等条件相同的情况下，突水的可能性就取决于隔水层岩石物理力学性质。岩石抗压、抗剪、抗拉强度愈大，突水的可能性就愈小；反之，突水的可能性就愈大。矿区铝土矿底板岩石物理力学性质见表2。由此资料可知，隔水底板的岩石强度较低，突水的可能性较大。

表2 铝土矿底板岩石物理力学性质

序号	岩性	比重	容重（g/cm³）	内摩擦角（°）	泊松比	抗压强度（MPa）	单向抗拉强度（MPa）
1	黏土岩	2.3	2.25	36.0	0.25	7.9	0.68
2	铁质黏土岩	2.5	2.45	40.7	0.24	8.0	1.08

2.2 原始导高分析

原始导高系指在未采动之前（即原始应力状态下）矿层底板承压含水层中的承压水沿底板隔水层导水裂隙上升的高度。寒武系崮山组灰岩原始导高对底板突水有着积极的作用，使有效隔水层厚度变薄，隔水层的阻水能力减弱。据有关资料分析，原始导高与隔水层的岩性和裂隙化程度关系密切。隔水层底部以砂岩等裂隙发育岩性为主时，与寒武系崮山组灰岩水连通的可能性比较大，易形成局部的导高带；隔水层底部以泥质岩为主时，塑性较强不易形成原始导高。矿区铝土矿底板多为黏土岩和铁质黏土岩，塑性较强，不易形成原始导高。

2.3 裂隙、岩溶发育分析

矿区底板隔水层岩石完整性中等，RQD平均值为50.6%，裂隙不太发育，且多为封闭状，切割不深，一般不漏水，与下部寒武系崮山组灰岩水连通的可能性不大。寒武系崮山组灰岩岩溶裂隙比较发育，分布均匀。据钻孔所取的岩心，上部裂隙较为发育，多被方解石类充填，局部可见岩溶现象，下部裂隙不发育；据地表露头可知，裂隙发育优势方向为北、北北东向，局部成为溶蚀凹槽或溶沟，近东西向裂隙也较发育，但切割较浅。因此，寒武系崮山组灰岩岩溶裂隙比较发育，连通性好，富水性强。

2.4 矿层底板下三带厚度的确定

实测及研究表明，矿层底板在开采条件下，由于受到矿压及岩溶水的共同作用，自上而下分为三个带：矿压对底板的破坏深度、具有阻隔水能力的有效保护带和岩溶承压水导升带。

2.4.1 矿压对底板破坏深度（h_1）

矿压对底板破坏深度主要与岩石的坚固性系数、工作面宽度、开采深度及煤层倾角等因素有关。根据目前国内对一些煤矿工作面的实测资料，建立了预计破坏深度的多元非线性回归方程：

$$h_1 = 7.929\ 1\ln(L/24) + 0.009\ 1H + 0.044\ 8a - 0.311\ 3f \tag{1}$$

式中 h_1——底板矿压破坏深度，m；

  L——工作面倾斜长度，m；

  H——矿层开采深度，m；

  f——底板岩层的坚固系数；

  a——岩层倾角，rad。

经计算，底板矿压破坏深度平均值为5.16 m。

2.4.2 岩溶承压水导升高度(h_3)

受开采矿压作用,原始导高有可能再导升,但上升值很小,故通常所指的承压水导高也包括采动后承压水可能再导升的高度($\Delta h_导$)。由于原生裂隙、水压和采动矿压等因素影响,采后导升高度($\Delta h_导$)各处也不相同。根据隔水层底部岩性及地质构造,原始导高大小不一,隔水软岩无导水裂隙,其导高为零。段店铝土矿的直接底板为铝土质泥岩隔水软岩,对于无构造扰动的铝土质泥岩来说,由于资料所限,也为了计算方便,我们取岩溶承压水导升高度(h_3)为 0 m。

2.4.3 有效保护带厚度的确定

矿层底板隔水层的阻水能力主要取决于有效保护层带的厚度(h_2),其值为底板隔水层总厚度 h 减去矿压对底板破坏深度(h_1)与岩溶承压水导升高度(h_3)之和,即 $h_2 = h - (h_1 + h_3)$。由计算结果可知,矿区有效保护带厚度很小,甚至为负值,突水危险性很大。

2.4.4 突水系数

突水系数计算公式为:

$$T_S = P/ h_2 \tag{2}$$

式中 T_S——突水系数,MPa/m;

P——隔水层承受的水压,MPa;

h_2——有效隔水层厚度,m,$h_2 = h - (h_1 + h_3)$。

计算结果,存在有效隔水层的地段突水系数大多在 0.5 以上,最小为 0.1。

2.4.5 突水危险性分区

利用有效隔水层厚度和突水系数进行突水危险性分区,即无底板隔水层或有效隔水层厚度小于 0 m 的地段为突水危险区,突水系数在 0.15 以上的地段为中等危险区,突水系数小于 0.15 的地段为相对安全区(详见图 1)。

由图 1 可知,矿区绝大部分位于突水危险区,底板突水将成为矿床开采的极大威胁,建议在矿床开采前对底板水进行疏干,以免影响安全生产。

3 底板突水的防治

矿井突水是矿井水文地质、工程地质条件的突变过程,其影响因素多,环节复杂,形成机理因矿而异。但总体来说,降低水压和采动影响强度是抑制底板岩层采动、水压破坏的根本途径。对于不同的突水矿井,应选择合适的防治方法。对于本矿区而言,疏排法与合理开采是较为简单方便、有效可靠、经济实用的防治方法。

3.1 疏排法

针对矿层底板高承压含水层,采用管井疏排,达到降低水压,减少储水量的目的。底板高承压含水层是水压破坏的力源,水压越高,破坏力越大;反之,破坏力越小。因此,只要把底板高承压含水层的水压控制在一定值以下,采动破坏、水压破坏就不会沟通,底板突水灾害就可以避免。

3.2 合理开采

合理开采即选择适宜的开采方法、开采参数和减少采动影响。

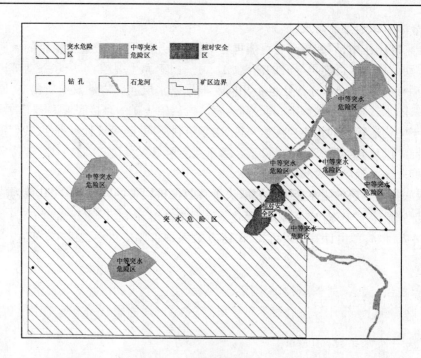

图1　突水危险性分区

采动对矿层底板的破坏是诱发突水的重要因素之一。采动影响越强烈,采动对底板的破坏就越深,底板隔水层的隔水性能越差,底板就容易突水。理论研究表明,底板破坏深度与工作面开采宽度和斜长成正比,工作面开采暴露越大,采动破坏深度、水压破坏高度也越大。因此,控制工作面开采暴露面积可降低采动破坏深度、水压破坏高度,防止突水发生。

4　结论与建议

(1)通过对矿区有关资料的统计分析,掌握了底板岩性、厚度变化规律,绘出了底板隔水层厚度等值线图;利用矿区内底板隔水层岩石强度指标和"下三带"理论和相关资料预测底板隔水层有突水的可能性。

(2)经过综合分析,根据有效隔水层厚度和突水系数进行突水危险性分区,并绘制了突水危险性分区图,为安全生产与决策提供了依据。

(3)结合矿区实际,提出底板突水防治措施,为矿山生产设计提供了依据。

(4)由于矿区资料有限,应在矿井生产中对预测进行及时调整,以便达到最佳效果。